W0258133

Mehrteilige Rahmen

Verfahren zur einfachen Berechnung von mehrstieligen, mehrstöckigen und mehrteiligen geschlossenen Rahmen (Rahmenbalkenträgern)

Von

Ing. Gustav Spiegel

Mit 107 Textabbildungen

Springer-Verlag Berlin Heidelberg GmbH 1920

ISBN 978-3-662-31962-8   ISBN 978-3-662-32789-0 (eBook)
DOI 10.1007/978-3-662-32789-0

Vorwort.

Eine Reihe von Arbeiten der letzten Zeit sind der Berechnung von Rahmentragwerken, wie sie im Eisenbeton- und auch im Eisenbau Verwendung finden, zugewandt. Die einfachere Untersuchung gegenüber dem sonst üblichen Weg mit Hilfe der gewöhnlichen Elastizitätsgleichungen und seinen bekannten Übelständen, die bei deren Auflösung bei einem höheren Grad der statischen Unbestimmtheit entgegentreten, wird zum Teil dadurch erreicht, daß durch geschickte Anwendung und Umformung der Elastizitätsbedingungen einfachere und bequemere Formeln oder Gleichungsgruppen zur Berechnung der überzähligen Größen abgeleitet werden. Anderenteils sucht man durch konstruktive Änderungen des Tragwerks oder sonstige Annäherungen rechnerischen Schwierigkeiten bei einem Anwachsen des Grades der Unbestimmtheit auszuweichen. In beiden Fällen bleibt es dem mit der Untersuchung Beschäftigten anheimgestellt, die Herkunft der Formeln näher nachzuprüfen bzw. sich Rechenschaft davon abzulegen, ob und wieweit die von den tatsächlichen Verhältnissen abweichenden Annahmen für den gegebenen Fall eines Tragwerks berechtigt sind.

Überblickt man die große Zahl der neueren Arbeiten, so wird man sich noch eines Unterschiedes gewahr, der in denselben in der Anwendung der Theorien und Untersuchungsmethoden statisch unbestimmter Systeme hervortritt. Der vordem zumeist eingeschlagene Weg war die Berechnung aus der Formänderungsarbeit. Die Methode wird bezeichnend durch die·Worte F ö p p l s im III. Bande seiner technischen Mechanik charakterisiert: „Ihr Hauptvorzug besteht darin, daß sie eine einfache Vorschrift für den ganzen Rechnungsgang aufstellt, die den Rechner von der Mühe des Nachdenkens so ziemlich enthebt ... Nur weil der Satz vom Minimum der Formänderungsarbeit bei seiner Anwendung zugleich ein Minimum von Gedankenarbeit erfordert, ist er heute zu der Bedeutung eines der wichtigsten Sätze der technischen Mechanik gelangt." Diese Bedeutung kommt aber dem Satz in der gegenwärtigen Entwicklung der Baustatik nicht mehr in dem Maße zu. Ausschlaggebend hierfür kann nicht allein der Umstand angesehen werden, daß die praktische Anwendung desselben bei einer größeren Zahl überzähliger Größen versagt. Die mehr anschaulichen und übersichtlichen Methoden der Berechnung aus den Formänderungen selbst brachen sich in der Praxis immer mehr Bahn und auch der oftmals hierzu erforderliche Mehraufwand an Überlegung wirkte dabei belebend auf die Arbeit. Denn so sehr es auch zu begrüßen ist, durch einfache Regeln die Gedankenarbeit zu schematisieren, so ist doch auch namentlich bei der Untersuchung statisch unbestimmter Systeme der gründlichere Einblick in ihre Wirkungsweise von großer Wichtigkeit und das bloße mechanische Nachrechnen derselben vielfach wertlos, wenn nicht sogar nachteilig, insbesondere auch einer klaren Beurteilung hinsichtlich ihres wirtschaftlichen Wertes hemmend. Damit dürfte es auch zusammenhängen, warum sich vor dem Ausbreiten der Eisenbetonbauweise eine solche Abneigung vor der Ausführung statisch unbestimmter Tragwerke bemerkbar machte, obwohl ja deren Berechnung, wenigstens bei nicht viel Überzähligen, keine unüberwindlichen Schwierigkeiten bot. Unter der Notwendigkeit der durch die neue Bauweise bedingten Verhältnisse trat auch hier ein Wandel ein. Der entwerfende Konstrukteur empfindet eben ein Bedürfnis, eine statische Berechnung auch in ihrer Bedeutung tiefer zu erfassen.

In diesem Sinne sucht nun die vorliegende Schrift auf dem Wege der Klärung und Durchdringung des Kräftespiels eine Vereinfachung des Rechnungsganges zu erzielen. Zur Behandlung kommen die im Titel genannten Tragwerke: Mehrstielige ein- und mehrgeschossige Rahmen mit geraden Stabachsen sowie Rahmenbalken- (Vierendeel-) Träger mit parallelen Gurten. Das Verständnis der Wirkungsweise und die einwandfreie Untersuchung, auch bei vielfacher statischer Unbestimmtheit, wird durch die hier eingeschlagene Berechnungsart aus einfachen Betrachtungen ohne besondere Ableitungen oder Zwischenrechnungen und unter Vermeidung von Gleichungsgruppen ermöglicht. Die Endergebnisse werden dadurch sehr durchsichtig und bequem für die Auswertung.

Der Betrachtung unterzogen sind insbesondere symmetrische Tragwerke; doch ist das Verfahren auch auf unsymmetrische Rahmen anwendbar und bietet auch hier Vorteile. Für die ersteren, welche ja namentlich bei mehrfacher statischer Unbestimmtheit in weitaus größerer Zahl in der Praxis Verwendung finden, bietet das Verfahren der Belastungsumordnung, wie es von W. L. Andrée in allgemeinster Form entwickelt wurde, ein äußerst fruchtbares Hilfsmittel für die Untersuchung, das nicht nur die Berechnung erleichtert, sondern auch zur Erkenntnis des statischen Verhaltens wesentlich beiträgt. Mit Benutzung desselben ergibt sich auch auf dem hier eingeschlagenen Wege in ungezwungener Weise das Kräftespiel und die einfache Berechnung der parallelen Rahmenbalkenträger, worauf hier besonders hingewiesen sei.

Wegen der Einfachheit der verwendeten Mittel wird die Schrift auch zur Einführung in die Berechnung mehrfach statisch unbestimmter

Systeme geeignet sein. Für die Praxis nützlich dürften sich auch die behandelten Sonderfälle erweisen. Dieselben wollen nicht eine Rezepten- sammlung sein und dem sie Benützenden die für Berechnung aufzuwen- dende Denkarbeit abnehmen; sie wollen vielmehr in der Erkenntnis und Verfolgung der oben angeführten Grundsätze einem solchen Gebrauche entgegenarbeiten und die selbständige Anwendung des Gebotenen erleichtern helfen sowie eine Stütze für die rationelle Durchbildung von Tragwerken und die Behandlung abweichender Fälle bieten.

Möge das Buch diesen vorgezeichneten Zweck erfüllen und in der Praxis Eingang finden.

Pilsen, im Dezember 1919.

Gustav Spiegel.

Inhaltsverzeichnis.

II. Mehrstöckige Rahmen.

A. Das Berechnungsverfahren.

B. Sonderfälle mehrstöckiger Rahmen.

III. Mehrteilige geschlossene Rahmen.
(Rahmenbalkenträger mit parallelen Gurten.)

Einleitung.

Zweck und Bedeutung vereinfachter Elastizitätsgleichungen für die Berechnung mehrfach statisch unbestimmter Tragwerke.

Nachdem die Methoden zur Berechnung statisch unbestimmter Systeme aufgestellt waren, erwuchs bald aus der Erkenntnis der Forderungen ihrer Anwendbarkeit das Bedürfnis nach Auffindung von Berechnungsweisen, um die Unbequemlichkeiten zu umgehen, welche die Auswertung der Elastizitätsgleichungen bei mehreren überzähligen Größen mit sich bringt. Die Unbekannten eines Gleichungssystems lassen sich zwar in Determinantenform sofort hinschreiben, ihre Ausrechnung wird aber bei einem Anwachsen derselben in ungleich zunehmendem Maße umständlicher und steigert sich schließlich bis zur praktischen Undurchführbarkeit. Insbesondere aber nimmt die Fehlerempfindlichkeit der Rechnung zu, so daß ihre Ausführung eine große Genauigkeit erforderlich macht. Krohn[1]), Mohr[2]) und Müller-Breslau[3]) gaben wohl die erste Behandlung dieser Frage in der Berechnung eines dreifach statisch unbestimmten Tragwerks in der Art, daß jede der drei Elastizitätsgleichungen nur eine Unbekannte enthielt. Die zunehmende Bedeutung statisch unbestimmter Tragwerke im modernen Bauwesen und das Bestreben nach möglichst wirtschaftlicher Durchbildung derselben, das nicht zuletzt durch den gesteigerten Wettbewerb zwischen Eisenbeton- und Eisenbau gefördert wurde, hat aber die Statik in immer höherem Maße vor neue praktische Aufgaben gestellt, die eine verhältnismäßig einfache und rasche Untersuchung der üblichen Systeme unter Vermeidung von umständlichen und die Anhäufung von Fehlerquellen in sich schließenden Rechnungen fordern. Den Übelständen einer langwierigen Auflösung eines Gleichungssystems auszuweichen, tritt noch ein weiteres Bedürfnis hinzu: Die Ermöglichung einer klaren Durchblickung des Kräftespiels, um den Einfluß des Hinzutretens neuer Unbestimmtheiten klarer zu erfassen, um etwa sich eingeschlichene Rechenfehler leichter auffinden und um die Bemessung der Tragglieder

---

[1]) Krohn, Zeitschrift für Baukunde 1880.
[2]) Mohr, Zeitschrift des Architekten- und Ingenieurvereins Hannover 1881.
[3]) Müller-Breslau, Zeitschrift des Architekten- und Ingenieurvereins Hannover 1884.

bzw. den Einfluß der Unbestimmtheit auf die Bemessung sowie den Vergleich verschiedener Lösungsmöglichkeiten mit verhältnismäßig wenig Zeit- und Rechenaufwand feststellen zu können. Hierbei ist noch ein Umstand besonders maßgebend. Während im Eisenbau der Grad statischer Unbestimmtheit durch Anordnung von Gelenken und Gleitlagern entsprechend herabgemindert werden kann, liegt die Sache im Eisenbetonbau anders. Die gewöhnlichen und am häufigsten angewendeten Systeme werden wegen verschiedener noch näher zu besprechender Nebeneinflüsse auch hier nicht in einen übermäßigen Grad statischer Unbestimmtheit wachsen, und es werden ferner die Tragwerke schon aus konstruktiven und praktischen Gründen meistens eine gewisse Regelmäßigkeit und Symmetrie aufweisen; allerdings werden aber diese in ihrer durch die einheitliche Bauweise des Eisenbetons bedingten mehrfachen statischen Unbestimmtheit hier die gewöhnlichen und typischen Formen bilden. Auf dieser Tatsache fußend, ist neben dem gewöhnlichen Verfahren der aus den allgemeinen Elastizitätsgleichungen für den besonderen Fall abgeleiteten Beziehungen in der neueren Statik ein diesem entgegengesetzter, mehr induktiver Weg beschritten worden, der von der besonderen geometrischen Form und der statischen Eigenart der üblichen zur Anwendung kommenden Systeme ausgehend, vom einfacheren zum komplizierteren fortschreitend, sich aufbaut. So bildete sich an Stelle des üblichen Verfahrens der Wahl eines statisch bestimmten Hauptfalles die Methode heraus, ein statisch unbestimmtes Hauptsystem der Berechnung zugrunde zu legen und von diesem aus durch schrittweises Ansteigen zu Systemen immer höheren Grades statischer Unbestimmtheit, die Untersuchung des gegebenen Tragwerkes vorzunehmen. So entstanden auch die Berechnungsweisen zur Erzielung voneinander unabhängiger Elastizitätsgleichungen bei symmetrischer Form der Tragwerke. Angeregt wurden diese Verfahren — soweit ersichtlich — von Müller-Breslau[1]). Aber es zeigte sich auch dabei, daß diese Methoden in der Verwendung statisch unbestimmter Hauptsysteme nicht immer eine Vereinfachung bedeuten und insbesondere bei einem höheren Grad der Unbestimmtheit eine gewisse Übung und Erfindungsgabe erfordern, um gegenüber der gewöhnlichen Berechnung einen Vorteil zu erzielen. Dies führte zu den theoretischen Untersuchungen von S. Müller[2]) und namentlich zu jenen von Hertwig[3]) und

---

[1]) Müller-Breslau, Die graphische Statik II, 1, 4. Aufl., S. 151 ff. und S. 437 ff.; Die neueren Methoden der Festigkeitslehre, 4. Aufl., S. 124.

[2]) S. Müller, Zur Berechnung mehrfach statisch unbestimmter Tragwerke. Zentralblatt der Bauverwaltung 1907, S. 513.

[3]) A. Hertwig, Über die Berechnung mehrfach statisch unbestimmter Systeme und verwandter Aufgaben der Statik der Baukonstruktionen. Zeitschrift für Bauwesen 1910, S. 110; — Die Lösung linearer Gleichungen durch unendliche Reihen. In Festschrift Müller-Breslau; — Der Eisenbau, Jahrg. 1917, H. 4.

Pirlet[1]) über die Eigenschaften der Gleichungssysteme und ihre Umformung zur Gewinnung und Verwendung vereinfachter Elastizitätsgleichungen. Es entstanden noch anderweitige Versuche zur Verminderung der Unbekannten bei der Behandlung mehrfach statisch unbestimmter Tragwerke, die mehr der Betrachtungsweise des praktischen Statikers angepaßt sind; als bemerkenswerte Arbeiten seien diesbezüglich hier insbesondere diejenigen von Rossin[2]), Lilienfeld[3]) und Nakonz[4]) ferner das Drehwinkelverfahren von Gehler[5]) und die Methode des Viermomentensatzes von Bleich[6]) angeführt. Methoden zur Auflösung mehrgliedriger Elastizitätsgleichungen haben noch Ostenfeld (Der Eisenbau, 1913), Müller-Breslau (Der Eisenbau, 1916, 1917) und V. Lewe (Der Eisenbau, 1916) geliefert.

Die Berechnung mehrfach statisch unbestimmter Rahmentragwerke, insbesondere von symmetrischer Form — Tragwerkstypen, die in der Praxis zum weitaus größeren Teil zur Verwendung kommen — läßt sich aber auf dem Wege der Auflösung des Tragwerks in Teilsysteme und dadurch bewirkte Zurückführung der Untersuchung auf statisch bekannte, einfachere Fälle, auch bei einem höheren Grad der Unbestimmtheit auf Grund von einfachen, fast unmittelbar aus der Anschauung sich ergebenden Beziehungen unter Vermeidung von besonderen Zwischenrechnungen bis auf Gleichungen mit nur einer einzigen Unbekannten zurückführen, wobei sich überdies bequeme und durchsichtige Endformeln von geringer Fehlerempfindlichkeit ergeben. In kurzem Auszuge im Prinzip bereits an früherer Stelle mitgeteilt[7]) sollen sich die folgenden Ausführungen näher damit beschäftigen.

---

[1]) Pirlet, Der Eisenbau, Jahrg. 1910, H. 9, 1914, H. 2, 1915, H. 7.

[2]) R. Rossin, Grundlagen zur Berechnung von Steifrahmen. Berlin 1914. J. Springer.

[3]) L. Lilienfeld, Armierter Beton, Jahrg. 1913, H. 11 u. 12.

[4]) W. Nakonz, Die Berechnung mehrstieliger Rahmen unter Verwendung statisch unbestimmter Hauptsysteme. Berlin 1915. W. Ernst & Sohn.

[5]) W. Gehler, Rahmenberechnung mittels der Drehwinkel. In der Festschrift: Otto Mohr zum achtzigsten Geburtstage. Berlin 1916. W. Ernst & Sohn.

[6]) F. Bleich, Die Berechnung statisch unbestimmter Tragwerke nach der Methode des Viermomentensatzes. Berlin 1918. J. Springer.

[7]) G. Spiegel, Berechnung mehrstieliger Rahmen. Zeitschrift für Betonbau 1918, H. 4.

Mehrteilige Rahmen.

§ 1. Allgemeine Erklärungen.

Im Gegensatz zu einem einfachen Rahmen — das ist ein einfacher Stabzug, dessen einzelne Glieder untereinander steif verbunden sind, und der in zwei Punkten unverschieblich gelagert ist — nennen wir einen mehrteiligen Rahmen ein Stabgebilde, das aus mehreren einfachen Rahmen zusammengesetzt ist, die untereinander wieder in steifer Verbindung stehen.

Bei einem einfachen Stabzug gehen von einem beliebigen Punkte innerhalb desselben nicht mehr als zwei gelagerte Tragwerksteile aus; z. B. gehen in Fig. 1c vom Punkt B die beiden gestützten Stabzugteile

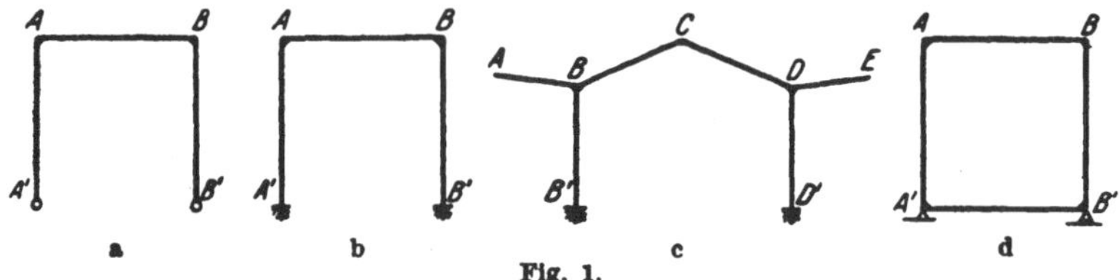

Fig. 1.

BB' und BC bzw. BCD oder $BCDD'$ aus, je nachdem man für den zweiten Rahmenteil C, D oder D' als Stützpunkt auffaßt; AB und DE stellen auskragende Arme eines Rahmengliedes dar. Die steife Verbindung der Stäbe in ihren Eckpunkten bedingt die Biegungsfestigkeit der Rahmen, weshalb man dieselben auch im Gegensatz zu den Fachwerken, die nur auf Zug- und Druckfestigkeit berechnet werden, als biegungsfeste Rahmen oder Steifrahmen bezeichnet. Unter der Unverschieblichkeit der Auflagerpunkte ist hier — abgesehen von einer etwaigen elastischen oder einer Berechnung sich entziehenden Nachgiebigkeit der Unterlage — ihre unveränderliche gegenseitige Entfernung bei jedweder Belastung innerhalb derselben Temperatur zu verstehen, also ihre feste Lagerung entweder in Form von Fußgelenken (Fig. 1a) oder von eingespannten Füßen (Fig. 1b) zum Unterschiede von einer Auflagerung auf Gleit- und Rollenlagern; im ersteren Falle ist der Rahmen einfach, im letzteren Falle dreifach statisch unbestimmt. Bei gelenkiger Lagerung tritt zu den beiden vertikalen Auflagerreaktionen noch der horizontale Gelenkschub H als statisch unbestimm-

bare Größe hinzu; bei eingespannten Ständern vermehren sich die
Überzähligen noch um die beiden Einspannungsmomente M_A und M_B.
Die unveränderliche gegenseitige Lage der beiden Stützpunkte kann
auch bei äußerlich statisch bestimmter Anordnung des Stabwerkes erzielt werden, indem man die Ständerfußpunkte durch einen neuen
Stab $A'B'$ (Fig. 1d) verbindet, welcher den Horizontalschub aufnimmt,
und der Natur des Rahmens gemäß in seinen Endpunkten an die Ständer wieder steif angeschlossen ist. Es entsteht auf diese Art an Stelle
der vorher angeführten offenen, der geschlossene Rahmen, der
innerlich dreifach statisch unbestimmt ist. Bezeichnend für den einfachen Rahmen ist die von demselben umschlossene offene oder geschlossene Fläche — das Rahmenfach —, das in seiner gewöhnlichen
und einfachsten Form ein offenes oder geschlossenes Viereck bildet,
weshalb man auch nach der Zahl der Rahmenstäbe von „dreiseitigen"
und „vierseitigen" Rahmen spricht. Eine besondere Form entsteht,
wenn die Höhe eines Ständers gleich Null wird, als der „einhüftige"
oder „Halbrahmen".

Der einfache offene Rahmen besteht aus einem Balken und zwei
fest gelagerten Ständern. Wird bei größerer Länge der Balken noch in
einem oder mehreren Zwischenpunkten durch steif angeschlossene und
unten fest gelagerte Pfosten gestützt, dann entsteht der mehrstielige Rahmen. Der einfache offene Rahmen stellt damit den
Sonderfall des zweistieligen Rahmens dar. Sind die Ständer des zwei-
oder mehrstieliegen Rahmens bei größerer Höhenentwicklung noch
durch einen oder mehrere Zwischenriegel abgesteift, dann erhält man
den mehrstöckigen Rahmen oder Stockwerksrahmen.
Enthält schließlich der einfache geschlossene Rahmen außer den
beiden Endpfosten noch mehrere an den oberen und unteren
Riegel rahmenartig anschließende Zwischenpfosten, dann ergibt sich
der mehrteilige geschlossene Rahmen (Pfostenträger,
Rahmenträger oder Vierendeelträger). Die mehrstieligen
und mehrstöckigen Rahmen sowie die Vierendeelträger bilden in ihrer
Gesamtheit die mehrteiligen Rahmen, die mehr als ein
Rahmenfach umschließen und damit in mehrere einfache Rahmen
aufgelöst werden können, was zur Klärung des Kräftespiels und zu
ihrer einfachen und durchsichtigen Berechnung wesentlich beiträgt.

Der einfache Rahmen wurde von Gehler in dem Buche „Der
Rahmen"[1]) in seiner Berechnung und statischen Eigenart sehr eingehend
behandelt und hierbei insbesondere die einfache und praktische Untersuchung desselben mit Hilfe der sogenannten „Einspannungsgrade" erzielt. Wegen ihrer Wichtigkeit für die Berechnung sei hier

---

[1]) W. Gehler, Der Rahmen. Berlin 1913, W. Ernst & Sohn.

der Begriff und die Bedeutung derselben näher angegeben, im übrigen auf das erwähnte Werk verwiesen. Unter dem Einspannungsgrad (μ) versteht man das Verhältnis eines Eckmomentes M des Rahmens zu dem Momentengrößtwert des statisch bestimmten Hauptfalles. Es ist:

$$\mu = \frac{M}{\mathfrak{M}_{max}} .$$

Der Momentenwert $\mathfrak{M}_{max}$ ist für eine Einzellast bei einer Belastung des Riegels (vertikale Last P) das Größtmoment:

$$\mathfrak{M}_x = \xi(1 - \xi) \cdot P\,l$$

unterhalb des jeweiligen Lastangriffes im Abstande $x = \xi \cdot l$ vom linken Auflager des frei aufliegenden Balkenträgers und bei einer wagrechten Belastung (Einzellast W im Abstande $y = \eta \cdot h$ vom Ständerfußpunkt) das Einspannungsmoment:

$$\mathfrak{M}_y = - \eta \cdot W\,h$$

des vertikalen Kragträgers. Beim gelenkig gelagerten Rahmen entsteht das statisch bestimmte Hauptnetz, indem man das Fußgelenk des unbelasteten Ständers durch ein Gleitlager ersetzt; für dieses ist das Größtmoment:

$$\mathfrak{M}_y' = + \eta \cdot W\,h .$$

Die statische Bedeutung des Einspannungsgrades liegt hauptsächlich darin, daß er, in Hundertteilen ausgedrückt, den Wirkungsgrad der Einspannung, also den Effekt angibt, der durch die steife Verbindung von Balken und Pfosten erzielt wird. Überdies gibt derselbe einfache Beziehungen zwischen den Abmessungen des Rahmens und den Biegungsmomenten für verschiedene vorkommende Belastungsfälle an, so daß man beim Entwurf eines Rahmentragwerkes in den Stand gesetzt ist, dasselbe mit verhältnismäßig geringer Mühe rationell durchzubilden ohne die Querschnittsabmessungen vorher anzunehmen, erforderlichenfalls die gewählten Querschnitte rasch zu überprüfen und zu verbessern. Bei mehrstieligen Rahmen läßt sich mit Hilfe der Einspannungsgrade insbesondere auch der wirtschaftliche Wert der festen Verbindung mit den Stützen gegenüber den frei drehbar gelagerten durchlaufenden Träger beurteilen. Die im folgenden abgeleiteten Ausdrücke für die überzähligen Größen sind daher in der Form von Produkten aus einem Vergleichsmoment $\mathfrak{M}$ des unmittelbar belasteten statisch bestimmten Rahmenteils mit einem Beiwert angegeben, so daß die Einspannungsgrade unmittelbar aus den Formeln entnommen werden können.

Mit Hilfe des hier entwickelten Rechnungsweges lassen sich die Einspannungsgrade an der Hand der in einfacher Weise sich ergebenden überzähligen Größen unmittelbar angeben. Das Verfahren soll an der Berechnung der mehrstieligen Rahmen eingehender dargelegt werden und sodann dessen sinngemäße Anwendung auf die Berechnung der Stockwerksrahmen und Vierendeelträger weiterhin gezeigt werden.

Die Voraussetzung aller folgenden Entwicklungen ist die Gültigkeit des Superpositionsprinzips, des Gesetzes von der Summierung der elastischen Wirkungen (Momente, Verschiebungen usw.).

I. Mehrstielige Rahmen.

A. Darlegung des Verfahrens.

§ 2. Die Berechnungsmethode, Annahmen und Bezeichnungen.

Das Wesen des Verfahrens beruht in der Anwendung der Gleichgewichts- und Formänderungsbedingungen auf die aus den mehrfach statisch unbestimmten Tragwerken herausgesonderten Teilsysteme. Der Berechnung der mehrstieligen Rahmen wird hier der zwischen zwei aufeinanderfolgenden Stützen befindliche Teil des Rahmens mit Hinwegdenkung aller übrigen Tragglieder unter Anbringung der entsprechenden Gegenkräfte zugrunde gelegt; dieser Teil soll, wie bereits in § 1 bemerkt, als „Rahmenfach" bezeichnet werden, wobei unter dieser Bezeichnung auch bei etwaiger freier Endauflagerung der letzten Balkenstützen eines mehrstieligen Rahmens auf Gleitlagern, diese äußersten offenen Rahmenteile zusammengefaßt werden mögen. Die Grundlage der Berechnung bildet der Satz von Mohr vom Verdrehungswinkel τ der elastischen Linie:

$$\tau = \frac{(A)}{E \cdot J},$$

welcher besagt, daß der Neigungswinkel τ der Tangente im Endpunkte A der elastischen Linie gegen die Verbindungslinie desselben mit dem anderen Endpunkte B gleich ist dem durch $E \cdot J$ geteilten Auflagerdruck (A) im Punkte A aus der als Belastungsfläche wirkend gedachten Momentenfläche innerhalb der Punkte A und B.

Die Berechnung statisch unbestimmter Tragwerke aus der elastischen Verformung mit Hilfe des Satzes von Mohr bietet gegenüber den aus der Formänderungsarbeit in schematischer Form abgeleiteten Elastizitätsgleichungen infolge der unmittelbar sich ergebenden geometrischen Beziehungen den Vorzug großer Anschaulichkeit und ist daher für die eingangs erwähnten Untersuchungen in hohem Maße geeignet. Die Methode der Berechnung aus den Formänderungen selbst ist älter als die durch die Arbeiten Castiglianos (1879) und Fränkels (1882) in weiterer technischen Kreisen bekannt gewordene Anwendung des Satzes von der kleinsten Formänderungsarbeit. Grashof behandelt eine Reihe von Aufgaben aus den elastischen Formänderungen, darunter auch die Berechnung eines rechteckigen geschlossenen Rahmens bei symmetrischer Belastung aus den Neigungswinkeln der elastischen Linie[1]). In neuerer Zeit wurde diese Methode wieder unter Verwendung des Satzes von Mohr vom Formänderungswinkel für die im modernen Bauwesen üblichen Systeme von Reich[2]) und namentlich von Björnstad[3]) angebahnt; Hartmann[4]) hat dieselbe auf breiterer Grundlage als allgemeines Berechnungsverfahren für die große Zahl der im Eisen- und Eisenbetonbau angewendeten statisch unbestimmten Tragwerke aufgebaut.

Die Berechnung soll unter folgenden Annahmen durchgeführt werden:

1. Das Tragwerk ist symmetrisch.

2. Die einzelnen Balkenteile haben verschiedenes, aber innerhalb der Feldlänge gleich großes Trägheitmoment.

3. Die Stützen sind gleich hoch und haben konstantes Trägheitmoment.

4. Der Einfluß der Quer- und Längskräfte wird vernachlässigt; die einzelnen Balkenstützen bleiben daher bei jedweder Belastung in ihrer Höhenlage unverändert, und wagrechte Verschiebungen derselben sind gleich groß.

In den unter 1—4 angeführten Annahmen tritt das Verfahren in seiner Einfachheit am unmittelbarsten und klarsten hervor; doch sind dieselben nicht durchaus unerläßlich.

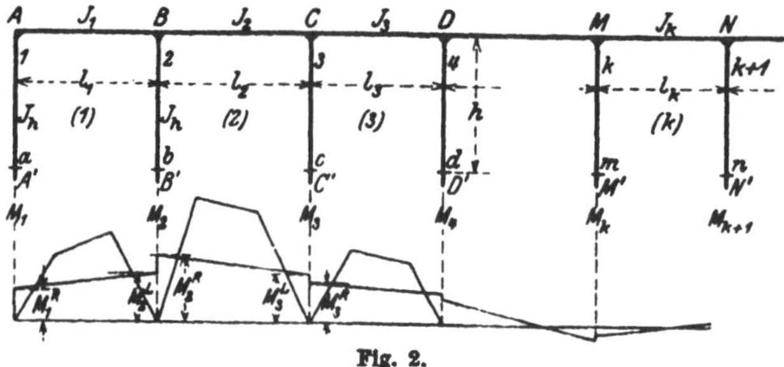

Fig. 2.

Die im folgenden angewendeten Bezeichnungen sind (s. auch Fig. 2):

$l(l_s, l_m, l_1, l_2 \ldots l_k \ldots)$ Die Länge eines Balkenfeldes.

h . . . . Die Höhe der Ständer.

<hr>

[1]) Grashof, Theorie der Elastizität und Festigkeit. Berlin 1878. S. 194.

[2]) E. Reich, Beton und Eisen, 1908, H. 7; — Österr. Wochenschr. f. d. öff. Baudienst 1909, H. 44.

[3]) E. Björnstad, Die Berechnung von Steifrahmen nebst anderen statisch unbestimmten Systemen. Berlin 1909. J. Springer.

[4]) F. Hartmann, Die statisch unbestimmten Systeme des Eisen- und Eisenbetonbaues. Berlin 1913. W. Ernst & Sohn.

λ_k . . . . Das Verhältnis $\dfrac{l_k}{l_m}$ der Feldlänge des in Betracht gezogenen Rahmenfaches k zu jener des Vergleichsfeldes l_m.

$J_o, J_m, J_1, J_2 \ldots J_k \ldots$ Das Trägheitsmoment des Balkens.

$J_h (J_l, J_r)$ . . . . . Das Trägheitsmoment der Ständer.

$\varphi = \dfrac{l_k}{l_m} \cdot \dfrac{J_m}{J_k}$ . . . Der aus den Abmessungen zweier Balkenfelder (eines beliebigen [l_k] und des mittleren Feldes [l_m]) gebildete Verhältniswert (Reduktionsbeiwert).

$\psi = \dfrac{h}{l_m} \cdot \dfrac{J_m}{J_h}$ . . . Der aus den Abmessungen des Ständers und des mittleren Balkenfeldes gebildete Verhältniswert (Reduktionsbeiwert des Ständers).

$\mathfrak{M} (\mathfrak{M}_{max})$ . . . . . Das Biegungsmoment des statisch bestimmten Hauptfalles, und zwar:

$\mathfrak{M}_x = \xi(1-\xi) \cdot Pl$ Das Biegungsmoment für eine vertikale Einzellast P.

$\mathfrak{M}_y = \mp \eta \cdot Wh$. Das Biegungsmoment für eine wagrechte Last W.

$\mathfrak{M} = M$ . . . . Das Biegungsmoment für ein in Riegelhöhe wirkendes Moment M.

M^K . . . . Das Stützenmoment des durchlaufenden Trägers mit freigelagerten Stützpunkten.

M^S . . . . Das Ständerfußmoment.

M^O . . . . Das Biegungsmoment am oberen Ende des Ständers.

M^L, M^R . . . . . Das Stützenmoment des Rahmens an der linken (L) bzw. rechten (R) Seite der Auflagerstelle (Fig. 1).

$H(H_o, H_m\, H_1\, H_2 \ldots)$ Der Horizontalschub.

$\tau(\tau_1, \tau_2, \tau_3, \tau_4)$ . . Der Verdrehungswinkel der elastischen Linie (der Ständer und des Balkens) des Rahmenfaches (Fig. 16),

v . . . . Der Stabdrehwinkel.

$F_k(F_m), F_l, F_r$ . . Die Momentenfläche des Riegels, des linken bzw. rechten Ständers des betreffenden Rahmenfaches.

$\mathfrak{A}$ . . . . Der Auflagerdruck der als Belastung wirkenden Momentenfläche des betreffenden Rahmentraggliedes.

a . . . . Der Beiwert des Auflagerdruckes: $\dfrac{\mathfrak{A}}{\mathfrak{M} \cdot l}$.

$\sigma = \dfrac{s}{l}\left(\dfrac{s}{h}\right)$ . . . . Das Verhältnis des Schwerpunktsabstandes s der Momentenfläche von der Stützenlotrechten zur Länge des betreffenden Traggliedes.

$\varkappa_l, \varkappa_r, \varkappa_m$ . . . . . Die mittleren Ordinaten (Verhältniswerte, bezogen auf $\mathfrak{M}_{max}$) der Belastungsflächen des linken bzw. rechten Ständers und des Balkens der bekannten Größen.

$\delta_l,\ \delta_r,\ \delta_m$ . . . . . . Die mittleren Ordinaten der gesuchten Größe.

$\mu^K,\ \mu^L,\ \mu^R,\ \mu^S,\ \mu^O$ Das Verhältnis des Stützen- (bzw. Rahmeneck-ständer-)Momentes M zum Maximalmoment $\mathfrak{M}_{\max}$ (Stützenordinate).

$\varDelta^P$ . . . . Wagrechte Verschiebung der Ständerköpfe infolge einer vertikalen Einzellast P.

$\varDelta^W$ . . . . Wagrechte Verschiebung der Ständerköpfe infolge einer Last W in Riegelhöhe.

$\varDelta^M$ . . . . Wagrechte Verschiebung der Ständerköpfe infolge eines Momentes M in Riegelhöhe.

Die Zeiger k und m (mittleres Feld) werden für die Riegel, und h, l und r für die Stützen gebraucht.

Bezüglich der Bezeichnung der Momentenflächen durch die mittleren Ordinatenwerte $\varkappa$ (δ) ist folgendes zu bemerken: Ist allgemein l_k die Länge eines Rahmengliedes mit dem konstanten Trägheitsmoment J_k, so kann der Inhalt der Momentenfläche dargestellt werden durch das Produkt:

$$F_k^M = k_k \cdot l_k \ldots \text{ für die bekannten Größen}$$

bzw.

$$F_k^M = d_k \cdot l_k \ldots \text{ für die gesuchten Größen.}$$

k_k bzw. d_k sind die mittleren Höhen der Momentenflächen, und da letztere bei der Berechnung .der Einflußlinien einfache Figuren (Dreiecke und — gewöhnliche oder überschlagene — Trapeze) sind, können sie aus den Momentenflächen entnommen und in der Form:

$$k_k = \varkappa_k \cdot \mathfrak{M} \qquad \text{bzw.} \qquad d_k = \delta_k \cdot M$$

angeschrieben werden; es ist also

$$F_k^M = \varkappa_k \cdot (\mathfrak{M} \cdot l_k) \qquad \text{bzw.} \qquad \delta_k\,(M \cdot l_k)\,,$$

und es stellen die Ausdrücke:

$$\frac{\varkappa_k \cdot (\mathfrak{M} \cdot l_k)}{E \cdot J_k} \qquad \text{bzw.} \qquad \frac{\delta_k \cdot (M \cdot l_k)}{E \cdot J_k}\,.$$

die reduzierten Momentenflächen des Stabes l_k für das bekannte $(\mathfrak{M})$ bzw. gesuchte Moment (M) dar. Durch Multiplikation mit dem Vergleichsmoment $\dfrac{E\,J_m}{l_m}$ aus den Abmessungen eines mittleren Rahmenstabes l_m erhält man die Werte:

$$\varkappa_k \cdot \frac{l_k \cdot J_m}{l_m \cdot J_k} \cdot \mathfrak{M} = \varkappa_k \cdot \varphi_k \cdot \mathfrak{M} = \varkappa_{\varrho\,k} \cdot \mathfrak{M}$$

bzw.

$$\delta_k \cdot \frac{l_k \cdot J_m}{l_m \cdot J_k} \cdot M = \delta_k \cdot \varphi_k \cdot M = \delta_{\varrho\,k} \cdot M\,.$$

$\varkappa_k(\delta_k)$ stellt die mittlere Ordinate und $\varkappa_{\varrho k}(\delta_{\varrho k})$ die reduzierte mittlere Ordinate des Rahmenstabes l_k für das betreffende Moment $\mathfrak{M}(M)$ dar. Die $\varkappa$- und δ-Werte geben also die auf die Einheit der Belastungslänge bezogenen Werte der Momenteneinheit des betreffenden Stabes an. Es ist nämlich:

$$\frac{F_k}{l_k} = \varkappa_k \cdot \mathfrak{M} \qquad \text{und} \qquad \frac{F_k \cdot \varphi_k}{l_k} = \frac{F_{\varrho k}}{l_k} = \varkappa_{\varrho k} \cdot \mathfrak{M} \, .$$

Unter Momentenordinaten ($\varkappa$, δ, μ) sowie unter Momentenabszissen (Schwerpunktsabständen) werden damit im folgenden nicht Längen, sondern die oben näher angegebenen Verhältniswerte ($\varkappa$, δ, μ, σ) bezeichnet. Dieselben sind auch in den Momentenfiguren für die Längen eingetragen.

§ 3. Grundfälle und Hilfswerte zur Ermittlung der Formänderungen.

Den folgenden Ausführungen sollen hier einige aus der Belastung statisch bestimmter Träger sich ergebende, einfache Formänderungswerte vorangestellt werden, welche für die Berechnung der Einflußlinien mehrteiliger Rahmen vollständig ausreichen.

a) Mittlere Ordinaten und Schwerpunktsabstände einfacher Momentenfiguren des frei aufliegenden Balkenträgers.

α) Belastung durch zwei an den Auflagern wirkende Momente:

$$M_1 = \mu_1 \cdot \mathfrak{M} \qquad \text{und} \qquad M_2 = \mu_2 \cdot \mathfrak{M} \, .$$

Aus Fig. 3a[1]) folgt:

$$\varkappa^{(1)}(\delta^{(1)}) = \tfrac{1}{2}(\mu_1 + \mu_2),$$

$$\sigma_1^{(1)} = \frac{1}{3} \cdot \frac{\mu_1 + 2\mu_2}{\mu_1 + \mu_2}, \qquad \sigma_2^{(1)} = \frac{1}{3} \cdot \frac{2\mu_1 + \mu_2}{\mu_1 + \mu_2} \, .$$

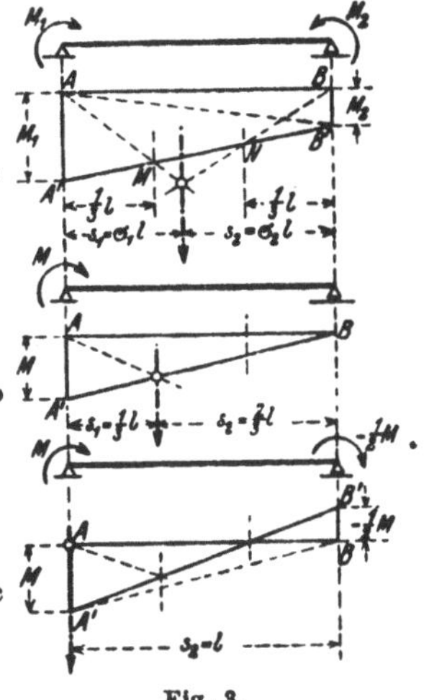

Fig. 3.

Für den speziellen Fall $\mu_r = 0$ (Fig. 3b) wird:

$$\varkappa^{(2)}(\delta^{(2)}) = \tfrac{1}{2} \cdot \mu_1 ,$$

$$\sigma_1^{(2)} = \tfrac{1}{3} , \qquad \sigma_2^{(2)} = \tfrac{2}{3} \, .$$

---

[1]) Die in Fig. 3 verwendete Konstruktion der Schwerlinie des Trapezes ist von Dipl.-Ing. R. Schmitz im Zentralblatt der Bauverwaltung 1914, Nr. 47, angegeben. Die Schwerlinie ergibt sich hier als Resultierende der als Kräfte aufgefaßten Dreiecksflächen $A A' B'$ und $A B B'$ von gleicher Höhe $\overline{AB}$ aus dem Seileck $A M N B$. Für den Fall $M_2 = -\tfrac{1}{2} M_1$ (Fig. 2c) rückt die Schwerlinie in die linke Seite $A A'$ hinein; dieser Belastungsfläche entspricht ein Verdrehungswinkel $\tau_B = 0$.

Für den Fall $\mu_2 = -\tfrac{1}{2}\mu_1$ (Fig. 3c) wird:

$$\varkappa^{(3)}(\delta^{(3)}) = \tfrac{1}{4}\mu_1 ,$$
$$\sigma_1^{(3)} = \emptyset , \qquad\qquad \sigma_2^{(3)} = 1 .$$

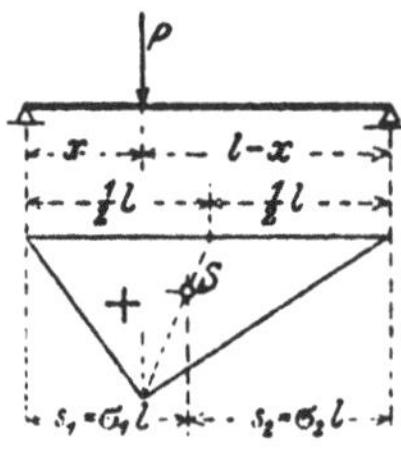

Fig. 4.

β) Belastung durch eine Einzellast P (Fig. 4).

$$\varkappa^{(4)} = \tfrac{1}{2} ,$$
$$\sigma_1^{(4)} = \tfrac{1}{3}(1 + \xi) , \qquad \sigma_2^{(4)} = \tfrac{1}{3}(2 - \xi) .$$

b) Verdrehungswinkel des frei aufliegenden Balkenträgers.

α) Zwei Momente an den Auflagern.

Allgemein ist hierfür:

$$\tau_1 = \tfrac{1}{6}(2\mu_1 + \mu_2)\cdot\frac{\mathfrak{M}\cdot l}{EJ} ; \qquad \mathfrak{A} = \tfrac{1}{6}(2\mu_1 + \mu_2)\cdot\mathfrak{M}\cdot l .$$

Dies gibt für die Sonderfälle

$$M_1 = M_2 = M = \mu\cdot\mathfrak{M} \text{ (Fig. 5):} \qquad \tau^{(1)} = \frac{1}{2}\cdot\frac{Ml}{EJ} ; \qquad \mathfrak{A}^{(1)} = \tfrac{1}{2}\mu\cdot\mathfrak{M}\cdot l ;$$

$$M_1 = 0 , \; M_2 = \mu\cdot\mathfrak{M} : \qquad \tau^{(2)} = \frac{1}{6}\cdot\frac{Ml}{EJ} ; \qquad \mathfrak{A}^{(2)} = \tfrac{1}{6}\mu\cdot\mathfrak{M}\cdot l ;$$

$$M_1 = \mu\mathfrak{M} , \; M_2 = \emptyset : \qquad \tau^{(3)} = \frac{1}{3}\cdot\frac{Ml}{EJ} ; \qquad \mathfrak{A}^{(3)} = \tfrac{1}{3}\mu\cdot\mathfrak{M}\cdot l ;$$

$$M_1 = M = \mu\mathfrak{M} , \; M_2 = -M_1 \text{ (Fig. 6):} \qquad \tau^{(4)} = \frac{1}{3}\cdot\frac{Ml}{EJ} ; \qquad \mathfrak{A}^{(4)} = \tfrac{1}{6}\mu\cdot\mathfrak{M}\cdot l .$$

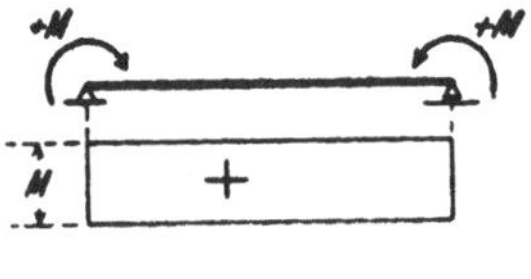

Fig. 5. 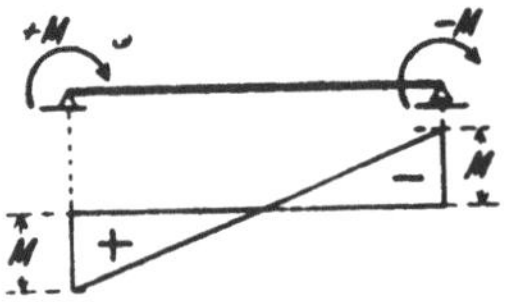   Fig. 6. 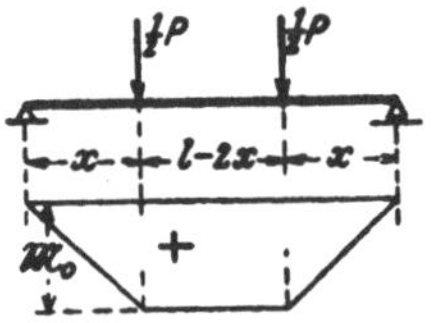   Fig. 7.

Die τ- und $\mathfrak{A}$-Werte können aus den aufgezeichneten Momentenfiguren für Einzellasten sowohl bei gewöhnlicher (achsen-) symmetrischer (Fig. 7) als auch bei polarsymmetrischer Belastung (Fig. 8) unmittelbar angeschrieben werden; im letzteren Falle entsteht in der Mitte des Trägers ein Moment von der Größe Null; der Balken kann demnach ohne Störung des Gleichgewichts dortselbst durchschnitten und aufgelagert gedacht werden und die Berechnung wie für einen Träger von der halben Stützweite $\tfrac{1}{2}l$ (mit Hilfe des Wertes σ^4 in a, β) durchgeführt werden. Man erhält dann für:

β) Zwei symmetrische Einzellasten $\frac{1}{2} P$.

Das Größtmoment ist (Fig. 7):

$$\mathfrak{M}_0 = +\tfrac{1}{2} P \cdot x = +\tfrac{1}{2} \cdot \xi \cdot P \cdot l \,,$$

damit wird:

$$\tau^{(5)} = \frac{1}{EJ} \cdot \mathfrak{A}^{(5)}; \quad \mathfrak{A}^{(5)} = \tfrac{1}{2} \cdot (l-x) \cdot \mathfrak{M}_0 = +\tfrac{1}{4} \cdot \xi \cdot (1-\xi) P l^2 = +\tfrac{1}{4} \cdot \mathfrak{M} \cdot l \,.$$

γ) Zwei polarsymmetrische Einzellasten $\frac{1}{2} P$.

Das Größtmoment unterhalb des Lastangriffes ist (Fig. 8):

$$\varDelta \mathfrak{M} = \pm \tfrac{1}{2} P \cdot (l - 2x) \cdot \frac{x}{l} = \pm \xi \left(\tfrac{1}{2} - \xi\right) \cdot P \cdot l \,,$$

damit wird:

$$\tau^{(6)} = \frac{1}{EJ} \cdot \mathfrak{A}^{(6)}; \quad \mathfrak{A}^{(6)} = \tfrac{1}{2} \cdot \tfrac{1}{3} \cdot \xi (1-\xi)\left(\tfrac{1}{2} - \xi\right) P \cdot l^2 = \tfrac{1}{6}\left(\tfrac{1}{2} - \xi\right) \cdot \mathfrak{M} \cdot l \,.$$

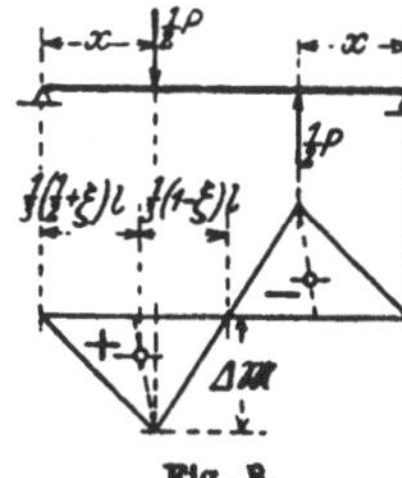

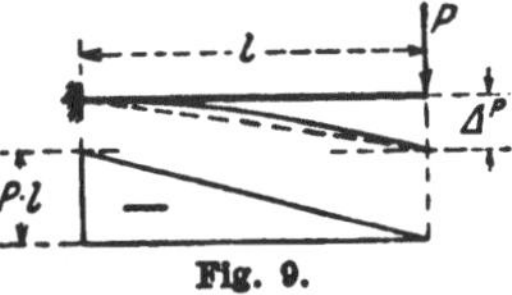

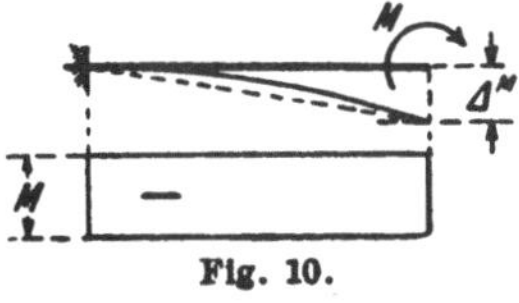

c) Durchbiegungen und Verdrehungen des Kragträgers.

α) Belastung durch eine Einzellast (Fig. 9).

$$\tau^{(7)} = \frac{1}{3} \cdot \frac{1}{EJ} \cdot P \cdot l^2; \qquad \varDelta^P = \frac{1}{3EJ} \cdot P \cdot l^3 \,.$$

β) Belastung durch ein Moment (Fig. 10).

$$\tau^{(8)} = \frac{1}{2} \cdot \frac{1}{EJ} \cdot M \cdot l; \qquad \varDelta^M = \frac{1}{2} \cdot \frac{1}{EJ} \cdot M \cdot l^2 \,.$$

§ 4. Die Bestimmung des Grades der statischen Unbestimmtheit eines Rahmentragwerkes.

In der einschlägigen Literatur[1]) sind übersichtliche Methoden der Abzählung zur Feststellung des Grades der statischen Unbestimmtheit ausführlich begründet. Hier ist noch entsprechend der Art der im folgenden durchgeführten Untersuchungen nachstehendes insbesondere hervorzuheben.

Die Beseitigung der steifen Verbindung in entsprechend gewählten Knotenpunkten und der Ersatz derselben durch Gelenke oder Gleitlager

<hr>

[1]) **Mehrtens**, Statik der Baukonstruktionen, I. Band, § 4. — Gehler, Der Rahmen. Berlin 1913, S. 5ff.

läßt die Bildungsweise der Rahmen aus einfacheren Systemen klarer
hervortreten und damit den Grad der Unbestimmtheit leichter feststellen. Einige Beispiele mögen dies erläutern.

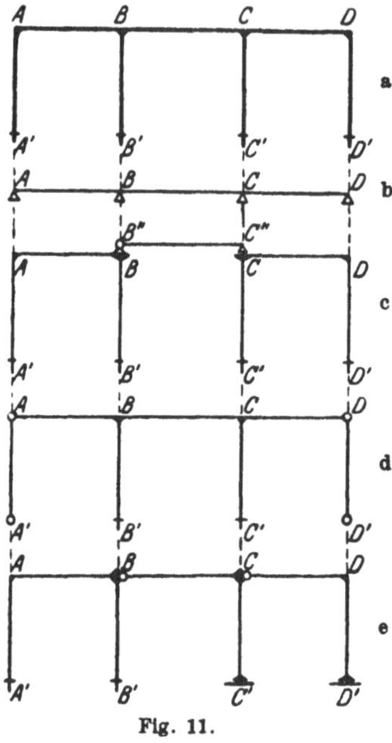

Fig. 11.

Der in Fig. 11 dargestellte Rahmen
hat vier steife Ecken und vier eingespannte Ständerfüße. Man kann denselben aus dem kontinuierlichen Träger $ABCD$ entstanden denken, indem
man die feste Verbindung der Ständer
mit dem Balken durch Gelenke ersetzt
denkt und ebenso an Stelle der Einspannung der Ständerfüße Gelenke
setzt; nur ein Stützpunkt des Balkens,
z. B. A, muß zur Verhinderung der
seitlichen Bewegungsmöglichkeit durch
einen zweiten Stützenstab mit der Erdscheibe verbunden werden. Der kontinuierliche Träger auf vier Stützen ist
zweifach statisch unbestimmt; mit
Wiederherstellung der festen Verbindung in den vier Rahmenecken treten
vier neue Stützenmomente, hervorgerufen von den vier an den Ständerfuß-
gelenken wirkenden Horizontalkräften
in Rechnung, die infolge der 3. statischen Gleichgewichtsbedingung,
$\sum H = 0$, drei neue Unbekannte ergeben; die schließliche Herstellung
des gegebenen Tragwerkes durch Beseitigung der vier Fußgelenke gibt
noch vier weitere Unbestimmte; im ganzen ist also das Tragwerk

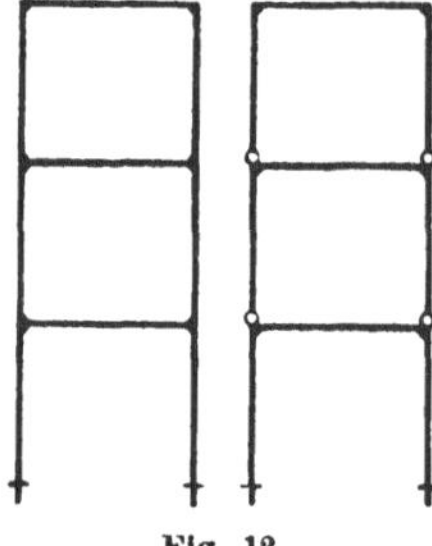

Fig. 12.

$2 + 3 = 4 = 9$ fach statisch unbestimmt. Eine
weitere Auflösung des Rahmens ist in Fig. 11b
durch Freimachung der festen Verbindung des
Mittelbalkenteiles BC in seinen Endpunkten in
die beiden zweistieligen dreifach statisch unbestimmten Rahmen $A'ABB'$ und $C'CDD'$ sowie
in den frei aufliegenden Balkenträger BC dargestellt; durch allmähliche Wiederherstellung des
gegebenen Zustandes erhält man wieder als Grad
der Unbestimmtheit: $n = 2 \times 3 + 3 = 9$. Sondert
man nach Fig. 11c den fünffach statisch unbestimmten zweistieligen
Rahmen mit gestützten Kragarmen aus, dann ergibt sich wieder:
$n = 5 + 2 \cdot 2 = 9$. Die Auflösung nach Fig. 11d liefert in gleicher
Weise: $n = 3 \cdot 3 = 9$. Allgemein erhält man bei z Rahmenfachen:
$n = 3z$ als Grad der Unbestimmtheit. Für den in Fig. 12 skizzierten

Stockwerksrahmen folgt nach der beschriebenen Auflösungsmethode unter vorläufiger Annahme von gelenkigen Anschlüssen bei v Stockwerksfachen: $n = 3\,v$ als Grad der Unbestimmtheit.

§ 5. Die Auflösung des mehrfach statisch unbestimmten Rahmentragwerkes in Teilsysteme.

Wenn man, wie in Fig. 11b den kontinuierlichen Träger auf festen Stützen als statisch unbestimmtes Hauptsystem aussondert, dessen Stützenmomente M^K als bekannt vorausgesetzt werden, dann bleiben nur noch die Ständerfußreaktionen H und M^S als Unbekannte zurück, infolge welcher die Stützenmomente des freigelagerten kontinuierlichen Trägers entsprechend zu korrigieren sind, indem man zunächst die Stützenmomente μ^k und μ^m des Hauptsystems für Momente von der Größe $1 \cdot h$, die an den Ständerköpfen wirken, berechnet.

Eine wesentliche Vereinfachung in der Berechnung symmetrischer Tragwerke wird durch die schon in § 3, b erwähnte Umordnung der Belastung in symmetrische und polarsymmetrische Lasten erzielt; dadurch werden die statisch unbestimmbaren Größen in

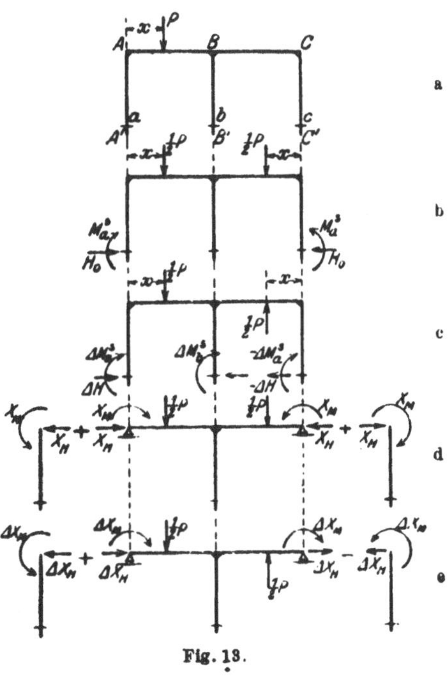

Fig. 13.

zwei voneinander unabhängige Gleichungsgruppen gespalten. Beispielsweise ist der in Fig. 13 gezeichnete dreistielige Rahmen sechsfach statisch unbestimmt; nach Abzug des Stützenmomentes M^K des kontinuierlichen Hauptsystems verbleiben noch die fünf Ständerfußreaktionen:

$$M_1^S = M_a^S + \Delta M_a^S\,,$$
$$M_2^S = \Delta M_b^S\,,$$
$$M_3^S = M_a - \Delta M_a^S\,,$$
$$H_1 = H_0 + \Delta H\,,$$
$$H_2 = H_0 - \Delta H\,,$$

die sich aus zwei Gleichgewichtsgruppen mit zwei bzw. drei Unbekannten
ergeben. Das Verfahren der Umordnung der Belastung in eine symmetrische und eine polarsymmetrische Belastungsgruppe stellt eine Umkehrung der von Müller-Breslau eingeführten Methode der Berechnung aus der halben Summe und der halben Differenz der überzähligen
Größen dar. Diese Berechnungsart ist aber noch nicht von allgemeiner
Verwendungsmöglichkeit. Die Umordnung der gegebenen Belastung
selbst, die eine unmittelbare Zerlegung der Berechnung überzähliger
Größen bei einem beliebigen Grade der statischen Unbestimmtheit ergibt, wurde in der hier dargelegten Weise erstmalig von W. L. Andrée[1]),
L. Lilienfeld[2]) und L. Herzka[3]) angegeben und — soweit ersichtlich
— unabhängig gefunden. Andrée[4]) hat aber das Verfahren in allgemeinster Form entwickelt und am weitgehendsten zwecks vereinfachter
Berechnung von Tragwerken einfacher, doppelter und allseitiger Symmetrie verfolgt.

Die weitere Auflösung der Tragwerke in Teilsysteme ermöglicht es,
die überzähligen Größen bis auf Gleichungen mit nur einer einzigen Un

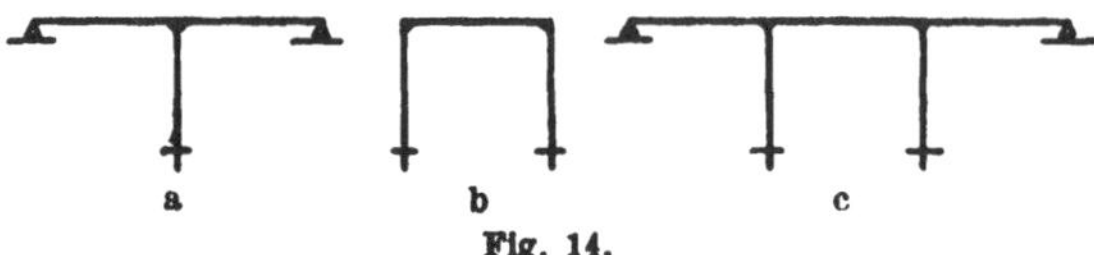

bekannten zurückzuführen. Der zweifeldrige kontinuierliche Träger mit fest
verbundener Mittel

a   b   c

Fig. 14.

stütze (Fig. 14a), welcher hier kurz als einstieliger Rahmen bezeichnet
werden soll, der zweistielige Rahmen ohne (Fig. 14b) und mit gestützten Kragarmen (Fig. 14c) bilden Grundformen von ein- bis fünffacher statischer Unbestimmtheit, deren Berechnung nach dem Folgenden einfach ist. Diese Grundformen lassen sich aus den mehrstieligen
Rahmen in der Weise, wie dies in § 4 an dem Beispiel des vierstieligen

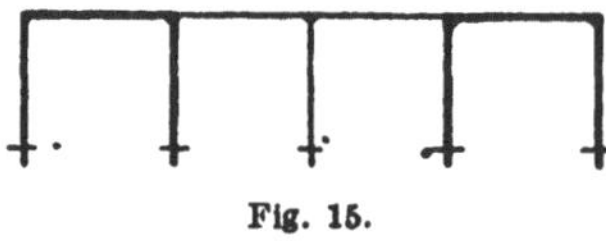

Rahmens gezeigt wurde, aussondern. So
ist für den dreistieligen Rahmen (Fig. 13)
das eine Teilssytem der einstielige Rahmen, die anderen Teilsysteme sind die
beiden statisch bestimmten in A' und

Fig. 15.

O' fest eingespannten Kragträger $A'A$ und $C'C$; der fünfstielige
Rahmen (Fig. 15) kann aus dem einstieligen und den beiden seitlichen
zweistieligen Rahmen gebildet gedacht werden; der sechsstielige Rahmen

---

[1]) W. L. Andrée, Die Statik des Kranbaues, 2. Aufl. Verlag von Oldenbourg,
München und Berlin 1913. S. 347 ff.

[2]) L. Lilienfeld, Armierter Beton, Jahrg. 1913, H. 11, S. 415.

[3]) L. Herzka, Der dreifeldrige Rahmen mit gleichen Endfeldern. Der Eisenbau, Jahrg. 1915, H. 2.

[4]) W. L. Andrée, Zur Berechnung statisch unbestimmter Systeme. Der
Brückenbau, Jahrg. 1915, H. 5; — Die Statik des Eisenbaues. Berlin und München
1917. Verlag R. Oldenbourg.

(Fig. 16) aus dem zweistieligen Rahmen mit gestützten Kragarmen und zwei seitlichen zweistieligen Rahmen. Eine noch größere Zahl von Stützen wird in der Praxis mit Rücksicht auf die Temperaturspannungen gewöhnlich vermieden; wo sie aber ausnahmsweise doch zur Anwendung kommen sollte, wäre der dreistielige Rahmen als Grundform zu verwenden.

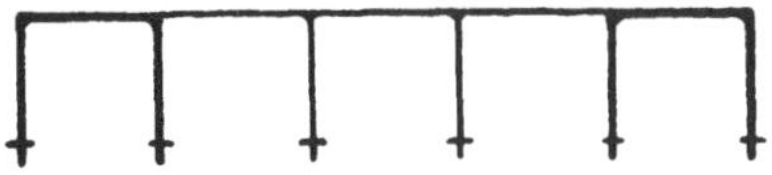

Fig. 16.

Schneidet man nun eine der erwähnten Grundformen aus dem mehrstieligen Rahmen heraus, so befindet sich dieselbe als Glied des ganzen Rahmens im Gleichgewicht, wenn man an den Trennungsstellen die dortselbst wirkenden inneren Kräfte als äußere Gegenkräfte anbringt; an den übrigbleibenden Teilen des Rahmens müssen die entsprechenden entgegengesetzt wirkenden Kräfte angebracht werden. In Fig. 13 ist dies an dem Beispiel des dreistieligen Rahmens dargestellt. Diese Gegenkräfte sind: die Horizontalkraft X_H (ΔX_H) und das Moment X_M (ΔX_M). Die vertikale Gegenkraft X_V fällt natürlich aus der Betrachtung weg, da ja durch Anbringung von Gleitlagern und Gelenken an den Trennungsstellen derselben bereits Rechnung getragen wird. Die zu berechnende Ständerfußreaktion R des mehrstieligen Rahmens läßt sich damit in der Form

$$R = R_0 + \varrho_H \cdot X_H + \varrho_M \cdot X_M \qquad (\text{I})$$

anschreiben; hierin bedeutet:

$R_0 \ldots$ die Ständerfußreaktion des Teilsystems bei der gegebenen Belastung,

$\varrho_H \ldots$ die Ständerfußreaktion des Teilsystems infolge $X_H = 1$,

$\varrho_M \ldots$ die Ständerfußreaktion des Teilsystems infolge $X_M = 1$.

Die Horizontalkraft X_H ist wieder durch die Gleichung

$$X_H = X_{H0} + \chi \cdot X_M \qquad (\text{II})$$

gegeben. X_{H0} und χ bedeuten darin jene Horizontalkräfte an den Trennungsstellen, die man für den Fall erhält, wenn an denselben Gelenke wären, und zwar:

$X_{H0} \ldots$ diejenige für die gegebene Belastung und

$\chi \ldots \ldots$ diejenige bei einer Belastung durch Momente von der Größe $X_M = 1$ am inneren und an den äußeren Teilsystemen.

Die zur Berechnung der Reaktionen X_H und X_M dienenden Beziehungen I und II sollen kurz die B e s t i m m u n g s g l e i c h u n g e n genannt werden. Das positive Vorzeichen sei für jene Horizontalkräfte X_H festgesetzt, welche eine horizontale Verschiebung nach dem Innern des betreffenden Teilsystems, also von der Trennungsstelle

weg bewirken; die Momente X_M werden positiv angenommen, wenn
dieselben den an der Verbindungsstelle anliegenden Balkenteil nach
innen zu verbiegen suchen. Dementsprechend sind z. B. an der linken
Schnittstelle positiv anzunehmen: am äußeren Teilsystem von rechts
nach links wirkende Horizontalkräfte und entgegen dem Sinne des
Uhrzeigers drehende Momente und am inneren Teilsystem die umgekehrt wirkenden entsprechenden Reaktionen (Fig. 13d, e).

Die Größen X_{H0} und χ der Bestimmungsgleichung II ergeben sich
aus den wagrechten Verschiebungen der an der Verbindungsstelle angrenzenden beiden Rahmenteilsysteme aus einer Gleichung von der
Form:

$$\varDelta_0 + \varDelta_1 + \varDelta_2 = 0. \tag{III}$$

Diese Gleichung soll als Verschiebungsgleichung bezeichnet
werden. $\varDelta_0$ ist die Verschiebung des in Betracht gezogenen Teilsystems

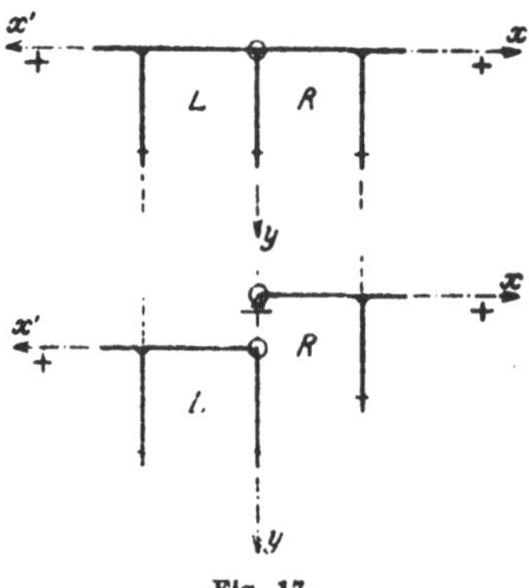

Fig. 17.

bei der gegebenen Belastung, $\varDelta_1$ ist diejenige des gleichen und $\varDelta_2$ diejenige des
anderen Teilsystems für den Fall, daß an
den Schnittstellen Horizontalkräfte von
der Größe $X_H = 1$ als Belastungen
wirken. Für das Vorzeichen der Verschiebungen ist folgendes maßgebend (Fig. 17):
Wir wählen die Verbindungsstelle der
beiden Teilsysteme zum Koordinaten-
ursprung. Der der Rechnung unter-
zogene linke (L) oder rechte (R) Rahmenteil bestimmt dann den positiven Qua-
dranten des betreffenden Koordinaten-
systems; für den linken Teil haben also die Verschiebungen von rechts
nach links, für den rechten Teil diejenigen von links nach rechts das
positive Vorzeichen.

Die Gleichungen (I) und (II) ergeben zusammen eine Gleichung mit
nur einer Unbekannten X_M. Diese kann mit Hilfe der nunmehr aufzu-
stellenden Beziehungen, welche auch für verwickelte Fälle eine verhältnismäßig einfache Aufstellung der für ihre Berechnung erforderlichen
Hilfsgrößen ermöglichen, bestimmt werden.

§ 6. Die Beziehungen zwischen den Verdrehungswinkeln eines Rahmenfaches.

Die Berechnung der Ständerfußreaktionen stützt sich auf eine einfache Beziehung zwischen den Verdrehungswinkeln eines Rahmenfaches,
mittels welcher sich die überzähligen Größen unmittelbar hinschreiben
lassen.

a) **Für den Fall gelenkig gelagerter Ständerfüße** ergibt irgendeine Belastung, die in Fig. 18 skizzierte Verformung des betreffenden Rahmenfaches. Die Winkel τ_1, τ_2, τ_3 und τ_4 an den Ständerköpfen sollen die „Verdrehungswinkel des Rahmenfaches" genannt werden. Bezüglich des Vorzeichens der hier auftretenden Rechnungsgrößen ist folgendes festzuhalten: Die Verdrehungswinkel τ und die Ständerdrehwinkel v haben das positive Vorzeichen, wenn dieselben innerhalb der Verbindungslinien des elastisch verschobenen Rahmenfaches $M'M''N''N'$ liegen. Das positive Vorzeichen der Ständerfußreaktionen H und M^S ist aus Fig. 19 unmittelbar

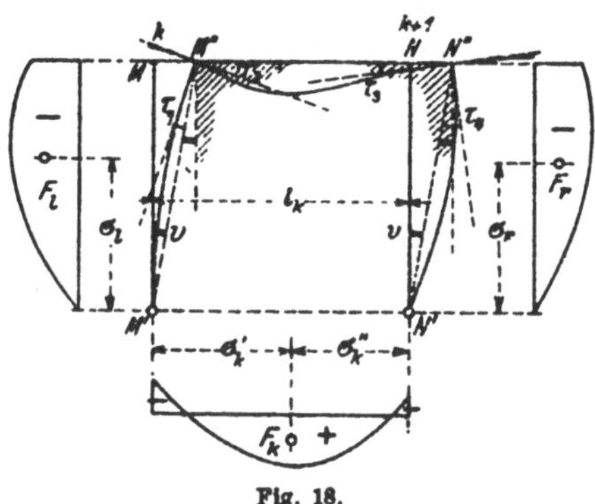

Fig. 18.

ersichtlich; am linken Ständer ist also der rechte, d. i. der im Sinne des Uhrzeigers wirkende, und am rechten Ständer der linke, d. i. der entgegen dem Sinne des Uhrzeigers wirkende Drehsinn positiv. Für das Vorzeichen entscheidet immer nur das in Behandlung stehende Rahmenfach; dieselbe Ständerfußreaktion wechselt ihr Vorzeichen, wenn das Nachbarfach der Berechnung zugrunde gelegt wird, was wohl zu beachten ist. Für die weitere Untersuchung entsteht damit keine Umständlichkeit, da sich dieselbe nach Eintragung der ermittelten Reaktionen in der gleichen Weise durchführen läßt. Um anzudeuten, daß sich die Ständerfußreaktionen auf das der Untersuchung zugrunde gelegte Teilsystem beziehen, wird in den weiter unten folgenden Sonderfällen die Schreibweise $[H]$ und $[M^S]$ gebraucht; bei der weiteren Berechnung der Biegungs-

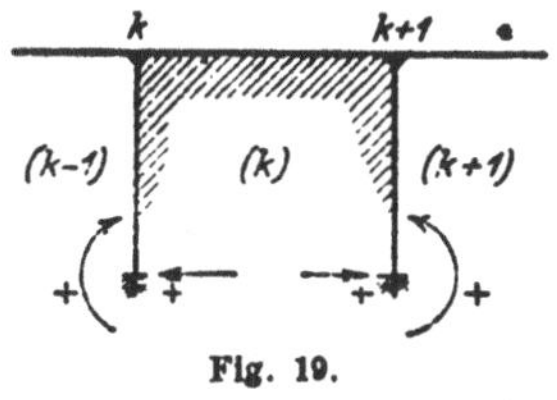

Fig. 19.

momente usw. sind dann die Vorzeichen dem gegebenen Tragwerk des mehrstieligen Rahmens entsprechend zu ändern.

Aus Fig. 18 folgen unmittelbar die Beziehungen für die Verdrehungswinkel an den Knotenpunkten M und N:
$$\tau_2 + \tau_1 - v = 0 ,$$
$$\tau_3 + \tau_4 + v = 0 .$$

v ist in der ersten Gleichung mit negativem, in der zweiten mit positivem Vorzeichen einzusetzen, da der Winkel auf der linken Seite außerhalb, auf der rechten innerhalb der verschobenen Vertikalen liegt.

Durch Addition erhält man
$$\tau_1 + \tau_2 + \tau_3 + \tau_4 = \sum \tau = 0 \qquad\qquad\text{(IV)}$$

als allgemeine Beziehung zwischen den Verdrehungswinkeln eines
Rahmenfaches; sie besagt in Worten: Die algebraische Summe der
Verdrehungswinkel eines Rahmenfaches bei irgend welcher
Belastung ist im Falle gleich hoher Stützen gleich Null.
Diese Beziehung soll im folgenden kurz die Rahmenfachgleichung
genannt werden. In weiterer Auswertung ergibt sich aus derselben mit
den aus Fig. 18 ersichtlichen Beziehungen für die Momentenflächen:

$$\sum\left(\frac{1}{h}\,\frac{F_l\cdot s_l}{E\cdot J_l}+\frac{F_k}{E J_k}+\frac{1}{h}\cdot\frac{F_r\cdot s_r}{E\cdot J_r}\right)=\varnothing\,.\qquad\text{(IV')}$$

Die Momentenflächen des Riegels und der Ständer setzen sich aus solchen der bekannten, d. i. des Momentes $\mathfrak{M}$ des statisch bestimmten
Hauptfalles und denen der gesuchten Größe X (des Momentes X_M
oder Hh) zusammen. Da die Momentenflächen durch Dreiecke oder
Trapeze gebildet werden, können sie durch ihre mittleren Ordinaten
$\varkappa$ und δ gemessen und aus den aufgezeichneten Momentenfiguren unmittelbar entnommen werden. Damit geht Gleichung (IV') mit Rücksicht auf die in § 2 eingeführten Bezeichnungen über in:

$$\frac{1}{J_l}\sum(\varkappa_l\cdot s_l\cdot\mathfrak{M}+\delta_l\cdot s_l X)+\frac{1}{J_k}\sum(\varkappa_k\cdot\mathfrak{M}+\delta_k\cdot X)\cdot l_k$$

$$+\frac{1}{J_r}\cdot\sum(\varkappa_r\cdot s_r\cdot\mathfrak{M}+\delta_r\cdot s_r\cdot X)=\varnothing\,,$$

und hieraus erhält man die Rahmenfachformel:

$$X=-\frac{\sum\dfrac{\varkappa_k}{J_k}\cdot l_k+\sum\dfrac{\varkappa_l}{J_l}\cdot s_l+\sum\dfrac{\varkappa_r}{J_r}\cdot s_r}{\sum\dfrac{\delta_k}{J_k}\cdot l_k+\sum\dfrac{\delta_l}{J_l}\cdot s_l+\sum\dfrac{\delta_r}{J_r}\cdot s_r}\cdot\mathfrak{M}$$

$$=-\frac{\sum\varkappa_k\cdot\varphi_k+\sum\varkappa_l\psi_l\sigma_l+\sum\varkappa_r\psi_r\cdot\sigma_r}{\sum\delta_k\cdot\varphi_k+\sum\delta_l\psi_l\sigma_l+\sum\delta_r\cdot\psi_r\cdot\sigma_r}\cdot\mathfrak{M}$$

oder durch Einführung der reduzierten mittleren Ordinaten:

$$X=-\frac{\sum\varkappa_{\varrho k}+\sum\varkappa_{\varrho l}\cdot\sigma_l+\sum\varkappa_{\varrho r}\cdot\sigma_r}{\sum\delta_{\varrho k}+\sum\delta_{\varrho l}\cdot\sigma_l+\sum\delta_{\varrho r}\cdot\sigma_r}\cdot\mathfrak{M}\qquad\text{(IV*)}$$

als allgemeine Formel zur unmittelbaren Bestimmung des
Horizontalschubes bzw. der Reaktion an der Trennungsstelle aus den aufgezeichneten Momentenflächen. Die Form dieses
Ausdruckes läßt sich leicht dem Gedächtnis einprägen: Der Zähler
enthält die Summe sämtlicher reduzierten mittleren Ordinaten $\varkappa_\varrho$ der
bekannten Größen, der Nenner die Summe der δ_ϱ der gesuchten
Größe (H, X_M); die Ordinaten des Riegels sind ohne Beiwerte behaftet,
jene des Ständers sind mit den unteren Schwerpunktsabständen der

betreffenden Momentenflächen (σ_l und σ_r) zu multiplizieren. Faßt man die $\varkappa_\varrho$- und δ_ϱ-Werte als Gewichte auf, die man in den Projektionen der Schwerpunkte der entsprechenden Momentenflächen auf ihre Stabachsen in wagrechter Richtung angreifend denkt, dann läßt sich der durch Gleichung (IV*) bestimmte Ausdruck deuten als **Quotient aus den Auflagerdrücken am oberen in Riegelhöhe liegenden Stützpunkt eines mit diesen Gewichten belasteten frei aufliegenden Balkenträgers von der Stützweite h** (Ständerhöhe).

b) Für die Berechnung der Überzähligen im Falle **fest eingespannter Ständer** (M^S, X_M) ist eine andere Beziehung zwischen den Verdrehungswinkeln und dem Drehwinkel des betreffenden Ständers, die sich auf die Bedingung der festen Einspannung des Ständerfußes stützt, zur Anwendung zu bringen. Aus Fig. 20 folgt die **Rahmenstützengleichung**:

$$\tau_1 + \tau_2 + v = \emptyset . \qquad (V)$$

Hierin ist:

$$\tau_1 + v = \frac{1}{EJ_h} \cdot \sum F_l ,$$

$$\tau_2 = \frac{1}{EJ_k} \cdot \sum \sigma_k'' \cdot F_k .$$

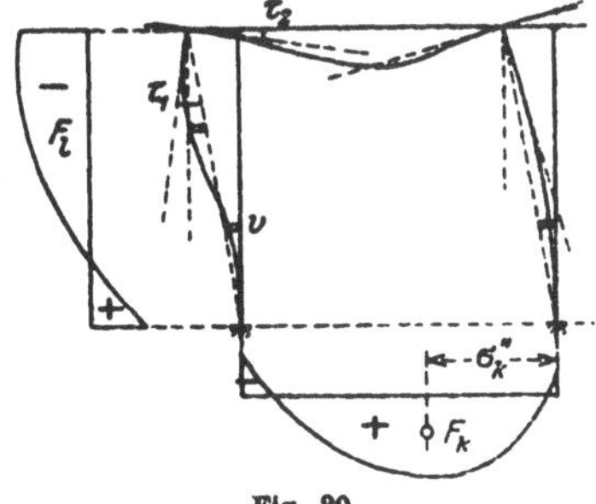

Fig. 20.

Damit erhält man aus (V) in gleicher Weise wie aus (IV) in weiterer Auswertung:

$$\frac{1}{EJ_k}\left(\sum \sigma_k \varkappa_k \cdot \mathfrak{M} + \sum \sigma_k \delta_k \cdot X\right)l + \frac{1}{EJ_h} \cdot \left(\sum \varkappa_l \cdot \mathfrak{M} + \sum \delta_l \cdot X\right) \cdot h = \emptyset , \ (V')$$

und hieraus folgt für die gesuchte Größe X (X_M oder M^S) die **Rahmenstützenformel**:

$$X = - \frac{\sum \varkappa_{\varrho k} \cdot \sigma_k + \sum \varkappa_{\varrho l}}{\sum \delta_{\varrho k} \cdot \sigma_k + \sum \delta_{\varrho l}} \cdot \mathfrak{M} , \qquad (V^*)$$

ein wie Gleichung (IV*) gebauter Ausdruck, mit dem Unterschiede, daß die mit den Schwerpunktsabständen σ behafteten Glieder hier den Riegel betreffen, da sich bei der Berechnung der Einspannungsmomente die vollen Flächen auf den Ständer beziehen. Statisch läßt sich der Ausdruck in gleicher Weise wie Gleichung (IV*) deuten als **Quotient aus den Auflagerdrücken eines mit den Gewichten $\varkappa_\varrho$ und δ_ϱ belasteten Balkenträgers von der Stützweite l_k**, dessen Stützpunkte in der Richtung der Ständerachsen k und $k + 1$ liegen, an derjenigen Auflagerstelle, welche der Aufstellung der Rahmenstützengleichung (V) entspricht; die Richtungslinien der senkrecht zur Riegelachse wirkenden

Gewichte gehen durch die Projektionen der Schwerpunkte der entsprechenden Momentenflächen auf die betreffenden Stabachsen hindurch.

Vielfach ist es bei der Bildung der Rahmenstützenformel angebracht, insbesondere für polarsymmetrische Belastungsfälle, an die Stelle der ersten Summenglieder im Zähler und Nenner die in § 3b angegebenen, den bezüglichen Momentenfiguren entsprechenden a-Werte zu setzen; dann erhält man Gleichung (V*) in der Form:

$$X = -\frac{\sum a_k^{\varkappa}\cdot\varphi_k + \sum \varkappa_l\cdot\psi_l}{\sum a_k^{\lambda}\cdot\varphi_k + \sum \delta_l\cdot\psi_l}\cdot\mathfrak{M} = -\frac{\sum a_{\varrho k}^{\varkappa} + \sum \varkappa_{\varrho l}}{\sum a_{\varrho k}^{\delta} + \sum \delta_{\varrho l}}\cdot\mathfrak{M}. \qquad \text{(V**)}$$

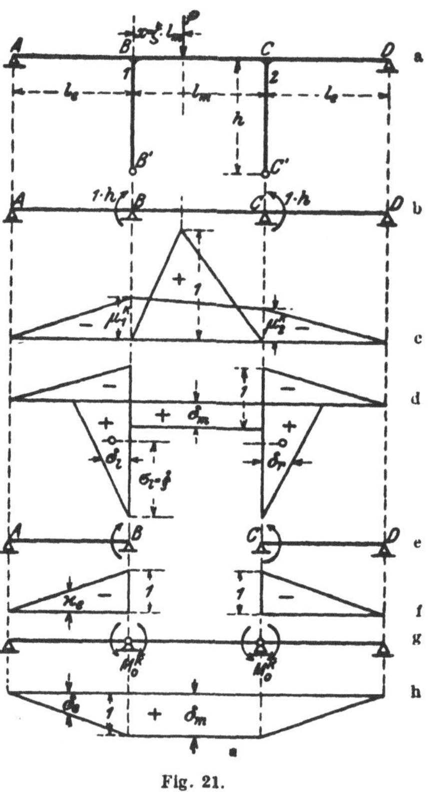

Fig. 21.

Addiert man die für die Stützen desselben Faches geltenden Gleichungen (V), dann folgt aus $\sum_1^4 \tau = \emptyset$ der Satz:

Die algebraische Summe sämtlicher reduzierten mittleren Ordinaten eines Rahmenfaches ist im Falle fest eingespannter Stützen gleich Null.

Die Beziehungen (IV) und (V) bzw. (IV*) und (V*) bilden die zur Ermittlung der Überzähligen erforderlichen Rahmen- (Kontinuitäts-) Bedingungen. In den im folgenden behandelten Fällen von Rahmentragwerken sind immer die mittleren Ordinaten der gewöhnlichen Momentenflächen angegeben und sodann bei der Bildung der Rahmenformeln mit den entsprechenden Reduktionsbeiwerten (φ, ψ) multipliziert.

c) Wie einfach mit Hilfe der aufgestellten Rahmenformeln die Ständerfußreaktionen unter Vermeidung von besonderen Zwischenrechnungen ermittelt werden können, möge an einigen Beispielen gezeigt werden.

1. Beispiel. Für den in Fig. 21a dargestellten Belastungsfall (Einzellast P im Mittelfelde) des Zweigelenkrahmens mit gestützten Kragarmen ist der Horizontalschub H zu bestimmen.

Durch Beseitigung der festen Verbindung der Ständer mit dem Balken entsteht der durchlaufende Träger $ABCD$ als statisch unbestimmtes Hauptsystem (Fig. 21 b), für welchen in Fig. 21 c die Momentenlinien für die gegebene Belastung eingetragen sind; aus diesem sind unmittelbar die mittleren Ordinaten:

$$x_m = \tfrac{1}{2}, \qquad x_m' = \tfrac{1}{2}(\mu_1^K + \mu_2^K)$$

zu entnehmen. Für die Momenteneinheit des zu suchenden Horizontalschubes (zwei Momente in B und C von der Größe $1 \cdot h$ bzw. Belastung der durch Gleitlager ersetzten Gelenke in B' und C' durch Horizontalkräfte $H = 1$) folgt aus Fig. 21 d:

$$\delta_m; \qquad \delta_l = \tfrac{1}{2}, \quad \sigma_l = \tfrac{2}{3}; \qquad \delta_r = \tfrac{1}{2}, \quad \sigma_r = \tfrac{2}{3};$$

daher ist anzuschreiben:

$$H = - \frac{1}{2} \cdot \frac{1 + \mu_1^K + \mu_2^K}{\delta_m + 2 \cdot \tfrac{1}{2} \cdot \tfrac{2}{3} \cdot \psi} \cdot \frac{\mathfrak{M}_s}{h}.$$

Die Werte μ_1^K, μ_2^K und δ_m sind in der bekannten Weise für den durchlaufenden Träger auf vier Stützen zu bestimmen.

Anmerkung. Für die Berechnung des durchlaufenden Trägers $ABCD$ kann die Rahmenformel (V) ohne weiteres angewendet werden; denn der Träger kann als ein mit seinen Stielen um 90° gedrehter zweistieliger Rahmen betrachtet werden. Für den in Fig. 21 b eingezeichneten Belastungsfall durch Momente von der Größe $1 \cdot h$, die an den Stützen B und C wirken, ergibt sich aus den entsprechenden Momentenflächen (Fig. 21 f, h):

$$M_0^K = \delta_m h = - \frac{\sum x_{\varrho s} \cdot \sigma_s}{\sum \delta_{\varrho m} + \sum \delta_{\varrho s} \cdot \sigma_s} \cdot 1 h = - \frac{-2 \cdot \tfrac{1}{2} \cdot \varphi}{1 + 2 \cdot \tfrac{1}{2} \cdot \tfrac{2}{3}\varphi} \cdot 1 \cdot h = + \frac{2\varphi}{3 + 2\varphi} \cdot h$$

oder

$$\delta = + \frac{2\varphi}{3 + 2\varphi}$$

für

$$\varphi = \frac{l_s}{l_m} \cdot \frac{J_m}{J_s}.$$

2. Beispiel. Für denselben Rahmen ist der Horizontalschub bei einer auf den Ständer BB' in der Höhe $y = \eta \cdot h$ vom Gelenk B' wirkenden wagrechten Last W anzugeben (Fig. 22).

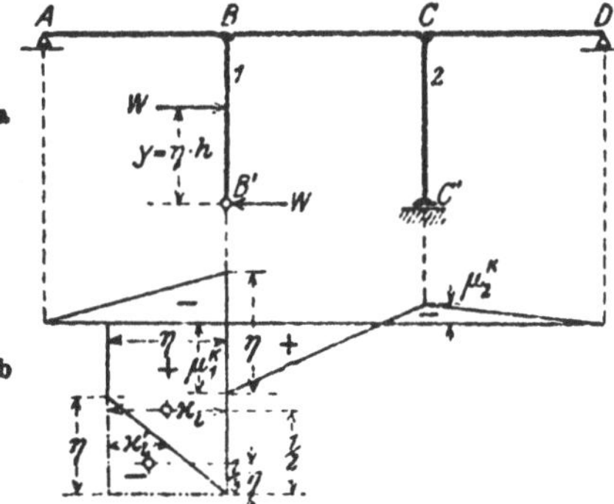

Fig. 22.

Das Moment des statisch bestimmten Hauptsystems, welches durch Beseitigung der Stützenlagerungen in A und D sowie nach Ersetzung des Gelenkes in C' durch ein Gleitlager entsteht (Fig. 22 a), beträgt:

$$\mathfrak{M}_y = W \cdot y = \eta \cdot W \cdot h.$$

Dasselbe Moment erzeugt, auf den kontinuierlichen Träger $ABCD$ wirkend (Fig. 22a), die in Fig. 22b eingetragenen Momente; aus den Momentenfiguren folgt:

$$\varkappa_m = \tfrac{1}{2}\,(\mu_1^K + \mu_2^K)\,;$$

$$\varkappa_l = \eta\,, \quad \sigma_l = \tfrac{1}{2}\,; \quad \varkappa_l' = -\tfrac{1}{2}\cdot\eta\,, \quad \sigma_l' = \tfrac{1}{3}\,\eta\,.$$

Da der Nenner der gleiche ist wie in Beispiel 1, wird:

$$H = -\frac{1}{2}\cdot\frac{\mu_1^K + \mu_2^K + (1-\tfrac{1}{3}\eta)\,\eta\cdot\psi}{\delta_m + \tfrac{2}{3}\cdot\psi}\cdot\eta\cdot W\,.$$

In weiterer Auswertung ergibt sich für den kontinuierlichen Träger:

$$\delta_m = \frac{2\,\varphi}{3+2\,\varphi} = \mu_1^K + \mu_2^K = \frac{2\,\varphi}{3+2\,\varphi}\ ^{1)}.$$

Damit geht die Formel für den Fall $\eta = 1$ über in:

$$H = -\tfrac{1}{2}W\,,$$

welcher Wert sich auch ohne Rechnung ergibt (s. § 14b).

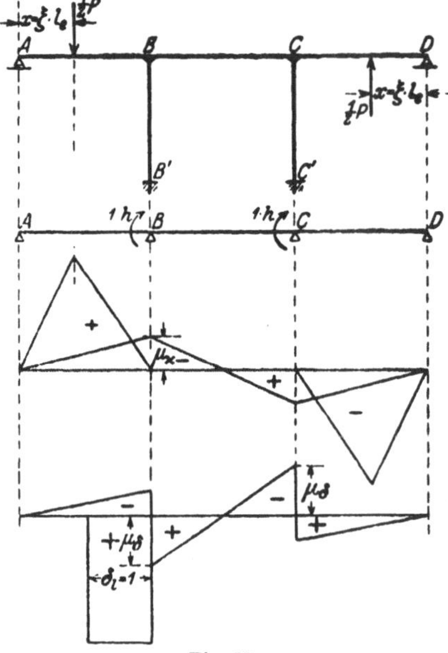

Fig. 23.

3. Beispiel. Auf den symmetrischen zweistieligen Rahmen mit gestützten Kragarmen bei fest eingespannten Ständern wirken in den Endfeldern zwei polarsymmetrische Lasten $\tfrac{1}{2}P$; die Ständerfußreaktionen sind zu bestimmen (Fig. 23).

Infolge der polarsymmetrischen Belastung wird $H = 0$ und an den Ständerfüßen treten nur Momente $\varDelta M^S$ von gleicher Größe und entgegengesetztem Vorzeichen auf. Aus Fig. 23c und d folgt:

$$\sigma_m\cdot\varkappa_m = \mathfrak{a}^{(4)} = \tfrac{1}{6}\,\mu_\varkappa\,;$$

$$\sigma_m\cdot\delta_m = \mathfrak{a}^{(4)} = \tfrac{1}{6}\,\mu_\delta\,; \quad \delta_l = 1\,.$$

Damit erhält man:

$$M^S = -\frac{\tfrac{1}{6}\,\mu_\varkappa}{\tfrac{1}{6}\,\mu_\delta + \psi}\cdot\mathfrak{M}_x = -\frac{\mu_\varkappa}{\mu_\delta + 6\,\psi}\cdot\mathfrak{M}_x\,.$$

$^{1)}$ Die Summe $\mu_1^K + \mu_2^K$ hat denselben Wert wie das im Beispiel 1 berechnete δ_m; das folgt unmittelbar aus der Belastungsumordnung des in B wirkenden Momentes in eine symmetrische und eine polarsymmetrische Momentengruppe an den Mittelstützen; für letztere ist: $\quad \mu_1^K + \mu_2^K = 0\,.$

Die Werte $\mu_\varkappa$ und μ_δ sind wieder in der bekannten Weise für den durchlaufenden Träger $ABCD$ zu berechnen.

d) Bei den mit mehr als zwei Stützen fest verbundenen Balken erscheinen laut Gleichung (I) und (II) die Ständerfußreaktionen der Teilsysteme als Funktionen der gegebenen Belastung und der an den Trennungsstellen anzubringenden Gegenkräfte $X_H(\varDelta X_H)$ und $X_M(\varDelta X_M)$. Mit Hilfe der Werte für die horizontalen Verschiebungen ($\varDelta^P$, $\varDelta^M$, $\varDelta^W$), die sich für die Grundformen (Fig. 14) zufolge der weiter unten angeführten Erwägungen unmittelbar anschreiben lassen, erhält man dieselben sodann als Ausdrücke von der Form:

$$R = \mu_\varkappa \cdot \mathfrak{M} + \mu_\delta \cdot X_M .$$

Sie geben auch mit ihren Beiwerten die Momente an, die von den Ständern auf den Balken übertragen werden. Mit diesen Beiwerten $\mu_\varkappa$ und μ_δ sind dann die mittleren Ordinaten der entsprechenden Momentenflächen der Teilsysteme aus den Belastungseinheiten der an den Teilsystemen wirkenden Ständerfußreaktionen zu multiplizieren, um die $\varkappa$- und δ-Werte zu erhalten. Auf die Balken der Teilsysteme selbst wirken die vertikale

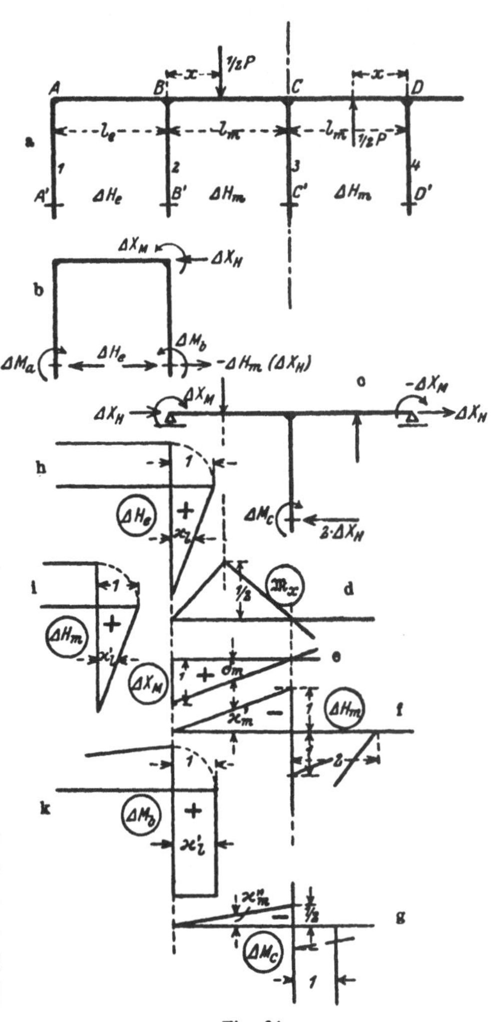

Fig. 24.

Belastung und die Gegenkräfte $X_M(\varDelta X_M)$. Die mittleren Ordinaten $\varkappa$ und δ, die diesen Belastungen entsprechen, sind dann aus den Momentenfiguren des auf den Stützen frei gelagerten Balkens der betreffenden Teilsysteme zu entnehmen; der Einfluß der Ständerfußreaktionen fällt dabei nicht in Betracht. Die Rahmenformeln (IV*)

und (V*) können auf diese Art auch bei einem höheren Grad statischer
Unbestimmtheit in einfacher und schematischer Weise aus den Teilsystemen aufgestellt und damit das Tragwerk berechnet werden. Zu
beachten sind dabei nur die in § 5 angegebenen Regeln bezüglich des
Vorzeichenwechsels der Momentenordinaten der Ständer im angrenzenden Rahmenfach, wie sich das auch am einfachsten aus der Verbiegung
des Tragwerkes ergibt. Die Art, wie in einem solchen Falle zu verfahren ist, möge an einem Beispiel kurz erläutert werden.

Der in Fig. 24 gezeichnete fünfstielige Rahmen trage in den Mittel-
feldern polarsymmetrische Lasten $\frac{1}{2}P$. Die Ständerfußreaktionen der
Teilsysteme (Fig. 24b, c) seien nach der eben angegebenen Art in der
Form gefunden:

Äußeres System:

$$[\varDelta H_e] = \chi^e_\varkappa \cdot \frac{\mathfrak{M}_z}{h} + \chi^e_\delta \cdot \frac{\varDelta X_M}{h} \,,$$

$$[\varDelta M^S_a] = \mu^a_\varkappa \cdot \mathfrak{M}_z + \mu^a_\delta \cdot \varDelta X_M \,,$$

$$[\varDelta M^S_b] = \mu^b_\varkappa \cdot \mathfrak{M}_z + \mu^b_\delta \cdot \varDelta X_M \,.$$

Inneres System:

$$[\varDelta H_m] = \chi^m_\varkappa \cdot \frac{\mathfrak{M}_z}{h} + \chi^m_\delta \cdot \frac{\varDelta X_M}{h} \,,$$

$$[\varDelta M^S_c] = \mu^c_\varkappa \cdot \mathfrak{M}_z + \mu^c_\delta \cdot \varDelta X_M \,,$$

Damit erhält man für die Rahmenbedingung im mittleren Fach von
der unmittelbaren Belastung des Balkens BCD (Fig. 24d, e):

$$\varkappa_m = +\tfrac{1}{2}\cdot\tfrac{1}{2}\,, \qquad \sigma_m = \tfrac{1}{3}(2 - \xi)\,; \qquad \delta_m = +\tfrac{1}{2}\,, \qquad \sigma_m = \tfrac{2}{3}\,;$$

von der Belastung des mittleren Systems (Fig. 25f, g):

$$\varkappa'_m = -\tfrac{1}{2}\cdot\chi^m_\varkappa\,, \qquad \sigma'_m = \tfrac{1}{3}\,; \qquad \delta'_m = -\tfrac{1}{2}\cdot\chi^m_\delta\,, \qquad \sigma'_m = \tfrac{1}{3}\,;$$

$$\varkappa''_m = -\tfrac{1}{4}\cdot\mu^c_\varkappa\,, \qquad \sigma''_m = \tfrac{1}{3}\,; \qquad \delta''_m = -\tfrac{1}{4}\mu^c_\delta\,, \qquad \sigma''_m = \tfrac{1}{3}\,;$$

vom äußeren System mit Wechsel des Vorzeichens der Momentenordinaten (Fig. 24h—k):

$$\varkappa_l = -\tfrac{1}{2}\cdot\chi^e_\varkappa\,, \qquad \delta_l = -\tfrac{1}{4}\chi^e_\delta\,,$$

$$\varkappa'_l = -\tfrac{1}{4}\cdot\chi^m_\varkappa\,, \qquad \delta'_l = -\tfrac{1}{4}\chi^m_\delta\,,$$

$$\varkappa''_l = -1\cdot\mu^b_\varkappa\,, \qquad \delta''_l = -1\cdot\mu^b_\delta\,.$$

Durch Einsetzen dieser Werte in Gleichung (V) ergibt sich schließlich
$\varDelta X_M$ bloß als Funktionen von $\mathfrak{M}_z$.

Es sei noch bemerkt, daß es sich immer bei der Berechnung der
Rahmen empfiehlt, die Momentenflächen für die bekannten Größen,
d. i. für das statisch unbestimmte Hauptsystem, sowie für die zu suchende
überzählige Größe gesondert aufzuzeichnen und aus den auf die Einheit
des Maximalmomentes für den statisch bestimmten Hauptfall bezogenen
Flächen die entsprechenden Hilfswerte für die Auswertung der Rahmenformeln zu entnehmen.

§ 7. Die Berichtigung der Stützenmomente des durchlaufenden Trägers mit Rücksicht auf dessen feste Verbindung mit den Ständern.

Sind die Ständerfußreaktionen nach dem vorstehenden Verfahren für jedes einzelne Rahmenfach bestimmt, dann können nach entsprechender Eintragung derselben mit Rücksicht auf ihre dem gegebenen Rahmentragwerk entsprechenden Vorzeichen die von den Ständern auf den Balken übertragenen Momente

$$M^O = H \cdot h + M^S$$

berechnet werden. Mit Hilfe dieser Werte M^O können dann die an den Stützpunkten abgeschnittenen Ordinatenabschnitte μ ermittelt werden, um welche die Stützen-

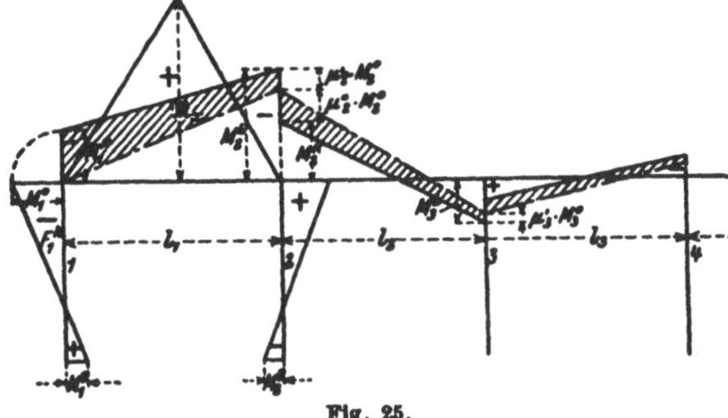

Fig. 25.

momente des kontinuierlichen Hauptsystems zu berichtigen sind. Die Berechnung der Rahmenstützenmomente M^L und M^R ist lediglich eine Anwendung der Beziehungen (IV) und (V). Zufolge dieser Gleichungen erhält man für das erste Rahmenfach l_1 (Fig. 25) nach entsprechender Berücksichtigung des Vorzeichens der Ständerfußreaktionen in bezug auf das zu untersuchende Fach bei gelenkiger Lagerung der Stützen:

$$\tfrac{1}{2}(\mathfrak{M}_s + M_1^R + M_2^L) + \psi \cdot \sigma (F_1^h + F_2^h) = \emptyset$$

und bei fest eingespannten Stützen:

$$\tfrac{1}{2}(\mathfrak{M}_s + M_1^R + M_2^L) + \psi (F_1^h + F_2^h) = \emptyset \; .$$

Infolge der Beziehungen

$$M_1^R = M_1^O \, ,$$
$$M_2^L = M_2^K + \mu_2' \cdot M_2^O$$

kann aus den obigen Gleichungen der Ordinatenabschnitt μ_2' des Ständerkopfes z und damit aus den für die schraffierten Flächen bestehenden Dreimomentengleichungen, von denen jede folgende immer nur eine einzige Unbekannte enthält, der Reihe nach die übrigen Ordinatenabschnitte bestimmt werden, und damit auch die Rahmenstützenmomente M^L und M^R gebildet werden.

Von Interesse ist dabei insbesondere, die bereits in § 1 erwähnten Einspannungsgrade angeben zu können, und so den Wirkungsgrad zu bestimmen, der durch die feste Verbindung des Balkens mit den Ständern erzielt wird.

§ 8. Der Einfluß von Temperaturschwankungen.

Prinzipiell steht der Fortführung des hier entwickelten Verfahrens
bei wachsender Stützenzahl nichts entgegen; doch nimmt bei immer
höher werdendem Grad der statischen Unbestimmtheit auch der
Rechenapparat bei Verwendung zusammengesetzter Grundformen immer mehr zu. Abgesehen von dem immer geringer werdenden Einfluß,
den vertikale Lasten auf entferntere Balkenfelder ausüben, tritt noch,
wie bereits erwähnt, ein maßgebender Umstand hinzu, der die Methode
in praktischer Zulänglichkeit erscheinen lassen wird: der Einfluß von
Temperaturschwankungen. Diese sind bekanntlich bei mehrfach statisch unbestimmten Tragwerken von nicht untergeordneter Bedeutung
und müssen auch im Beton- und Eisenbetonbau gebührend berücksichtigt werden, wenn auch hier der Baustoff infolge der trägen Fort-
leitung der Wärme nicht in dem Maße den jeweiligen Schwankungen der
Lufttemperatur zu folgen vermag, wie im reinen Eisenbau. Deshalb
hat die Frage der Ausbildung von statisch unbestimmten Tragwerken
mit Rücksicht auf den Einfluß der Temperatur schon vielfach die Auf-
merksamkeit der Fachleute auf sich gelenkt. Insbesondere hat in der
letzten Zeit Prof. Saliger[1]) diesen Gegenstand eingehend behandelt,
aus dessen Ausführungen folgendes angeführt sei: „Die Bedenken
theoretischer Natur (Umständlichkeit der Berechnung, die sich ja durch
entsprechende Methoden beheben lassen muß) treten ganz zurück in
Anbetracht der außerordentlichen Einflüsse, welche Wärmeunterschiede,
insbesondere aber Schwindung des Betons und Bodenbewegungen auf
die statische Unbestimmtheit ausüben. Werden diese Einflüsse nicht
hinreichend oder gar nicht berücksichtigt, oder werden zu grobe und
der Tragwerksart nicht angepaßte Vereinfachungen in der statischen
Auffassung des Tragsystems gemacht, dann sind bei der Empfindlich-
keit des Betons gegen Zug- und Schubbeanspruchungen Überanstren-
gungen und Rißbildungen die Folge, die die Tragkraft erheblich herab-
setzen oder den dauernden Bestand des Bauwerkes gefährden können ...
Aus diesen Darlegungen dürfte zu erkennen sein, daß es in jeder Hinsicht zu empfehlen ist, der Einheitlichkeit der Eisenbetontragwerke gewisse Grenzen zu setzen, deren wagrechte Ausdehnung zu beschränken
und den statischen Unbestimmtheitsgrad herabzumindern." Hier soll
zunächst nur der Temperatureinfluß näher untersucht werden. Dazu
bietet aber das vorstehend entwickelte Verfahren ein bequemes Mittel,
um das Anwachsen desselben bei zunehmender statischer Unbestimmtheit prüfen zu können.

---

[1]) R. Saliger, Fugen und Gelenke im Eisenbetonbau mit einigen Beispielen
aus der Praxis. Zeitschrift für Betonbau 1917, Nr. 2ff. (Auch als Sonderabdruck
im Compaß-Verlag, Wien erschienen.)

Hinsichtlich der für die Berechnung der Temperaturspannungen zu treffenden Annahmen ist nachstehendes zu bemerken: Die Zahl der an ausgeführten Bauwerken aus Beton oder Eisenbeton durchgeführten Wärmebeobachtungen ist bis jetzt noch gering. Eine ausführliche Arbeit über Temperatureinflüsse hat H. Schürch[1] anläßlich der beim Bau des großen Langwieser Talüberganges von der Firma Ed. Züblin im Jahre 1914 in großem Maßstabe vorgenommenen Messungen geliefert. Zieht man mit Rücksicht auf diesen Aufsatz in Erwägung, daß sich die verschiedenartigen Einflüsse auf die Temperaturänderungen und die Art des Verlaufes der Erwärmung im Eisenbetonquerschnitt nie genau ermitteln lassen werden und immer nur geschätzt werden müssen, und daß schließlich die Ungleichheiten in der Erwärmung bei der massigen zusammenhängenden Art der Betonbauten nicht sehr groß sein werden, dann wird man zu dem Ergebnis kommen, daß die Annahme einer mittleren, gleichmäßigen Temperaturänderung t für die einzelnen Tragglieder ausreichend sein wird.

Damit ergibt sich der Weg zur Berechnung der Temperaturspannungen in mehrstieligen Rahmen. Nimmt man eine gleichmäßige Temperaturänderung aller Ständer an, dann bleiben die Stützpunkte des Balkens in gleicher Höhenlage. Es liegt dann der folgende Belastungsfall vor: Ein durchlaufender Balken auf gleich hohen Stützpunkten wird durch symmetrische, an den Auflagern wirkende Momente beansprucht.

Die Berechnung ist bei zwei- und dreistieligen symmetrischen Rahmen aus den Verbiegungen der Ständer unmittelbar abzuleiten. Bei mehr als drei Ständern ist ebenso, wie dies in § 5 für Einzel- und Streckenlasten erörtert wurde, zu verfahren und aus den der Untersuchung zugrunde gelegten Teilsystemen die Berechnung der an den Trennungsstellen anzubringenden Gegenkräfte X_H und X_M vorzunehmen. So sei z. B. für den vierstieligen Rahmen als Grundsystem der zweistielige Rahmen mit gestützten Kragarmen angenommen (Fig. 26); die Berechnung des letzteren ist dann noch für das aus der Rahmenbedingung der Endstütze zu bestimmende X_M zu ergänzen. Dem Superpositionsprinzip zufolge ist für die Mittelstützen im Falle fester Einspannung anzuschreiben:

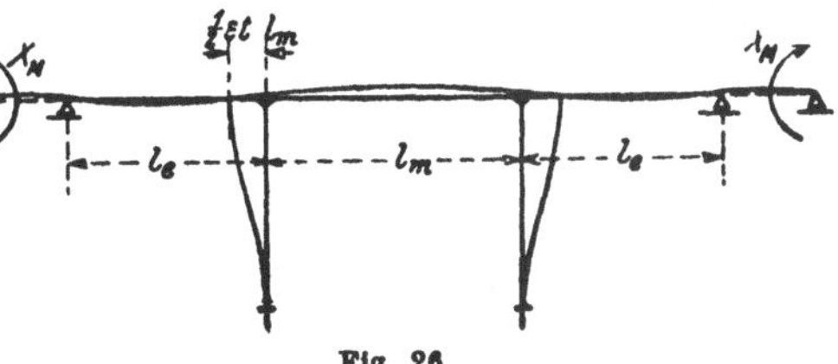

Fig. 26.

$$M_m^S = M_{m0}^S + \mu_M^S \cdot X_M ,$$
$$M_m^O = M_{m0}^O + \mu_M^O \cdot X_M .$$

[1] H. Schürch, Wärmeeinfluß und Wärmebeobachtungen bei Betongewölben. Armierter Beton 1916, Nr. 10 bis 12.

Für den Drehwinkel des Mittelständers erhält man dann:

$$v = \frac{1}{6\,E\,J_h}\,(2\,M^S_{m0} + M^O_{m0})\,h$$

$$= \frac{1}{6\,E\,J_h}\,(2\,M^S_{m0} + 2\,\mu^S_M \cdot X_M + M^O_{m0} + \mu^O_M \cdot X_M)\,h - \frac{1}{2}\,\frac{l_m}{h}\cdot \varepsilon\,t,$$

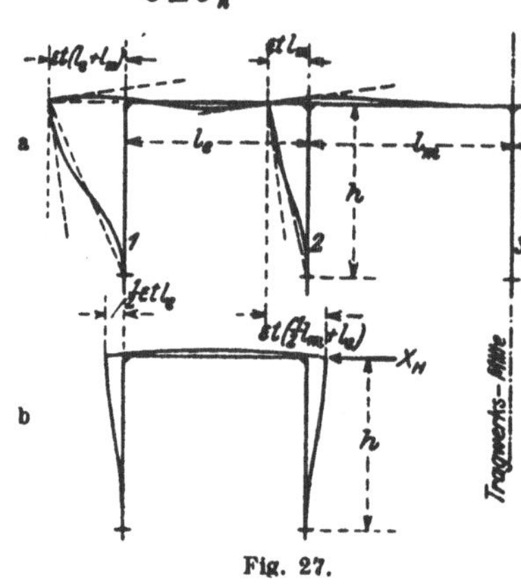

Fig. 27.

woraus folgt:

$$\mu^S_M = -\tfrac{1}{2}\,\mu^O_M\,.$$

Es ist also die Untersuchung des Grundsystems für den Belastungsfall X_M für unverschobene Lage der Ständerköpfe durchzuführen. Ebenso erhält man für das in Fig. 27 b gezeichnete äußere Teilsystem des zweistieligen Rahmens:

$$M^S_1 = M^S_{10} + \mu^S_{1H} \cdot X_H \cdot h + \mu^S_{1M} \cdot X_M\,;$$
$$M^S_2 = M^S_{20} + \mu^S_{2H} \cdot X_H \cdot h + \mu^S_{2M} \cdot X_M\,;$$
$$M^O_1 = M^O_{10} + \mu^O_{1H} \cdot X_H \cdot h + \mu^O_{1M} \cdot X_M\,;$$
$$M^O_2 = M^O_{20} + \mu^O_{2H} \cdot X_H \cdot h + \mu^O_{2M} \cdot X_M\,.$$

Bei bloßer Temperaturbelastung des äußeren Teilsystems würde sein:

$$\frac{1}{6\,E\,J_h}\,(2\,M^S_{10} + M^O_{10}) \cdot h = +\frac{1}{2}\cdot\frac{l_e}{h}\cdot \varepsilon\,t\,;$$

$$\frac{1}{6\,E\,J_h}\,(2\,M^S_{20} + M^O_{20})\,h = +\frac{1}{2}\cdot\frac{l_e}{h}\cdot \varepsilon\,t\,.$$

Bei der tatsächlichen Formänderung desselben als Teil des mehrstieligen Rahmens und bei gelenkigem Anschluß an den Mittelteil ist:

$$\frac{1}{6\,E\,J_h}\,(2\,M^S_1 + M^O_1) \cdot h = +\frac{l_e + l_m}{h}\cdot \varepsilon\,t\,;$$

$$\frac{1}{6\,E\,J_h}\,(2\,M^S_2 + M^O_2) \cdot h = -\frac{l_m}{h}\cdot \varepsilon\,t\,.$$

Aus den beiden letzten Gleichungspaaren folgt durch Subtraktion und mit Rücksicht auf den Umstand, daß die wagrechte Verschiebung bei gelenkigem Anschluß die gleiche ist:

$$\frac{1}{6\,E\,J_h}\,(2\,\mu^S_{1H} \cdot X_H + 2\,\mu^S_{1M} \cdot X_M + \mu^O_{1H} \cdot X_H + \mu^O_{1M} \cdot X_M)\,h$$

$$= \frac{1}{6\,E\,J_h}\,(2\,\mu^S_{1H} + \mu^O_{1H})\,X_{H0} \cdot h = +\frac{1}{h}\,(\tfrac{1}{2}\,l_e + l_m)\,\varepsilon\,t,$$

$$\frac{1}{6\,E\,J_h}\,[(2\,\mu^S_{2H} + \mu^O_{2H})\,X_H + (2\,\mu^S_{2M} + \mu^O_{2M})\,X_M]\,h$$

$$= \frac{1}{6\,E\,J_h}\,(2\,\mu^S_{2H} + \mu^O_{2H})\,X_{H0} \cdot h = -\frac{1}{h}\,(\tfrac{1}{2}\,l_e + l_m)\,\varepsilon\,t\,.$$

Aus den Gleichungen als der unmittelbaren Folge des Superpositionsprinzips ist ersichtlich, daß ΔX_{H0} aus der wagrechten Verschiebung der Ständerköpfe des seitlichen Teilsystems von der Größe $\frac{1}{2} l_s + l_m$ und χ (Gl. II) aus einer solchen von der Größe Null zu berechnen ist.

Die Bestimmung der Überzähligen selbst folgt wieder aus den Beziehungen zwischen den Verdrehungswinkeln. Für den Fall gelenkig gelagerter Ständer folgen aus Fig. 28 bei einer Änderung der Balkenlänge l_k um die Größe $\varepsilon t \cdot l_k$ die Beziehungen:

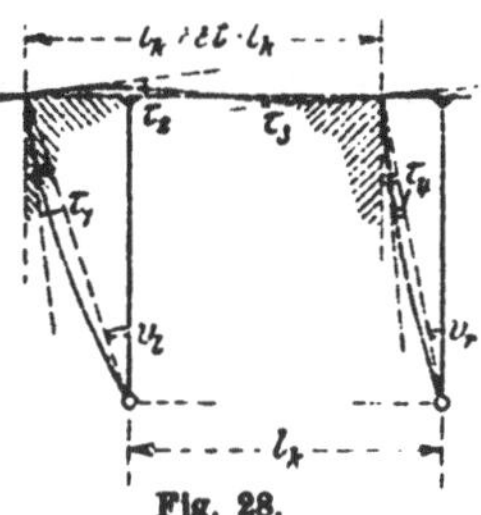

$$\tau_1 + \tau_2 + v_l = 0\,,$$
$$\tau_3 + \tau_4 - v_r = 0\,;$$

durch Addition erhält man die **Rahmenfachgleichung** für Temperaturschwankungen:

$$\tau_1 + \tau_2 + \tau_3 + \tau_4 + v_l - v_r = \sum \tau + \frac{l_k}{h} \cdot \varepsilon t = 0\,, \qquad \text{(VI)}$$

welche gegenüber der Gleichung (IV) noch um das Glied $\frac{l_k}{h}\,\varepsilon\,t$ vermehrt ist. Durch Einsetzen der Momentenflächen erhält man weiter:

$$\sum \left(\frac{F_l \cdot o_l}{EJ_h} + \frac{F_r \cdot o_r}{EJ_h} + \frac{F_k}{EJ_k} \right) + \frac{l_k}{h} \cdot \varepsilon t = 0\,. \qquad \text{(VI')}$$

Aus den mittleren Ordinaten der Momentenflächen bzw. aus den Beiwerten der mit Hilfe der Gleichungen (I) bis (III) gewonnenen Ausdrücke für die Gegenkräfte X_H und X_M ergibt sich schließlich Gleichung (VI) ebenso wie für Einzellasten als Funktion der gegebenen Temperaturbelastung und der gesuchten überzähligen Größe. Das hier an die Stelle des Momentes des statisch bestimmten Hauptfalles für eine Einzellast tretende Moment der Temperaturbelastung ist ohne weiteres ersichtlich, wenn man das Temperaturglied $\frac{l_k}{h} \cdot \varepsilon\,t$ mit dem aus den Abmessungen des Vergleichsfeldes bestimmten Ausdruck $\frac{EJ_m}{l_m}$ multipliziert. Man erhält dann:

$$\left(\frac{\varepsilon\,EJ_m}{h} \cdot t \right) \cdot \frac{l_k}{l_m} = \lambda_k \cdot \frac{\varepsilon\,EJ_m}{h} \cdot t\,;$$

es ist also

$$\mathfrak{M}_t = \frac{\varepsilon\,EJ_m}{h} \cdot t$$

das **Temperaturmoment** für eine Änderung um $t°$. Die Werte der Momentenflächen F in Gleichung (VI') sind damit gegeben durch:

$$F_l = \left(\sum_a \varkappa_l \cdot h\right) \cdot \frac{\varepsilon E J_m}{h} \cdot t + \left(\sum_b \varkappa_l \cdot h\right) \cdot \frac{\varepsilon E J_e}{h} \cdot t + \left(\sum \delta_l \cdot h\right) \cdot X \,,$$

$$F_r = \left(\sum_a \varkappa_r \cdot h\right) \cdot \frac{\varepsilon E J_m}{h} \cdot t + \left(\sum_b \varkappa_r \cdot h\right) \cdot \frac{\varepsilon E J_e}{h} \cdot t + \left(\sum \delta_r \cdot h\right) \cdot X \,,$$

$$F_k = \left(\sum_a \varkappa_k \cdot l_k\right) \cdot \frac{\varepsilon E J_m}{h} \cdot t + \left(\sum_b \varkappa_k \cdot l_k\right) \frac{\varepsilon E J_e}{h} \cdot t + \left(\sum \delta_k \cdot l_k\right) \cdot X \,.$$

Die ersten Summenglieder entsprechen den Momentenflächen des inneren Teilsystems (*a*) mit dem Vergleichsfeld l_m, die zweiten Summen denjenigen des äußeren Teilsystems (*b*) mit dem Vergleichsfeld l_e, man erhält damit aus Gleichung (VI'):

$$\left[\sum_a(\varkappa_l \psi_l \cdot \sigma_l + \varkappa_r \psi_r \sigma_r + \varkappa_k \cdot \varphi_k) + \frac{J_e}{J_m} \cdot \sum_b(\varkappa_l \psi_l \sigma_l + \varkappa_r \psi_r \cdot \sigma_r + \varkappa_k \varphi_k)\right]\frac{\varepsilon E J_m}{h} \cdot t$$

$$+ \left[\sum(\delta_l \psi_l \sigma_l + \delta_r \psi_r \sigma_r + \delta_k \cdot \varphi_k)\right] \cdot X + \lambda_k \cdot \frac{\varepsilon E J_m}{h} \cdot t = \emptyset \,,$$

und hieraus folgt die Rahmenfachformel für Temperaturänderungen:

$$X = - \left. \frac{\lambda_k + \sum_a(\varkappa_{\varrho k} + \varkappa_{\varrho l} \cdot \sigma_l + \varkappa_{\varrho r} \cdot \sigma_r) + \dfrac{J_e}{J_m} \cdot \sum_b(\varkappa_{\varrho k} + \varkappa_{\varrho l} \cdot \sigma_l + \varkappa_{\varrho r} \cdot \sigma_r)}{\dfrac{\sum(\delta_{\varrho k} + \delta_{\varrho l} \cdot \sigma_l + \delta_{\varrho r} \cdot \sigma_r)}{\dfrac{\varepsilon E J_m}{h} \cdot t}} \right\} \ \ \text{(VI*)}$$

Bei den Grundformen, deren Temperaturspannungen ohne Teilsysteme zu berechnen sind, d. i. beim zwei- und dreistieligen symmetrischen Rahmen und beim zweistieligen Rahmen mit gestützen Kragarmen beschränkt sich der Zähler nur auf das Glied $\lambda_k = 1$, so daß sich hier die Formel vereinfacht in

$$X = - \frac{1}{\sum(\delta_{\varrho k} + \delta_{\varrho l} \cdot \sigma_l + \delta_{\varrho r} \cdot \sigma_r)} \cdot \frac{\varepsilon E J_m}{h} \cdot t \,. \quad \text{(VI**)}$$

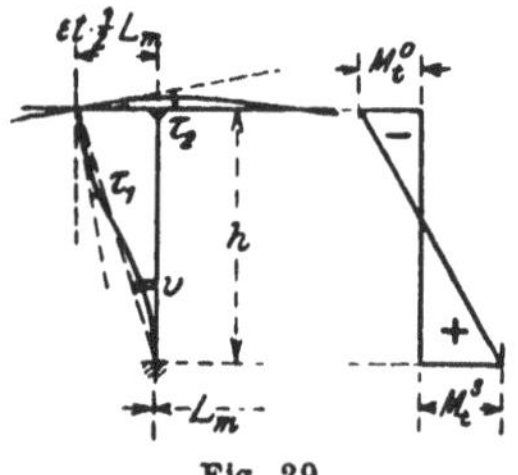

Fig. 29.

Für den Fall fest eingespannter Ständerfüße folgt aus Fig. 29

$$\tau_1 + \tau_2 + v = \emptyset$$

als Rahmenstützengleichung. Wie ersichtlich, liefert sie dieselbe Formel wie Gleichung (V); nur ist hier, wie vorher erwähnt, das Moment $\mathfrak{M}$ des statisch bestimmten Hauptfalles durch den entsprechenden Wert von der Form $\dfrac{\varepsilon E J}{h} \cdot t$ zu ersetzen. Aus Fig. 29 folgt weiter:

$$\tau_1 + v = \frac{F_h}{E J_h} = \frac{1}{E J_h} \cdot \tfrac{1}{2}(M_t^O + M_t^S) \cdot h \,;$$

es ist aber auch:

$$v = \frac{1}{6\,E J_h} \cdot (2\,M_t^S + M_t^O) \cdot h = \frac{1}{2} \cdot \frac{L_m}{h} \cdot \varepsilon\,t\,,$$

wo L_m die Länge des Tragwerkes innerhalb der in Betracht gezogenen symmetrischen Ständer bedeutet. Damit ergibt sich die Beziehung:

$$F_h = \tfrac{1}{2}(M_t^O + M_t^S) = + \left(\tfrac{1}{4} M_t^O + \frac{3}{4} \cdot \frac{\varepsilon \cdot E \cdot J_h}{h^2} \cdot L_m \cdot t\right) \cdot h\,. \quad \text{(VII)}$$

Die Formel enthält nur die Momente M_t^O, die durch die Ständerköpfe auf den Balken übertragen werden; sie kann für die Berechnung des zwei- und dreistieligen Rahmens zur unmittelbaren Bestimmung von M_t^O benutzt werden, ebenso auch für den vierstieligen Rahmen, falls der zweistielige Rahmen mit gestützten Kragarmen als Grundsystem gewählt wird.

§ 9. Der Einfluß von Stützensenkungen.

Beim Entwurf eines äußerlich statisch unbestimmten Tragwerkes wird das Hauptaugenmerk auf die Zuverlässigkeit des Baugrundes gerichtet sein und bei einem zu befürchtenden Nachgeben der Stützen die Ausführung eines mehrstieligen Rahmens vermieden werden, zumindest aber dann für eine künstliche Befestigung und Verdichtung des Baugrundes Sorge getragen werden. Doch kann immerhin mitunter die Frage herantreten, den Einfluß einer etwaigen Verschiebung eines Ständerfußes bei der Planung eines Rahmentragwerkes in Erwägung zu ziehen oder den Einfluß einer nachträglich eingetretenen, erst während der Ausführung festgestellten Bodenbewegung zu beurteilen.

Bei einem Zweigelenkrahmen mit gleich hohen Ständern hat eine lotrechte Verschiebung eines Fußgelenkes keinen Einfluß auf die im Tragwerk hervorgerufenen Spannungen, vorausgesetzt, daß die Verschiebung im Vergleich zur Ständerentfernung sehr klein ist, was ja auch in allen folgenden Untersuchungen angenommen wird. Der Rahmen wird sich nur nach der Seite der gesenkten Stütze hin neigen bis der Ständerdrehwinkel v_h gleich wird dem Balkendrehwinkel v_m. Aus Fig. 30 ergibt sich: $\varDelta_s = \dfrac{h}{l} \cdot \varDelta_v$.

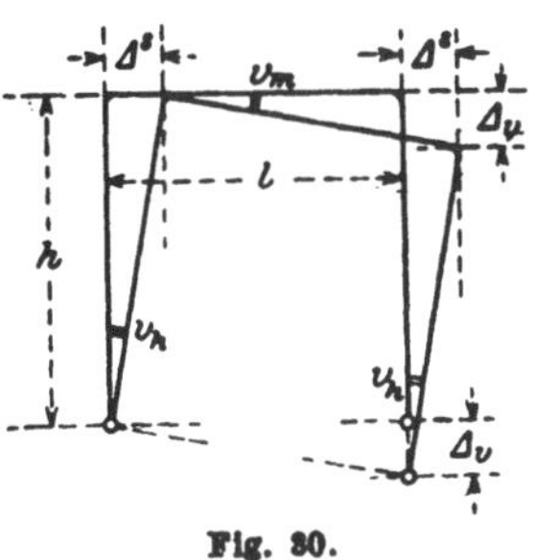

Fig. 30.

Sonst wird aber ein Nachgeben der Fundamente im allgemeinen auf die Spannungen im Tragwerk einwirken.

Entsprechend dem Verfahren der Belastungsumordnung kann man jede beliebige Verschiebung durch zwei symmetrische und zwei polarsymmetrische Verschiebungen von halber Größe ersetzen. Hat sich beispielsweise der Ständerfuß B' des in Fig. 31 gezeichneten fünfstieligen Rahmens nach B_1' hin verschoben, so kann man zunächst $\overline{B'B_1'}$ in eine horizontale Komponente $\overline{B'B_2'} = \varDelta_h$ und in eine vertikale $\overline{B'B_3'} = \varDelta_v$ zerlegen und für jede derselben gesondert die Untersuchung für je zwei gleichgerichtete und zwei entgegengesetzt gerichtete Beträge $\frac{1}{2}\varDelta_h$ bzw. $\frac{1}{2}\varDelta_v$ durchführen und aus der Summierung dieser

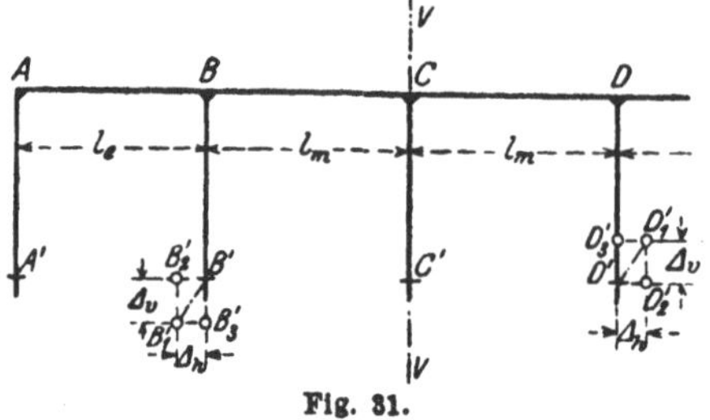

Fig. 31.

vier Einzelwirkungen den Gesamteinfluß berechnen.

Das Gesetz von der Summierung der Einzelwirkungen tritt bei den Grundformen am anschaulichsten hervor. Z. B. ergibt sich in dem in Fig. 32 dargestellten zweistieligen Rahmen mit gestützten Kragarmen bei einer Senkung des Ständerfußes B' um das Maß $\overline{B'B_1'} = \varDelta_v$ für die symmetrische Verschiebungsgruppe die Belastung des auf den Stützpunkten A, B, C, D frei gelagerten durchlaufenden Trägers (als des statisch unbestimmten Hauptsystems) als eine Summe der Wirkungen infolge der Senkung der Mittelstützen um das gleiche Maß $\frac{1}{2}\varDelta_v$ und infolge einer Belastung desselben durch die beiden an den beweglich gelagerten Ständerfußpunkten wirkenden Horizontalkräfte H (Fig. 32 b bis d). Für erstere folgt aus Fig. 32 b, c:

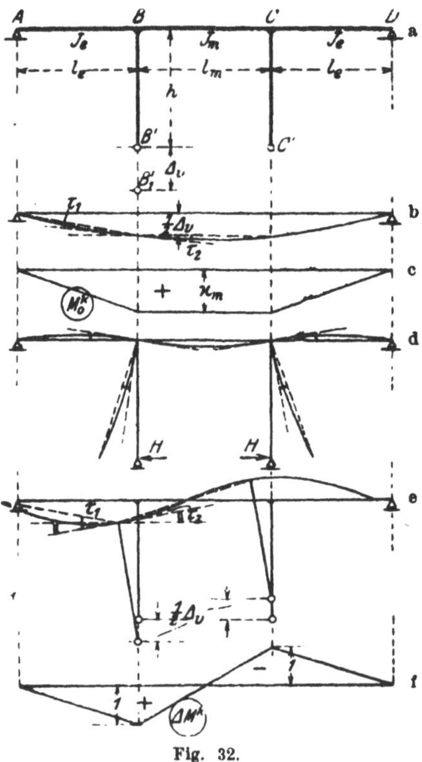

Fig. 32.

$$\tau_1 + \tau_2 = \frac{1}{2}\cdot\frac{\varDelta_v}{l_e}.$$

Aus dieser Gleichung ist das aus der Momentenfigur 32 c sich ergebende Moment M_0^K zu berechnen, das gleichzeitig den $\varkappa_m$-Wert angibt. Die δ-Werte folgen in der gleichen Weise wie in den Beispielen in § 6 und damit kann H ohne weiteres aus der Rahmenfachformel bestimmt werden. Bei polarsymmetrischer Verschiebung der Ständerfüße (Fig. 32e, f) folgt:

$$\tau_1 + \tau_2 = \frac{1}{2} \cdot \frac{\varDelta_v}{l_e} + \frac{\varDelta_v}{l_m} = \frac{1}{2} \cdot \frac{L}{l_e l_m} \cdot \varDelta_v \,,$$

wenn $L = 2\, l_e + l_m$ gesetzt wird.

Der Weg, wie im allgemeinen bei der Berechnung eines mehrstieligen Rahmens vorzugehen ist, möge an dem Beispiel von Fig. 31 für die Stützenverschiebung von $B'B_3' = \varDelta_v$ kurz entwickelt werden. Für zwei symmetrische Verschiebungen von der Größe $\frac{1}{2}\varDelta_v$ der Ständer erhält man für das seitliche Teilsystem des zweistieligen Rahmens die Beziehung für ein Ständerfußmoment:

$$M_1^S = M_{10}^S + \mu_H \cdot X_H + \mu_M \cdot X_M \,.$$

M_{10}^S ist die Ständerfußreaktion des seitlichen zweistieligen Rahmens unter dem alleinigen Einfluß einer Senkung von B um $\frac{1}{2}\varDelta_v$. Die Bestimmungsgleichung (II) und die Verschiebungsgleichung (III) sind damit in der in § 6 angegebenen Weise zu berechnen, wobei für $\varDelta_0$ die wagrechte Verschiebung der Ständerköpfe des zweistieligen Rahmens unter dem Einfluß der Senkung $\frac{1}{2}\varDelta_v$ einzusetzen ist. Bei der Aufstellung der Rahmenbedingung im Mittelfach zwecks Berechnung von X_M sind die $\varkappa$-Werte aus den den lotrechten Verschiebungen der Punkte B und D des seitlichen und des mittleren Teilsystems entsprechenden Momentenfiguren zu entnehmen. Bei der polarsymmetrischen Verschiebungsgruppe ist für die Berechnung von $\varDelta X_M$ ebenso zu verfahren, und in der gleichen Art auch die Untersuchung für die wagrechte Verschiebung von B um $\varDelta_h$ durchzuführen.

Zur Bestimmung von $X_M(\varDelta X_M)$ an der Trennungsstelle des Rahmenfaches k folgen bei Annahme **gelenkiger Lagerung** der Ständer aus Fig. 33 die Beziehungen:

$$\tau_1 + \tau_2 - v_h - v_k = \emptyset \,,$$
$$\tau_3 + \tau_4 + v_h + v_k = \emptyset \,.$$

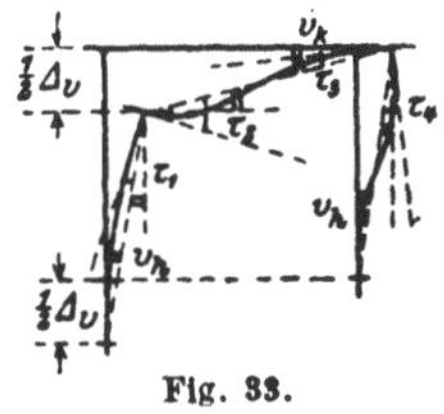

Aus den beiden Gleichungen ergibt sich:

$$\tau_1 + \tau_2 + \tau_3 + \tau_4 = \sum \tau = \emptyset \,.$$

Die Rahmenfachformel für lotrechte Senkungen stimmt also mit derjenigen für Einzellasten überein.

Fig. 33.

Sind die Ständerfüße **fest eingespannt**, dann folgt für die Seite der gesenkten Stütze unter der Annahme, daß eine Verdrehung an der Einspannstelle nicht stattfindet, aus der Beziehung

$$\tau_1 + \tau_2 + v_h - v_k = \emptyset$$

durch Einsetzen der entsprechenden Werte:

$$\frac{\sum F_h}{EJ_h} + \frac{\sum F_k \cdot \sigma_k}{EJ_k} - \frac{1}{2} \cdot \frac{\varDelta_v}{l_k} = \emptyset \qquad\qquad \text{(VIII)}$$

und durch Multiplikation mit dem Vergleichsmoment $\dfrac{EJ_m}{l_m}$:

$$\sum F_h \cdot \frac{J_m}{J_h} \cdot \frac{1}{l_m} + \frac{J_m}{J_k} \cdot \frac{1}{l_m} \cdot \sum F_k \cdot \sigma_k - \frac{1}{2} \cdot \frac{EJ_m}{l_m^2} \cdot \frac{l_m}{l_k} \cdot \varDelta_v = 0 .$$

Der Ausdruck $\dfrac{EJ_m}{l_m^2} \cdot \varDelta_v$ stellt das Senkungsmoment für eine lotrechte Stützensenkung um den Betrag $\varDelta_v$ dar. An der Trennungsstelle des Rahmenfaches k stoßen die Momentenflächen des äußeren Teilsystems mit dem Vergleichsfeld l_e und diejenigen des inneren Teilsystems mit dem Vergleichsfeld l_m zusammen. Die Werte der Momentenflächen sind daher:

$$\sum F_h = \sum \varkappa_h \cdot \mathfrak{M} \cdot h + \sum \delta_h \cdot X \cdot h = h \cdot \sum \varkappa_h \cdot \frac{1}{2} \cdot \frac{E \cdot J_e}{l_e^2} \cdot \varDelta_v + h \cdot \sum \delta_h \cdot X ,$$

$$\sum F_k = \sum \varkappa_k \cdot \mathfrak{M} \cdot l_k + \sum \delta_k \cdot X \cdot l_k = l_k \cdot \sum \varkappa_k \cdot \frac{1}{2} \cdot \frac{E \cdot J_m}{l_m^2} \cdot \varDelta_v + l_k \cdot \sum \delta_k \cdot X .$$

Angenommen ist in diesen Ansätzen, daß die $\varkappa$-Werte für die beide Systeme betreffende Belastung X_{H0} in jedem der Teilsysteme auf das entsprechende Vergleichsmoment bezogen sind; man erhält dann in weiterer Auswertung aus Gleichung (VIII):

$$\tfrac{1}{2} \cdot \left(\sum \varkappa_h \cdot \psi\right) \cdot \frac{EJ_e}{l_e^2} \cdot \varDelta_v + \tfrac{1}{2} \cdot \left(\sum \varkappa_k \cdot \varphi_k \cdot \sigma_k\right) \cdot \frac{EJ_m}{l_m^2} \cdot \varDelta_v$$

$$+ \sum (\delta_h \psi + \delta_k \varphi_k \sigma_k) \cdot X - \frac{1}{2} \cdot \frac{1}{\lambda_k} \cdot \frac{EJ_m}{l_m^2} \cdot \varDelta_v = 0$$

und hieraus:

$$X = -\frac{1}{2} \cdot \left(\frac{\dfrac{1}{\lambda_e \varphi_e} \cdot \sum \varkappa_{\varrho h} + \sum \varkappa_{\varrho k} \cdot \sigma_k}{\sum (\delta_{\varrho k} \cdot \sigma_k + \delta_{\varrho h})} \mp \frac{1}{\lambda_k} \cdot \frac{1}{\sum (\delta_{\varrho k} \cdot \sigma_k + \delta_{\varrho h})} \right) \frac{EJ_m}{l_m^2} \cdot \varDelta_v \quad \text{(VIII*)}$$

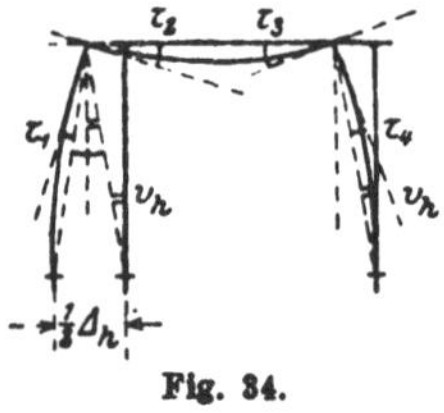

Fig. 34.

Das untere Vorzeichen im zweiten Summanden des Klammerausdruckes ist für den Fall einer Senkung der nicht an der Trennungsstelle liegenden Stütze um das Maß $\tfrac{1}{2} \varDelta_v$ einzusetzen.

Für eine wagrechte Verschiebung eines Ständerfußes um den Betrag $\varDelta_h$ bei gelenkiger Lagerung des Rahmens folgen aus Fig. 34 die Beziehungen für jeden der beiden Verschiebungsteilbeträge:

$$\tau_1 + \tau_2 + v_h - \frac{1}{2} \cdot \frac{\varDelta_h}{h} = 0 ,$$

$$\tau_3 + \tau_4 - v_h = 0 .$$

Es folgt daraus

$$\sum \tau - \frac{1}{2} \cdot \frac{\varDelta_h}{h} = 0$$

als Rahmenfachgleichung für wagrechte Verschiebungen. $\varDelta_h$ ist positiv angenommen, wenn es eine Vergrößerung der Entfernung der Fußgelenke des betreffenden Rahmenfaches bewirkt.

Bei fester Stützeneinspannung ergibt sich unter der Voraussetzung, daß eine Verdrehung der Einspannstellen nicht stattfindet, die Rahmenstützengleichung:

$$\tau_1 + \tau_2 + v = \emptyset\,,$$

die also mit derjenigen für Einzellasten übereinstimmt.

Das Moment der wagrechten Verschiebung ist wieder durch einen Ausdruck von der Form $\dfrac{E J_m}{l_m} \cdot \varDelta_h$ bestimmt.

Hat der Ständer eine Verdrehung an der Einspannstelle um den Winkel $\varDelta\vartheta$ erfahren, dann ist:

$$\tau_1 + \tau_2 + v + \varDelta\vartheta = \emptyset\,.$$

§ 10. Das Aufzeichnen der Formänderungen.

Ist durch die hier entwickelte Methode ein Rechnungsweg für die Untersuchung mehrstieliger Rahmen gesucht worden, der es ermöglichen soll, die Fehlerquellen herabzumindern, so ist doch noch das Aufsuchen der Art, wie sich das Tragwerk bei einer gegebenen Belastung verbiegt, von großem Nutzen; denn es bietet die Möglichkeit, durch etwa unterlaufene Fehler oder Versehen entstandene widersinnige Rechnungsergebnisse, sei es in dem Vorzeichen oder in dem Größenverhältnis der errechneten Werte für die Überzähligen, ohne besonderes Nachrechnen aufdecken zu können. Zudem steht diese Untersuchung in so innigem Zusammenhang mit dem hier angewendeten Verfahren, daß sie durch deutlichere Veranschaulichung der Wirkungsweise der Kräfte eine natürliche Ergänzung zur Rechnung bildet. Denn mag irgendein Rechnungsverfahren noch so klar und übersichtlich erscheinen, so kann es doch ohne die nunmehr näher zu erörternde Arbeit leicht zu einem schematischen Mechanismus ausarten, der das zum Erfassen des Kräftespiels erforderliche statische Denken und Fühlen unausgebildet läßt. Das Aufzeichnen der Formänderungen sollte daher die Rechnung stets begleiten[1]).

Die Formänderung eines Rahmentragwerkes wird in einfacher und anschaulicher Weise ersichtlich, wenn man an der Bedingung festhält, daß die Winkel an den Rahmenecken erhalten bleiben müssen. Löst man daher aus dem Rahmen ein statisch bestimmtes oder unbestimmtes System in der Weise aus, daß man feste Anschlüsse von Traggliedern durch Gelenke ersetzt, dann ersieht

---

[1]) Vgl. hierzu auch: Gehler, Der Rahmen, Berlin 1913, S. 56—90, wo das Aufsuchen der Formänderungen für den einfachen Rahmen sehr eingehend behandelt ist.

man aus der Änderung der ihrer Steifheit benommenen Rahmenwinkel
unter dem Einfluß der gegebenen Belastung, in welchem Verhältnis die
Momente stehen, die zur Wiederherstellung der ursprünglichen Größe
derselben an den Rahmenecken anzubringen sind, und damit ergibt
sich auch die Art, in der sich die Formänderung vollziehen muß. Das
folgende Beispiel möge dies erläutern.

1. Beispiel. Für den zweistieligen Rahmen mit gestützten Kragarmen seien die Verbiegungen für eine in Balkenhöhe wirkende wagrechte Last W aufzuzeich-
nen (Fig. 35).

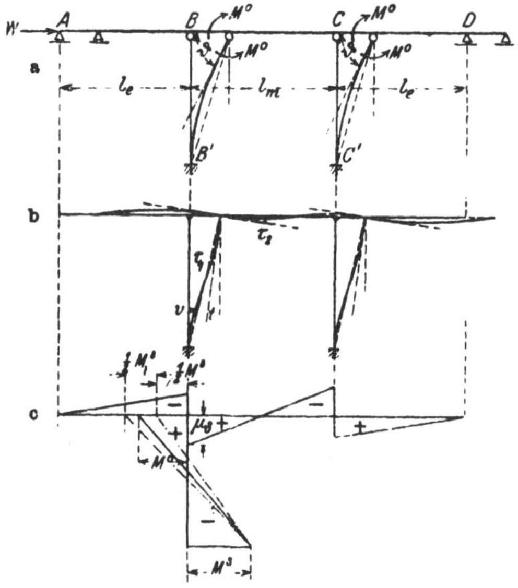

Wenn man in B und C
die feste Verbindung der
Ständer mit dem Balken
durch Gelenke ersetzt, dann
biegen sich die beiden Ständer BB' und CC' wie
zwei an den Enden be-
lastete Kragträger durch.
Da die wagrechten Ver-
schiebungen der Ständer-
köpfe gleich groß sind,
müssen auch infolge der
gleichen Querschnittsaus-
bildung der beiden Ständer
die Kräfte, die sie hervor-
rufen, einander gleich sein
($\frac{1}{2} W$), mithin auch die
Winkel der Tangenten an

Fig. 35.

die verbogenen Ständerachsen in B und C mit der Balkenachse. Die
zur Wiederherstellung der rechten Rahmenwinkel in B und C anzubringenden Momente, die wegen der Symmetrie des Balkens gleich
groß sein müssen, ergeben unmittelbar die Art der Verbiegung des
Rahmens (Fig. 35b). Das Vorzeichen des Verdrehungswinkels τ_1 ist
aus dem Einflusse der Verschwenkung der Tangente t in B an die
elastische Linie des Ständers auf die Größe des Verdrehungswinkels τ_2
zu ersehen: je mehr t von der Vertikalen abweicht, desto größer
wird τ_2; wäre $\tau_1 \gtreqless 0$, dann müßte der absolute Wert $|\tau_2| \gtreqless v$ sein;
das würde aber, wie sich aus der einfachen Betrachtung der Mo-
mentenfiguren des Ständers und des Balkens ergibt, nur in jenen ex-
tremen Fällen zutreffen, in denen $\psi = \dfrac{h}{l_m} \cdot \dfrac{J_m}{J_h}$ sehr klein ist. Aus
Fig. 35 b und c folgt die Ungleichung

$$\tfrac{2}{3} \cdot \tfrac{1}{3} \cdot M^S \cdot \psi < \tfrac{1}{6} \cdot \mu_\delta \cdot \tfrac{1}{2} M^S \qquad \text{oder} \qquad \psi < \tfrac{3}{8} \mu_\delta$$

als Bedingung für einen negativen Wert von τ_1. Für die gewöhnlichen Fälle der Praxis wird aber τ_1 stets das entgegengesetzte Vorzeichen von v haben; da aber τ_1 in keinem Falle die absolute Größe von v erreichen kann, wird dann die Momentenlinie des Ständers innerhalb der in Fig. 35 c gestrichelten Linien liegen, und es wird in allen Fällen $M^S < \frac{1}{2} H h$ sein.

In ähnlicher Weise ließe sich die Formänderung dieses Rahmens infolge einer nicht in der Mitte des Balkens befindlichen vertikalen Einzellast P aufsuchen. Aus dem Größenverhältnis der Winkeländerungen in B und C des in diesen Stützpunkten frei gelagerten Balkens bei unverrückbarer Lage der Ständer läßt sich auf die Richtung der Verschiebung des Balkens und die Art der Formänderung des ganzen Tragwerkes aus den zur Wiederherstellung der Rahmenwinkel dortselbst anzubringenden Momenten M^O schließen. Sind die Ständerfüße gelenkig gelagert, dann ergibt sich infolge der durch die gleichen Horizontalkräfte in B' und C' bedingten gleichgroßen Momente M^O, daß sich die oben mit einem Gelenk versehenen Ständer solange verschieben müssen, bis die Winkel in B und C gleich groß werden. Bei eingespannten Ständerfüßen folgt die Verformung aus dem Zusammenhang zwischen dem Vorzeichen der Ständerdrehwinkel und der Größe der Momente M^O, wie aus der Betrachtung der Momentenflächen ersichtlich ist.

Noch unmittelbarer ergeben sich die Formänderungen der hier in Betracht gezogenen symmetrischen Tragwerke mit Hilfe der in § 5 besprochenen Belastungsumordnung. Berücksichtigt man, daß für symmetrische Lasten der Balken keine wagrechte Verschiebung erfährt, dann ersieht man, daß die wagrechte Verschiebung der Ständerköpfe für irgendeine Last die gleiche ist wie für zwei halbe polarsymmetrische Lasten. Für letztere ist aber die Formänderung an den Grundformen unmittelbar ersichtlich; dadurch kann mit deren Hilfe auch für mehrstielige Rahmen die Verformung gefunden werden, wenn auch hier bei einem Anwachsen der statischen Unbestimmtheit in einzelnen besonderen Fällen des Lastangriffes ihre unzweideutige Angabe nicht aus einfachen Betrachtungen allein erfolgen kann; doch bieten solche auch noch in diesen Fällen ein geeignetes Hilfsmittel zur Ergänzung der Rechnung. Die Art der Untersuchung möge an den folgenden Beispielen gezeigt werden.

2. Beispiel. Formänderung des dreistieligen Rahmens infolge einer vertikalen Einzellast P (Fig. 36). Die Verbiegung für die symmetrische Belastungsgruppe ergibt sich von selbst. Infolge der polarsymmetrischen Belastungsgruppe wird das nach Beseitigung der beiden Endständer zurückbleibende Grundsystem nach Fig. 36a deformiert; aus derselben ersieht man, daß im linken Teil $\varDelta X_M$ negativ wird; $\varDelta X_H$ wird positiv, wie sich aus dem unmittelbar zu erkennenden Vorzeichen von $\varDelta X_{HO}$ (Gleichung II) und dem Verhältnis der Verschiebungswerte für ein

negatives ΔX_M ergibt; denn wie ein Blick in die in § 3c, α und § 18c angegebenen Werte lehrt, ist die Verschiebung des mittleren Teilsystems bei zwei polarsymmetrischen Momenten (von ganz kleinen Werten für ψ abgesehen), kleiner als diejenige des äußeren Kragträgers AA'; daher müssen auch die Beträge von ΔX_M (Gleichung II) positiv sein. Damit kann man schon die Vorzeichen der Ständerfußreaktionen angeben und die Art der Verbiegung der Ständer, die in der Regel am oberen und unteren Ende entgegengesetzte Krümmung aufweisen (Fig. 36 e). Es ist jetzt nur noch die Richtung der wagrechten Verschiebung Δ^P zu untersuchen. Zu diesem Zwecke müssen die Bedingungen für das Vorzeichen von Δ^P festgestellt werden. Wäre $\Delta^P = \emptyset$, dann müßten mit Rücksicht auf den Umstand, daß in B' ein doppelt so großer Horizontalschub wirkt als in A' und C' für die Verdrehungswinkel die Beziehungen $\tau_1 = \tfrac{1}{2}\tau_4$ und $\tau_2 = \tfrac{1}{2}\tau_3$ bestehen (Fig. 36 c). Die Verdrehungswinkel des durchlaufenden, freigelagerten Balkens ABC betragen zufolge § 3a, β (Fig. 4) bei polarsymmetrischer Belastung:

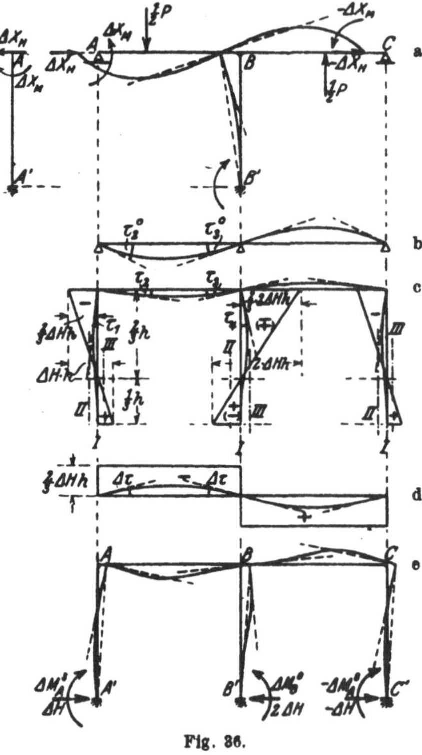

Fig. 36.

$$\tau_2^0 = \frac{1}{6EJ_m} \cdot (2 - \xi) \cdot \tfrac{1}{2}\mathfrak{M}_s \cdot l,$$

$$\tau_3^0 = \frac{1}{6EJ_m} \cdot (1 + \xi) \cdot \tfrac{1}{2} \cdot \mathfrak{M}_s \cdot l,$$

aus welchen Ausdrücken zu ersehen ist, daß τ_2^0 immer größer bleibt als $\tfrac{1}{2}\tau_3^0$ und diesem Werte bei immer zunehmendem ξ sich nähern würde, im Grenzfalle ($\xi = 1$) aber natürlich wegen des hier verschwindenden $\mathfrak{M}_s$ illusorisch wird. Es muß also für den Rahmen eine Laststellung geben, wo bei der entsprechenden Verkleinerung von τ_2^0 und τ_3^0 um die zufolge der hier geltenden Belastungsfläche (Fig. 36d) sich ergebenden gleich großen Beträge $\left(\Delta\tau = \dfrac{1}{2EJ_m} \cdot \tfrac{1}{3} \cdot \Delta H \cdot hl\right)$ die obige Bedingung zutrifft; sie muß im Bereiche der inneren Hälfte der Rahmenfelder liegen, und wie sich aus der bloßen Anschauung ergibt, bei immer kleiner werdendem ψ, d. h. bei der dem Fall vollständiger Einspannung

in den Stützpunkten sich nähernden Trägerform immer mehr gegen
die Feldmitte rücken. Aus den weiter unten (s. § 21) abgeleiteten
Werten für die Ständerfußreaktionen ergibt sich außer den Endpunkten
($\xi_1 = 0$, $\xi_2 = 1$) noch ein dritter Abszissenwert mit:

$$\xi_8 = \frac{1}{2} \cdot \frac{4+6\psi}{4+3\psi},$$

für welchen der Ständerdrehwinkel v Null wird, und der seiner Form
nach für zu- und abnehmende Werte von ψ auch mit der hier
durchgeführten Betrachtung in Übereinstimmung steht. Ebenso einfach ist zu ersehen, daß für die innerhalb ξ_1 und ξ_3 angehörenden Lastlagen der Drehwinkel v des linken Endständers negativ werden muß;
denn für einen Lastangriff in $x < \tfrac{1}{2} l$, für welchen nach Ersetzung der
festen Verbindung der Ständer mit dem Balken durch Gelenke der Verdrehungswinkel bei A größer ist als bei B, erhellt unmittelbar, daß
zur Wiederherstellung der rechten Winkel auf den linken Balkenteil
bei A ein größeres Moment übertragen werden muß als bei B; es ist

$$(\tfrac{2}{3} \cdot \varDelta H \cdot h + \varepsilon) > \tfrac{1}{3} \cdot 2(\tfrac{2}{3} \cdot \varDelta H \cdot h - \varepsilon');$$

diese Werte müssen aber einer Verschiebung der Schlußlinie I in die
Lage III entsprechen (Fig. 36 c). Die daraus erwachsende Form der
Momentenlinien kann aber mit Rücksicht auf das Vorzeichen der
Winkel τ_1, τ_4 und v nur mit einer Verschiebung der Ständerköpfe von
links nach rechts zusammenhängen.

3. Beispiel. Formänderung des fünfstieligen Rahmens bei polarsymmetrischen Einzellasten in den Endfeldern (Fig. 37). Die Untersuchung kann unter Zugrunde-
legung der aus Fig. 15 ersichtlichen Teilsysteme durchgeführt
werden, wobei aus der bloßen
Betrachtung der in §§ 12 und 13
für diese Grundformen angegebenen Verschiebungsgrößen in

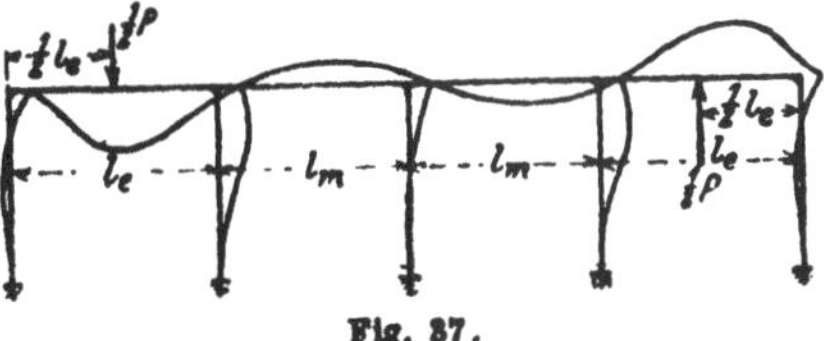

Fig. 37.

einfacher Weise die Endresultate in bezug auf ihr sinngemäßes Größenverhältnis nachgeprüft werden können. Es sind drei Arten des Lastangriffes zu unterscheiden: a) $x = \tfrac{1}{2}$. Eine wagrechte Verschiebung
der seitlichen Teilsysteme findet hier nicht statt. $\varDelta X_M$ muß an der linken
Trennungsstelle offenbar negativ werden. Aus den weiter unten in
§§ 12 und 13 angegebenen Verschiebungswerten ersieht man, daß in
dem Maße, als die Anschlußstelle des äußeren Teilsystems bei einem
negativen $\varDelta X_M$ nach rechts rückt, die Verschiebung des inneren Systems
bei den entsprechenden beiden polarsymmetrischen Momenten in der
gleichen Richtung ungefähr den doppelten Betrag erreichen wird;

daher muß auch $\varDelta X_H$ negativ werden. $\varDelta^P > 0$. b) $x < \tfrac{1}{2}l$. Das linke Teilsystem wird, für sich betrachtet, in das innere hineingeschoben; $\varDelta X_{H0}$ muß also positiv sein; dadurch wird aber der Verdrehungswinkel τ_3 bei B noch mehr vergrößert. Die Kontinuität muß also auf der linken Seite wieder durch ein negatives $\varDelta X_M$ hergestellt werden; damit wird der von den $\varDelta X_M$ gelieferte Beitrag für $\varDelta X_H$ negativ. Das Vorzeichen von $\varDelta X_H$ hängt von dem Unterschiede dieser Verschiebungswege der mit den polarsymmetrischen Lasten $\tfrac{1}{2} P$ einerseits und den polarsymmetrischen Momenten $\varDelta X_M$ andererseits belasteten Teilsysteme ab und muß durch die Rechnung entschieden werden. $\varDelta^P > 0$. c) $x > \tfrac{1}{2}l$. Die in gleicher Weise wie in den vorhergehenden Fällen durchzuführende Untersuchung ergibt für $\varDelta X_M$ und $\varDelta X_H$ negative Werte. Das Vorzeichen von $\varDelta^P$ muß durch die Rechnung bestimmt werden; auch hier gibt es eine Verschiebungsscheide, deren Abszisse von der Größe des Verhältniswertes ψ abhängig ist. Aus dem Vorzeichen von $\varDelta X_M$ und $\varDelta X_H$ für den jeweiligen Lastangriff kann auf die Verbiegung und das Vorzeichen der Ständerfußreaktionen der Teilsysteme geschlossen werden und damit der verformte fünfstielige Rahmen aufgezeichnet werden. Das in § 23 vorgeführte Zahlenbeispiel zeigt den Einfluß von ψ auf das Vorzeichen des Ständerdrehwinkels und der Ständerfußreaktionen des mittleren Teilsystems.

Das Aufsuchen der Formänderungen ist aber auch umgekehrt ein wichtiges Hilfsmittel für die Berechnung der Überzähligen, wie sich ja dies schon aus den vorhergehenden Entwicklungen ergeben hat. Es möge noch an einem Beispiel näher veranschaulicht werden. Es handle sich um die Berechnung des zweistieligen Rahmens mit fest eingespannten Ständern für den Fall, daß sich die rechte Stütze $\overline{BB'}$ um $\varDelta_v$ gesenkt hat (Fig. 38). Denkt man die steife Verbindung in A und B durch Gelenke ersetzt, dann senkt sich der rechte Ständerkopf um das gleiche Maß ohne seitliches Ausweichen; Spannungen werden nicht hervorgerufen. Der Rahmenwinkel in A wird um denselben Betrag $\left(v_m = \dfrac{\varDelta_v}{l}\right)$ verringert, um welchen jener bei B vergrößert wird. Es müssen daher zur Wiederherstellung der ursprünglichen Winkel in A und B Momente (M^0) angebracht werden, die gleiche Größe haben, aber in entgegengesetztem Sinn die Rahmenstäbe zu verbiegen suchen. Da aber auch bei jedweder seitlichen Verschiebung des Riegels die beiden Ständerdrehwinkel v_h (hier auch die Verdrehungswinkel der Ständer in A' und B') die gleiche Größe haben, ergibt sich, daß auch die Ständerfußmomente gleich groß sein müssen und daher $H = 0$ wird, was ja auch aus der Gleichheit der wagrechten Verschiebungen der Ständerköpfe infolge der Belastungen M^0 geschlossen werden kann. Die Formänderung des Rahmens und der Verlauf der Momentenlinien sind damit ohne weiteres gegeben (Fig. 38 b, c), und man erhält aus Fig. 38 c unmittelbar zufolge Gleichung (VIII):

$$M^S = M^O = -2 \cdot \frac{1}{2} \cdot \frac{1}{\frac{1}{6} + 1 \cdot \psi} \cdot \frac{E J_m}{l^2} \cdot \varDelta_v = -6 \cdot \frac{1}{1 + 6\psi} \cdot \frac{E J_m}{l^2} \cdot \varDelta_v .$$

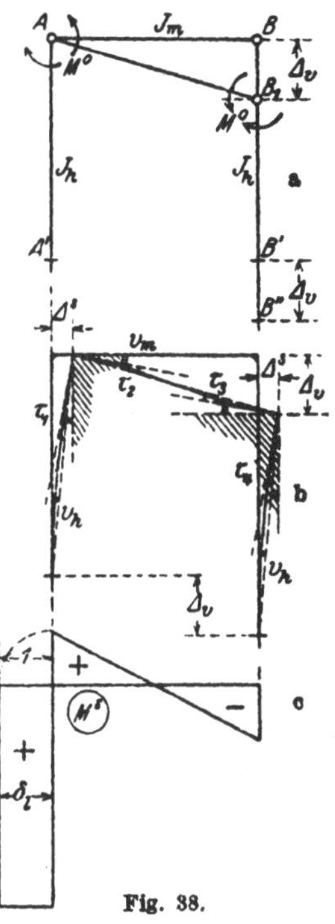

Fig. 38.

Die eben durchgeführte Betrachtung ergibt, daß die Formänderung des Tragwerkes und daher auch die in demselben wirkenden Kräfte polarsymmetrisch sein müssen. Damit ist auch ersichtlich, daß die lotrechte Verschiebung eines Ständerfußes des zweistieligen Rahmens um $\varDelta_v$ als gleichbedeutend aufgefaßt werden kann mit einer polarsymmetrischen Verschiebung der beiden Ständerfüße, d. i. um die beiden entgegengesetzt gleichen Beträge $\frac{1}{2} \varDelta_v$. Diese Erkenntnis ist insbesondere wichtig für die Anwendung des Verfahrens auf die Berechnung des Stockwerkrahmens und des Vierendeelträgers, deren Kräftespiel es in ungezwungener Weise klären hilft.

Beim Aufsuchen der Formänderungen halte man — nochmals kurz zusammengefaßt — an dem Grundsatze fest: Ersetzung der steifen Verbindungen durch Gelenke und Anbringung der Gegenkräfte. Die Wirkungsweise der Kräfte tritt damit dann von selbst in anschaulicher Weise hervor. Ihre zergliedernde Betrachtung läßt den Aufbau der Endformeln, auch hochgradig unbestimmter Systeme wie der Rahmenbalkenträger, in müheloser Weise verfolgen und gegebenenfalls das sonst oft langwierige Suchen eines Fehlers erheblich abkürzen.

§ 11. Ergebnisse.

Die vorangehenden Entwicklungen gingen vom einfacheren (statisch bekannten) Fall eines Tragwerkes aus und verfolgten mit dessen Hilfe die Wirkungsweise der Kräfte in den komplizierteren Formen. Ihre Methode ist also eine aufbauende und induktive. Sie entspricht der natürlichen Betrachtungsweise; denn der einfachere Fall ist in der Vorstellung immer der gewöhnlichere, typische Fall eines Tragwerkes. Die Auffassung desselben als eine Ineinanderfügung von Teilsystemen, die miteinander steif verbunden sind, ergibt sich damit von selbst als natürlicher Berechnungsweg für unbestimmte Systeme höheren Grades.

Die Anwendung des Verfahrens wurde insbesondere für symmetrische Tragwerke, welche ja im Bauwesen die weitaus häufigsten sind, dargelegt. Doch ist sein Anwendungsgebiet in der oben entwickelten Vereinfachung durch Vermeidung von Gleichungsgruppen keineswegs auf solche allein beschränkt; selbstredend müssen bei der Berechnung unsymmetrischer Rahmen die Teilsysteme enger gefaßt werden. Im folgenden soll nicht näher darauf eingegangen werden. Hier soll nur der Fall eines zweistieligen unsymmetrischen Rahmens mit fester Ständerfußeinspannung für eine wagrechte Einzellast W in Riegelhöhe (Fig. 39) behandelt werden, um an demselben die hier verwendete Methode im Vergleich mit anderen noch deutlicher klarzulegen und zu überprüfen [1]).

Der zweistielige eingespannte Rahmen ist dreifach statisch unbestimmt. Zu seiner Berechnung stehen also außer den statischen Gleichgewichtsbedingungen noch drei Elastizitätsgleichungen zur Verfügung. Die Aufstellung derselben nach den üblichen Methoden erfolgt entweder nach dem Satz vom Minimum der Formänderungsarbeit, mit Hilfe der Arbeitsgleichungen von Maxwell-Mohr oder auf Grund der Theorie des Formänderungswinkels. Im letzteren Fall ergeben sich dieselben für eine beliebige Formänderung des Rahmens: 1. aus der Forderung der Erhaltung des rechten Winkels bei A, 2. desjenigen bei B und 3. aus der Bedingung der Gleichheit der Ständerdrehwinkel bei A' und B'. Ersetzt man die Ständereinspannungen und die steifen Ecken durch Gelenke und bringt man an denselben zur Wiederherstellung des ursprünglichen Zustandes die Momente M_l^S, M_l^O, M_r^S und M_r^O als äußere Belastungen an, setzt man ferner:

$$\psi_l = \frac{h}{l} \cdot \frac{J_m}{J_l}, \qquad \psi_r = \frac{h}{l} \cdot \frac{J_m}{J_r}, \qquad \theta = \frac{J_l}{J_r};$$

dann erhält man aus der Gleichgewichts- und den drei obangeführten Formänderungsbedingungen auf Grund der in § 5 abgeleiteten Rahmenstützengleichung die Gleichungen:

$$\left.\begin{aligned} &+ M_l^S - M_l^O + M_r^O - M_r^S + W \cdot h = \emptyset \\ &+ 3\,\psi_l \cdot (M_l^S + M_l^O) + 2\,M_l^O + M_r^O = \emptyset \\ &+ 3\,\psi_r \cdot (M_r^S + M_r^O) + M_l^O + 2\,M_r^O = \emptyset \\ &+ 2\,(M_l^S + M_l^O) + \theta\,(2\,M_r^S + M_r^O) = \emptyset \end{aligned}\right\} \qquad \text{(A)}$$

---

[1]) Das Beispiel ist einer nach Fertigstellung des Manuskriptes der vorliegenden Schrift erschienenen Veröffentlichung von Dr. W. Vieser, Berechnung statisch unbestimmter biegungssteifer Stabzüge mit besonderer Berücksichtigung von Rechnungskontrollen, Der Brückenbau 1918, H. 17 entnommen. Die Arbeit stützt sich wie hier auf die einfachen aus den Formänderungen sich ergebenden Beziehungen. Das behandelte Beispiel stellt einen typischen allgemeinen Fall eines dreiseitigen Rahmens dar und wurde zum Vergleich der Berechnungsarten unter Annahme der gleichen Abmessungen hier eingefügt.

Die Eckmomente M_l^s, M_l^0, M_r^s und M_r^0 sind in der hier üblichen Art mit positivem Vorzeichen, also den Rahmenteil nach einwärts biegend,

angenommen. Das sich ergebende Vorzeichen der Unbekannten durch Auflösung der Gleichungen gibt dann den wirklichen Richtungssinn an. Auf Grund der in Fig. 39a eingetragenen Abmessungen werden die mit Hilfe des 25 cm langen Präzisionsrechenschiebers berechneten Werte (mit dem hier gewählten Richtungssinn) angegeben:

$$M_l^s = -0,630\,W,$$
$$M_l^0 = +0,595\,W,$$
$$M_r^s = +1,769\,W,$$
$$M_r^0 = -1,005\,W.$$

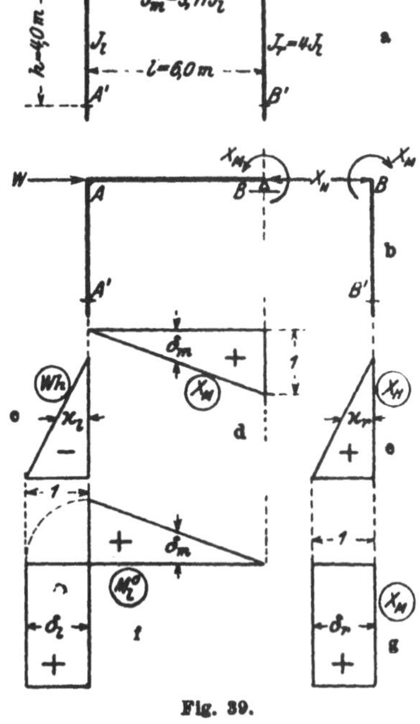

Fig. 39.

Nach der in § 5 entwickelten Berechnungsart ergibt sich die Ermittlung der Überzähligen folgendermaßen. Als Teilsysteme erscheinen der Halbrahmen $A'AB$ (einfach statisch unbestimmt, Teilsystem I, Grundsystem) und der Kragträger BB' (Teilsystem II) (Fig. 39b). An der Trennungsstelle B sind die entsprechenden Reaktionen X_H und X_M anzubringen. Es sind dann die Bestimmungsgleichungen anzuschreiben:

$$M_l^0 = M_{l0}^0 + \mu_H^0 \cdot X_H + \mu_M^0 \cdot X_M ,$$
$$X_H = X_{H0} + \chi \cdot X_M .$$

Dieselben erfordern die folgenden einfachen Einzelberechnungen:

1. Berechnung von M_{l0}^0.

Aus Fig 39c u. f folgt:

$$\varkappa_l = -\tfrac{1}{2}, \qquad \delta_l = +1 ; \qquad \delta_m = +\tfrac{1}{2}, \qquad \sigma_m = \tfrac{2}{3} .$$

$$M_{l0}^0 = +\frac{3}{2} \cdot \frac{\psi_l}{1 + 3\,\psi_l} \cdot W h = +\tfrac{3}{2} \cdot \psi_l \cdot \omega_{13}^l \cdot W \cdot h .$$

2. Berechnung von μ_H^0.

Die $\varkappa$-Momentenfläche ist hier die gleiche wie in 1 nur mit entgegengesetztem Vorzeichen; daher:

$$\mu_H^0 = -\tfrac{3}{2} \cdot \psi_l \cdot \omega^l \cdot 1\,h .$$

3. Berechnung von μ_M^0 (Fig. 39d).

$$\mu_M^0 = -\frac{1}{2} \cdot \frac{1}{1 + 3\,\psi_l} = -\tfrac{1}{2} \cdot \omega_{13}^l .$$

4. Berechnung von X_{H0}.

Aus Fig. 39c, e u. f folgen auf Grund der in § 3 angegebenen Werte:

$$\Delta_0 = -\frac{1}{EJ_l} \cdot (\tfrac{1}{3} - \tfrac{1}{2} \cdot \tfrac{3}{2} \cdot \psi_l \cdot \omega^l) \cdot W h^3$$

$$= -\frac{1}{12} \cdot \frac{4 + 3\,\psi_l}{1 + 3\,\psi_l} \cdot \frac{W h^3}{EJ_l} = -\tfrac{1}{12} \cdot (1 + 3\,\omega^l_{13}) \cdot \frac{W h^3}{EJ_l} \,,$$

$$\Delta_1 = +\tfrac{1}{12}(1 + 3\,\omega^l_{13}) \cdot \frac{X_{H0} \cdot h^3}{EJ_l} \,, \qquad \Delta_2 = +\frac{1}{3} \cdot \frac{X_{H0} \cdot h^3}{EJ_l} \,.$$

Damit wird zufolge Gleichung (II):

$$X_{H0} = +\frac{1 + 3\,\omega^l_{13}}{1 + 3\,\omega^l_{13} + 4\,\theta} \cdot W \,.$$

5. Berechnung von χ (Fig. 39f, g).

$$\Delta_0' = -\frac{1}{EJ_l} \cdot \tfrac{1}{2} \cdot \tfrac{1}{2} \cdot \omega^l_{13} \cdot 1 \cdot h^2 \,, \qquad \Delta_0'' = +\frac{1}{EJ_r} \cdot \tfrac{1}{2} \cdot 1 \cdot h^2 \,.$$

Δ_1 und Δ_2 wie in 4; folglich:

$$\chi = -\frac{3(2\,\theta - \omega^l)}{1 + 3\,\omega^l + 4\,\theta} \,.$$

Damit erhält man für die Bestimmungsgleichungen:

$$\left. \begin{aligned}
X_H &= +\frac{1 + 3\,\omega^l}{1 + 3\,\omega^l + 4\,\theta} \cdot W - 3 \cdot \frac{2\,\theta - \omega^l}{1 + 3\,\omega^l + 4\,\theta} \cdot \frac{X_M}{h} \\
M_l^0 &= +\tfrac{3}{2} \cdot \psi_l \cdot \omega^l \cdot W h - \tfrac{3}{2}\,\psi_l \cdot \omega^l \cdot X_H \cdot h - \tfrac{1}{2}\,\omega^l \cdot X_M \\
&= +\tfrac{3}{2}\,\psi_l\,\omega^l \cdot \left(1 - \frac{1 + 3\,\omega^l}{1 + 3\,\omega^l + 4\,\theta}\right) \cdot W h \\
&\quad -\tfrac{1}{2} \cdot \omega^l \left(1 - 3\,\psi_l \cdot \frac{3(2\,\theta - \omega^l)}{1 + 3\,\omega^l + 4\,\theta}\right) \cdot X_M
\end{aligned} \right\} \quad \text{(B)}$$

Die Auswertung ergibt für die in Fig. 39a eingetragenen Abmessungen:

$$\psi_l = \tfrac{2}{3} \cdot 3{,}71 = 2{,}474 \,, \qquad \psi_r = \frac{2}{3} \cdot \frac{3{,}71}{4} = 0.618 \,, \qquad \theta = 0{,}25 \,,$$

$$\omega^l = \frac{1}{1 + 3 \cdot \tfrac{2}{3} \cdot 3{,}71} = 0{,}119 \,.$$

$$\left. \begin{aligned}
X_H &= +0{,}577\,W - 0{,}486 \cdot \frac{X_M}{h} \\
M_l^0 &= +0{,}441 \cdot (1 - 0{,}577) \cdot W h - 0{,}0595\,(1 - 7{,}42 \cdot 0{,}486)\,X_M \\
&= +0{,}1865\,W h + 0{,}155\,X_M
\end{aligned} \right\} \quad \text{(B')}$$

6. Berechnung von X_M (Aufstellung der Rahmenbedingung im Punkte B).

Aus den Beiwerten von X_M und M_l^O und Fig. 39 c—g folgt:

$$\varkappa_m = +\tfrac{1}{2}\cdot 0{,}187 = +0{,}0935,\ \sigma_m = \tfrac{1}{3};\qquad \delta_m = +\tfrac{1}{2}\cdot 0{,}155 = +0{,}0775,\ \sigma_m = \tfrac{1}{3};$$
$$\varkappa_r = +\tfrac{1}{2}\cdot 0{,}577 = +0{,}2885,\qquad\qquad \delta_m' = +\tfrac{1}{2},\qquad\qquad\qquad \sigma_m' = \tfrac{2}{3};$$
$$\delta_r = +\tfrac{1}{2}\cdot 0{,}486 = -0{,}243,$$
$$\delta_r' = +1.$$

Mit diesen Werten erhält man durch Bildung der Rahmenstützenformel:

$$X_M = M_r^O = -\frac{0{,}031 + 0{,}618 \cdot 0{,}2883}{0{,}0258 + 0{,}3333 + 0{,}618 \cdot 0{,}757}\cdot Wh = -\frac{0{,}209}{0{,}827}\,Wh$$
$$= -0{,}253\,Wh = -1{,}012\,W.$$

Damit ist die Aufgabe gelöst. Die übrigen Eckmomente sind durch Gleichungen B und die statischen Gleichgewichtsbedingungen ohne weiteres gegeben; man erhält:

$$X_H = +(0{,}577 + 0{,}486 \cdot 0{,}253)\,W = +(0{,}577 + 0{,}123)\,W$$
$$= +0{,}700\,W,$$
$$M_l^O = +(0{,}1865 - 0{,}155 \cdot 0{,}253)\cdot Wh = +(0{,}1865 - 0{,}0392)\,Wh$$
$$= +0{,}147\,Wh = +0{,}588\,W,$$
$$M_l^s = -W \cdot h + M_l^O + X_H \cdot h = -(1{,}000 - 0{,}147 - 0{,}700)\,Wh$$
$$= -0{,}153\,Wh = -0{,}612\,W,$$
$$M_r^s = X_M + X_H \cdot h = -(0{,}253 - 0{,}700)\,Wh = +0{,}447\,Wh$$
$$= +1{,}788\,W.$$

Bei richtiger Durchführung der Rechnung müssen die Ständerdrehwinkel der beiden Teilsysteme einander gleich bzw. die algebraische Summe derselben im Rahmen gleich Null sein. Es ist:

$$E \cdot J_l(v_l + v_r) = \tfrac{1}{6}(-1{,}224 + 0{,}588) + \tfrac{1}{6}\cdot 0{,}25\,(3{,}576 - 1{,}012)$$
$$= -0{,}1060 + 0{,}1068 = +0{,}0008\,Wh.$$

Die Kontrolle der Ständerdrehwinkel als Probe der Kontinuität an der Trennungsstelle der beiden Teilsysteme genügt für die Feststellung der Richtigkeit der Berechnung.

Die durch Auflösung der Gleichungsgruppe mit vier Unbekannten berechneten oben angegebenen Werte ergeben:

$$E J_l(v_l + v_r) = \tfrac{1}{6}(-1{,}260 + 0{,}595) + \tfrac{1}{6}\cdot 0{,}25 \cdot (3{,}538 - 1{,}005)$$
$$= -0{,}1108 + 0{,}1056 = -0{,}0052\,Wh.$$

Wie ersichtlich, ist die Genauigkeit der Berechnung nach dem hier angewendeten Verfahren mit dem gewöhnlichen Rechenschieber viel größer als bei einer Auflösung der Gleichungsgruppe A.

Schon ein Blick auf die Gleichungen B und ihre Bildungsweise lehrt, daß hier viele Ungenauigkeitsquellen, die sich bei der Auflösung eines Gleichungssystems mit mehreren Unbekannten ergeben, wegfallen. An die Stelle der Summen und Differenzen von Aggregaten gleichwertiger Produkte treten hier Summen ungleichwertiger Ausdrücke, welche — um eine analoge Bezeichnung zu gebrauchen — den Hauptkräften (Grundsystem) und den Zusatzkräften (Einfluß der an den Trennungsstellen wirkenden Reaktionen X_H und X_M) entsprechen. Letztere machen nur einen Bruchteil der ersteren aus (z. B. in dem Ausdruck von $M_i^O \frac{39}{187} \cdot 100 = 21$ v. H.). Die Genauigkeit kann daher in den einzelnen Teilbeträgen nötigenfalls nach Bedarf in bequemer Weise gesteigert werden. Für die Durchführung genügt hier im allgemeinen der Gebrauch des Rechenschiebers, auch bei einem höheren Grade der statischen Unbestimmtheit. Dies wird um so mehr in die Wagschale fallen, als die Genauigkeit nach anderen Verfahren in dem Maße abnimmt, als sich die Anzahl der in die Rechnung einzuführenden Überzähligen vermehrt.

Für die Berechnung statisch unbestimmter Systeme wird vielfach, insbesondere zum Zwecke der Überprüfung der Rechnungsergebnisse die genaue Berechnung mit Hilfe von Rechenmaschinen, Rechentafeln usw. nahegelegt und vom Gebrauch des Rechenschiebers abgeraten. Damit wird aber gewissermaßen der Sinn der statischen Untersuchung beeinträchtigt. Diese hat doch hauptsächlich den Zweck dem Entwerfenden Anhaltspunkte für die Beurteilung der Sicherheit und die rationelle konstruktive Durchbildung eines Tragwerkes zu liefern. Die genaue ziffernmäßige Verfolgung des Rechnungsganges ist hier belanglos, schon wegen der Abrundungen in den Belastungsannahmen, wegen der in der Ausführung nur schwer zu erfüllenden theoretisch angenommenen Auflagerbedingungen und wegen der Unsicherheit der tatsächlichen Größe der Trägheitsmomente für Eisenbetonquerschnitte. Methoden, welche eine Erleichterung in der richtigen Erkenntnis des Kräftespiels und der baldigen Aufdeckung widersinniger Resultate bieten, dürften daneben angebrachter erscheinen als ein allzu umständliches und peinlich genaues Rechnen, das ja oft leicht vom Zweck der Untersuchung ablenken kann. Der Rechenschieber soll vornehmlich das Werkzeug des Statikers abgeben, auch bei Systemen vielfacher Unbestimmtheit, und muß es zugunsten einer Methode angesprochen werden, wenn die mit demselben erreichte Genauigkeit vollständig ausreicht [1]).

---

[1]) Bei weiter gespannten namentlich unsymmetrisch geformten Rahmen- und Bogentragwerken wird allerdings oft eine genauere Rechnung nicht zu umgehen sein; doch kann auch bei diesen wie bei der großen Mehrzahl der gewöhnlichen Fälle statisch unbestimmter Tragwerke auf dem hier beschrittenen Wege der Teilsysteme eine Erleichterung in der Durchführung der Rechnung erfolgen.

Faßt man das Ergebnis der hier dargelegten Methode zusammen, dann lassen sich folgende Vorteile derselben anführen: 1. Die Untersuchung erfolgt in natürlicher Weise durch Zurückführung auf statisch einfachere Grundsysteme. Die Fehlerempfindlichkeit der sich ergebenden Formeln, die zum Teile als Korrekturgrößen am statisch bekannten Hauptfall zu berechnen sind, ist gering. 2. Die Ermittlung der überzähligen Größen wird auf Grund von einfachen, aus anschaulichen Betrachtungen sich leicht ergebenden Beziehungen in übersichtlicher und schematischer Weise ermöglicht. Unzutreffende, dem Tragsystem nicht angepaßte Annahmen zwecks erleichterter Berechnung, wie horizontal unverschiebliche Ständerköpfe, gelenkig aufgefaßte Rahmenecken, die vielfach von der Wirklichkeit abweichende Rechnungsergebnisse liefern, werden damit unnötig. 3. Durch den Wegfall von besonderen Ableitungen und Gleichungsgruppen und durch die an deren Stelle tretende detaillierte Verfolgung des Kräftespiels rückt die Untersuchung als mathematische Aufgabe in den Hintergrund und wird zu einem wesentlich baustatischen Problem. Durch die enge Wechselbeziehung zwischen Rechnungsweg und Formänderung wird das tiefere statische Verständnis gefördert. Im Gegensatz zu den Methoden, die auf Grund längerer Ableitungen fertige Formeln oder Gleichungsgruppen bringen, ergibt sich hier ein durchsichtiger Weg zur Erkenntnis der Entstehung und Bildung der Endformeln, deren Wert dadurch, was wohl nicht in Abrede zu stellen ist, für die Berechnung erhöht wird.

B. Sonderfälle gelenkig gelagerter Rahmen.

Im folgenden sind die im vorigen Abschnitt abgeleiteten Beziehungen auf die Berechnung der Einflußlinien von ein- bis fünfstieligen Rahmen zur Anwendung gebracht. Die Formeln für vertikale Belastung sind, wie in § 1 angegeben, immer auf das Maximalmoment $\mathfrak{M}_z = \xi(1-\xi)Pl$ des frei aufliegenden Balkenträgers von der jeweiligen Feldlänge l, innerhalb welcher die Einzellast wirkt, bezogen. Bei der Berechnung der überzähligen Größen für Streckenlasten ist daher dieser Wert in den nachstehenden Formeln einzusetzen und sodann die Integration durchzuführen. Entsprechend dem in § 6 erläuterten Verfahren sind für alle Belastungsfälle aus den in den Abbildungen eingetragenen Momentenlinien die $\varkappa$- und δ-Werte und mit deren Hilfe die zu bestimmenden Überzähligen angeschrieben. Der Abkürzung wegen sind in den Formeln die bloß mit φ (s. § 2) behafteten Beiwerte mit dem Buchstaben α, und die noch außerdem den Verhältniswert ψ enthaltenden echten Brüche mit dem Buchstaben ω bezeichnet. Bei den Rahmen

mit mehr als zwei Feldern ist immer das mittlere Feld l_m als Vergleichsfeld angenommen; es ist also

$$\varphi = \frac{l_e}{l_m} \cdot \frac{J_m}{J_e} \qquad \text{und} \qquad \psi = \frac{h}{l_m} \cdot \frac{J_m}{J_h}$$

einzusetzen. Die sich ergebenden α- und ω-Werte sind mit fortlaufenden
Zeigern versehen und am Schlusse (S. 85) zusammengestellt.

Für die in § 5 als „Grundformen" bezeichneten Tragwerke (Fig. 14a—c)
sind die Einflüsse von an den Ständerköpfen bzw. Kragarmauflagern
wirkenden wagrechten Lasten und Momenten auf die Ständerfußreaktionen und die durch die verschiedenen Belastungen hervorgerufenen
wagrechten Verschiebungen des Balkens als Hilfsmittel zur Berechnung
von Rahmen mit größerer Ständerzahl ermittelt; die letzteren lassen
sich infolge der für polarsymmetrische Belastung sich unmittelbar ergebenden Verbiegung der Grundformen mit Hilfe der in § 3 angegebenen
Formänderungs-Hilfswerte sofort anschreiben.

Als überzählige Größen der mehrstieligen Rahmen sind nach dem
Vorhergehenden die Ständerfußreaktionen H und M^S in den aufeinanderfolgenden Rahmenfachen in der Form

$$H_1 = H_e + \Delta H_e, \qquad H_2 = H_m + \Delta H_m \ldots$$
$$M_1^S = M_a^S + \Delta M_a^S, \qquad M_2^S = M_b^S + \Delta M_b^S \ldots$$

zu bestimmen (§ 5). Zur Berechnung der Einflußlinien sind hier nicht
Biegungslinien erforderlich. Denn indem sich die Überzähligen aus
den einzelnen Momentenfiguren als Funktionen des Größtmomentes
der gegebenen Belastung ergeben, kommt in ihnen schon die Abhängig-
keit ihres Wertes vom jeweiligen Lastangriff zum Ausdruck; sie geben
also gleichzeitig die Einflußlinien an, die — wie ersichtlich — Kurven
2. oder 3. Ordnung sind. Soll z. B. die Einflußlinie des Biegungs-
momentes in einem Rahmenfelde für einen beliebigen darin befindlichen Querschnitt aufgetragen werden, dann braucht man nur die aus
den Momentenflächen der Überzähligen folgenden Einflußwerte mit
den entsprechenden Werten der Einflußlinie des statisch bestimmten
Rahmenstabes zusammen zu setzen. Die Berechnung ist damit wohl
eine denkbar einfache.

§ 12. Der einstielige Rahmen.
(Zweifeldriger Träger mit fest verbundener Mittelstütze.)

a) **Stützen- und Rahmenmomente in B.**
Vertikale Last P (Fig. 40b):

$$M^K = M^L = M^R = -\tfrac{1}{4}(1 + \xi) \cdot \mathfrak{M}_x;$$

Moment M in A (Fig. 40c):

$$M^K = M^L = M^R = -\tfrac{1}{4} M;$$

Wagrechte Last W in A (Fig. 40 h):

$$M^K = 0,$$
$$M^L = +\tfrac{1}{2}W \cdot h,$$
$$M^R = -\tfrac{1}{2}W \cdot h.$$

b) Wagrechte Verschiebungen des Ständerkopfes.

Vertikale Last P (Fig. 40 d, e):

$$\varDelta^P = h \cdot \tau^P = -\frac{1}{EJ_m} \cdot \varkappa^{(4)} \cdot \alpha_1^{(4)} \cdot \tfrac{1}{2}\mathfrak{M}_s \cdot l\,h$$

$$= -\frac{1}{12\,EJ_m} \cdot (1 + \xi) \cdot \mathfrak{M}_s \cdot l \cdot h,$$

Moment M in A (Fig. 40 f):

$$\varDelta^M = h \cdot \tau^M = -\frac{1}{EJ_m} \cdot \mathfrak{A}^{(2)} \cdot \tfrac{1}{2}M \cdot l \cdot h$$

$$= -\frac{1}{12} \cdot \frac{M \cdot l \cdot h}{EJ_m},$$

Wagrechte Last W in A (Fig. 40 g, h):

$$\varDelta^W = h\,(\tau_1^W + \tau_2^W)$$

$$= +\frac{1}{EJ_m} \cdot \tfrac{1}{2} \cdot \tfrac{1}{3} \cdot W \cdot h^2 \cdot l + \frac{1}{EJ_h} \cdot \tfrac{1}{3} \cdot W \cdot h^3$$

$$= +\tfrac{1}{6}(1 + 2\,\psi) \cdot \frac{W\,h^2\,l}{EJ_m}.$$

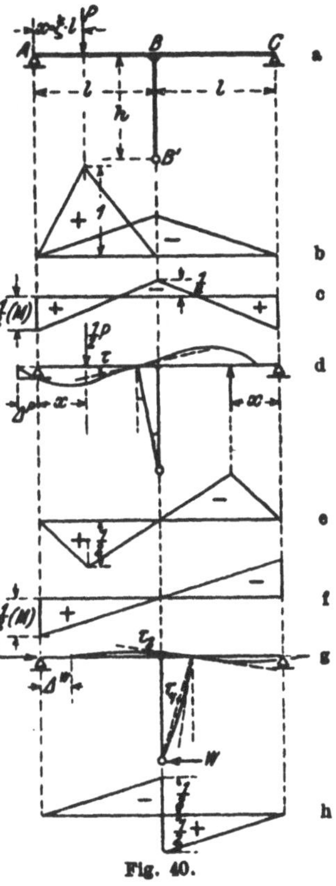

§ 13. Der zweistielige Rahmen.

a) Vertikale Belastung (Fig. 41 a—c).

$$\varkappa_m = \tfrac{1}{2}\cdot 1; \qquad \delta_m = 1; \qquad \delta_l = \delta_r = \tfrac{1}{2}, \qquad \sigma_l = \sigma_r = \tfrac{2}{3}.$$

$$H = -\frac{1}{2}\cdot\frac{1}{1 + \frac{2}{3}\psi}\cdot\frac{\mathfrak{M}_s}{h} = -\frac{3}{2}\cdot\frac{1}{3 + 2\psi}\cdot\frac{\mathfrak{M}_s}{h} = -\tfrac{3}{2}\,\omega_1 \cdot \frac{\mathfrak{M}_s}{h}.$$

b) Wagrechte Last W in Riegelhöhe (Fig. 42).

Auf das durch Herstellung eines Gleitlagers in B' gebildete statisch bestimmte Hauptsystem wird in A das Moment $\mathfrak{M} = W \cdot h$ übertragen; damit wird:

$$\varkappa_m = \tfrac{1}{2}; \qquad \varkappa_l = \tfrac{1}{2}, \qquad \sigma_m = \tfrac{2}{3}.$$

$$H = -\frac{\frac{1}{2} + \frac{1}{3}\psi}{1 + \frac{2}{3}\psi}\cdot W = -\tfrac{1}{2}W.$$

c) Am Ständerkopf angreifendes Moment M (Fig. 43).

$$H = -\frac{1}{2}\cdot\frac{1}{1 + \frac{2}{3}\psi}\cdot\frac{M}{h} = -\frac{3}{2}\cdot\frac{1}{3 + 2\psi}\cdot\frac{M}{h} = -\tfrac{3}{2}\cdot\omega_1 \cdot \frac{M}{h}.$$

d) Temperaturkräfte.

$$\lambda_k = 1 ,$$

$$H = - \frac{1}{1 + \frac{2}{3}\psi} \cdot \frac{EJ_m}{h^2} \cdot \varepsilon t = -3 \cdot \frac{1}{3 + 2\psi} \cdot \frac{\varepsilon \cdot E \cdot J_m \cdot t}{h^2}$$

$$= -3\,\omega_1 \cdot \frac{\varepsilon \cdot E \cdot J_m \cdot t}{h^2} .$$

e) Wagrechte Verschiebungen der Ständerköpfe.

α) Vertikale Belastung (Fig. 41 d, e):

$$\varDelta^P = \frac{\mathfrak{A}^{(6)} \cdot h}{E J_m} = + \tfrac{1}{6}(\tfrac{1}{2} - \xi) \cdot \frac{\mathfrak{M}_x \cdot l \cdot h}{E J_m} .$$

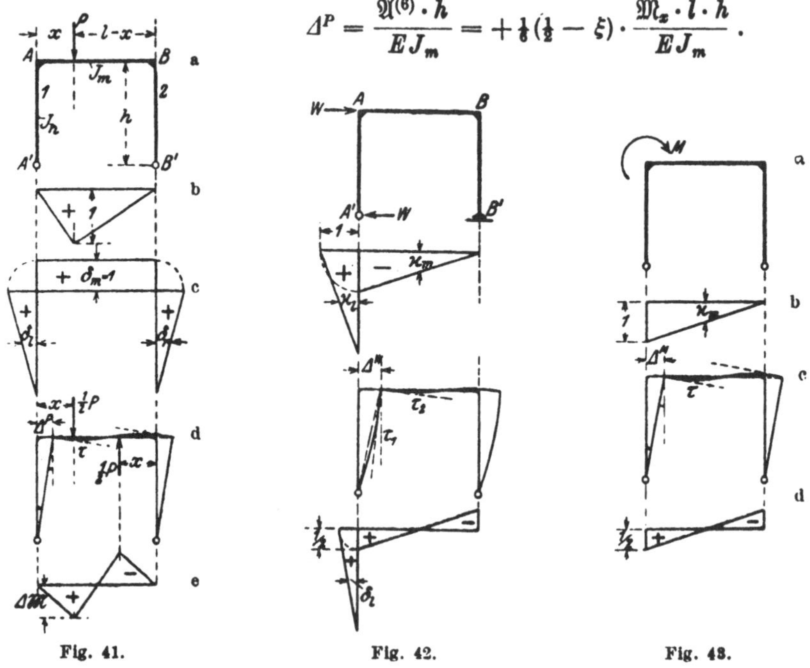

Fig. 41.　　　　Fig. 42.　　　　Fig. 43.

β) Wagrechte Last W (Fig. 42 c, d):

$$\varDelta^W = h\,(\tau_1^{(3)} + \tau_2^{(4)}) = + \frac{1}{3} \cdot \frac{1}{2} \cdot \frac{W \cdot h^3}{E J_h} + \frac{1}{6} \cdot \frac{1}{2} \cdot \frac{W \cdot h^2 \cdot l}{E J_m}$$

$$= + \tfrac{1}{12}(1 + 2\psi) \cdot \frac{W \cdot h^2 \cdot l}{E J_m} .$$

γ) Moment am Ständerkopf (Fig. 43 c, d):

$$\varDelta^M = \frac{\mathfrak{A}^{(4)} \cdot h}{E J_m} = + \frac{1}{6} \cdot \frac{1}{2} \cdot \frac{M \cdot l \cdot h}{E J_m} = + \frac{1}{12} \cdot \frac{M \cdot l \cdot h}{E J_m} .$$

§ 14. Der zweistielige Rahmen mit gestützten Kragarmen.

a) Vertikale Belastung.

α) Das statisch unbestimmte Hauptsystem.

Für den durch Beseitigung der beiden Mittelstützen zurückbleibenden durchlaufenden Träger mit drei Feldern ergibt die symmetrische bzw. polarsymmetrische Belastungsgruppe in den Endfeldern (Fig. 44):

$$M_0^K = -\frac{1}{2} \cdot \frac{\varphi}{3 + 2\varphi} \cdot (1 + \xi) \cdot \mathfrak{M}_s = -\tfrac{1}{2}\alpha_1 (1 + \xi) \cdot \mathfrak{M}_s,$$

$$\Delta M^K = -\frac{1}{2} \cdot \frac{\varphi}{1 + 2\varphi} \cdot (1 + \xi) \cdot \mathfrak{M}_s = -\tfrac{1}{2}\alpha_2 (1 + \xi) \cdot \mathfrak{M}_s;$$

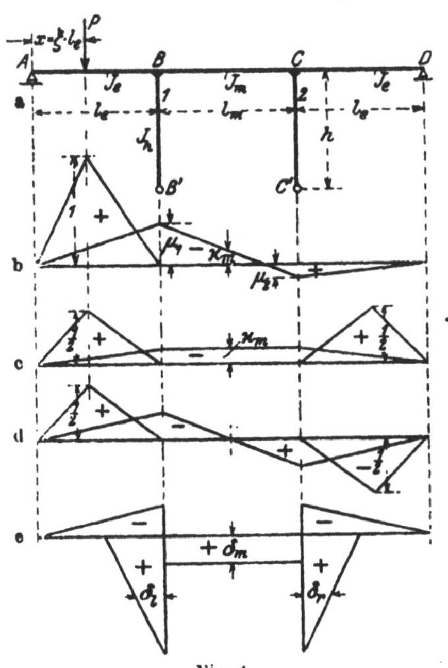

mithin sind die Stützenmomente für eine Last im Endfelde:

$$M_1^K = M_0^K + \Delta M^K$$
$$= -\tfrac{1}{2}(\alpha_1 + \alpha_2)(1 + \xi) \cdot \mathfrak{M}_s,$$

$$M_2^K = M_0^K - \Delta M^K$$
$$= +\tfrac{1}{2}(\alpha_2 - \alpha_1) \cdot (1 + \xi) \cdot \mathfrak{M}_s.$$

Fig. 44. Fig. 45.

Für das Mittelfeld erhält man:

$$M_0^K = -\frac{1}{2} \cdot \frac{3}{3 + 2\varphi} \cdot \mathfrak{M}_s = -\tfrac{1}{2}\alpha_3 \cdot \mathfrak{M}_s,$$

$$\Delta M^K = -\frac{1}{1 + 2\varphi} (\tfrac{1}{2} - \xi) \mathfrak{M}_s = -\alpha_4 \cdot (\tfrac{1}{2} - \xi) \cdot \mathfrak{M}_s;$$

die Stützenmomente für eine Last im Mittelfelde:

$$M_1^K = M_0^K + \Delta M^K = -[\tfrac{1}{2}\alpha_3 + \alpha_4 (\tfrac{1}{2} - \xi)] \cdot \mathfrak{M}_x,$$
$$M_2^K = M_0^K - \Delta M^K = -[\tfrac{1}{2}\alpha_3 - \alpha_4 (\tfrac{1}{2} - \xi)] \cdot \mathfrak{M}_s.$$

β) Die δ-Werte (Fig. 44e).

$$\delta_m = \frac{2\,\varphi}{3 + 2\,\varphi} = 2\,\alpha_1 \; ; \qquad \delta_l = \delta_r = \tfrac{1}{2} \; , \quad \sigma_l = \sigma_r = \tfrac{2}{3} \; .$$

γ) Last P im Endfeld (Fig. 44).

$$H = -\frac{1}{2\,\alpha_1 + \tfrac{2}{3}\,\psi} \cdot \tfrac{1}{2}\,(\mu_1^K + \mu_2^K) \cdot \frac{\mathfrak{M}_z}{h} = -\frac{3}{2} \cdot \frac{1}{3\,\alpha_1 + \psi} \cdot \frac{M_0^K}{h}$$

$$= +\tfrac{2}{4}\,\alpha_1\,\omega_2\,(1 + \xi) \cdot \frac{\mathfrak{M}_z}{h} \; .$$

δ) Last P im Mittelfelde (Fig. 45).

$$H = -\frac{1}{2\,\alpha_1 + \tfrac{2}{3}\,\psi} \cdot \tfrac{1}{2}\,(1 + \mu_1^K + \mu_2^K) \cdot \frac{\mathfrak{M}_z}{h} = -\frac{3}{2} \cdot \frac{1}{3\,\alpha_1 + \psi}\,(\tfrac{1}{2} + \mu_0^K) \cdot \frac{\mathfrak{M}_z}{h}$$

$$= -\frac{3}{2} \cdot \frac{\varphi}{3 + 2\,\varphi} \cdot \frac{1}{3\,\alpha_1 + \psi} \cdot \frac{\mathfrak{M}_z}{h} = -\tfrac{3}{2} \cdot \alpha_1 \cdot \omega_2 \cdot \frac{\mathfrak{M}_z}{h} \; .$$

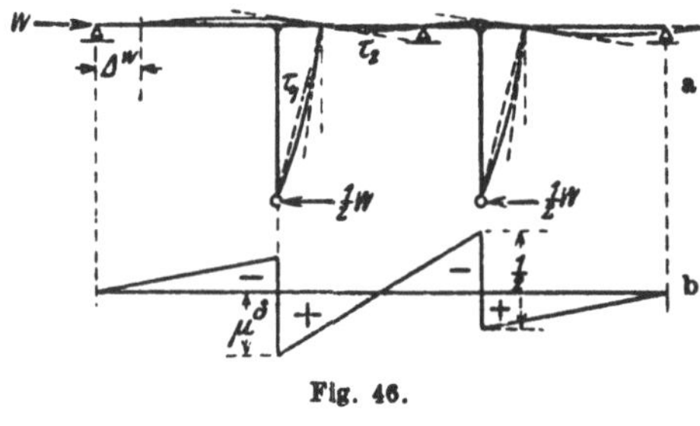

Fig. 46.

b) **Wagrechte Last W in Riegelhöhe (Fig. 46).**

Die wagrechte Last W in Riegelhöhe kann als Summe zweier polarsymmetrischer in A und D wirkenden Lasten ($\pm \tfrac{1}{2} W$) aufgefaßt werden; daraus folgt, daß an jedem Gelenkfuß eine Horizontalkraft von der Größe $\tfrac{1}{2} W$ ($H = -\tfrac{1}{2} W$) wirkt. Durch diese Reaktion werden auf den Balken Momente von der Größe $M = \tfrac{1}{2} W h$ übertragen (Fig. 46a); aus Fig. 46b folgt:

$$\mu^\delta = \frac{2\,\varphi}{1 + 2\,\varphi} = 2\,\alpha_2 \; .$$

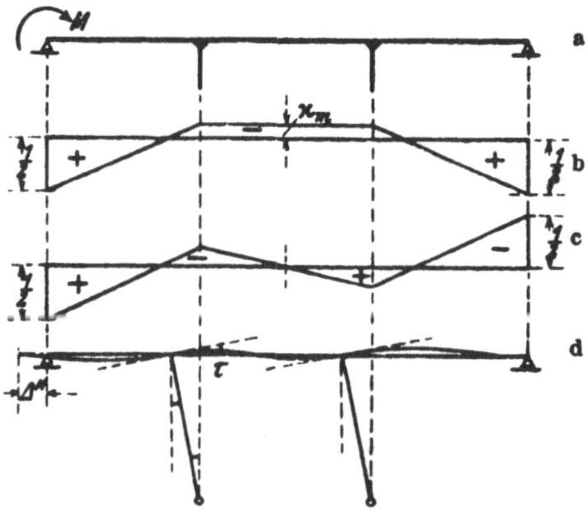

c) **Am Auflager A wirkendes Moment M (Fig. 47).**

Durch Zerlegung des Momentes M in zwei symmetrische und zwei polarsymmetrische Momente $\tfrac{1}{2} M$ erhält man für das statisch unbestimmte Hauptsystem aus den in Fig. 47b, c gezeichneten Momentenflächen:

Fig. 47.

$$M_0^K = -\frac{\varphi}{3 + 2\,\varphi} \cdot \frac{M}{2} = -\tfrac{1}{2}\,\alpha_1 \cdot M_1 \, ,$$

$$\Delta M^K = -\frac{\varphi}{1 + 2\,\varphi} \cdot \frac{M}{2} = -\tfrac{1}{2}\,\alpha_2 \cdot M$$

Der Horizontalschub ist dann:

$$H = -\tfrac{3}{2}\,\omega_2 \cdot \frac{M_0^K}{h} = +\tfrac{3}{4}\,\alpha_1\,\omega_2 \cdot \frac{M}{h}\,.$$

d) Einfluß von Temperaturschwankungen (Fig. 48).

Bei Annahme einer Temperaturänderung t für den Balken und t_h für die Ständer werden die Stützpunkte B und C des durchlaufenden Hauptsystems gegenüber den äußeren Auflagerstellen A und D einen Höhenunterschied $\varDelta_v = \varepsilon\,t_h \cdot h$ aufweisen. Die Stützenmomente M^K desselben ergeben sich daher zufolge der Beziehung

$$\tau_e + \tau_m + \frac{\varDelta_v}{l_e} = 0$$

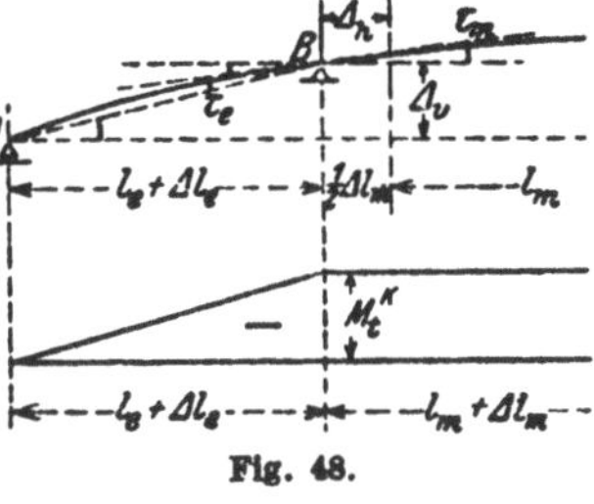

Fig. 48.

zu:

$$M^K = -\frac{1}{\tfrac{1}{3}\varphi + \tfrac{1}{2}} \cdot \frac{h}{l_e} \cdot \frac{\varepsilon \cdot E \cdot J_m}{l_m} \cdot t_h = -\frac{6}{3 + 2\varphi} \cdot \frac{\varepsilon \cdot E \cdot J_m}{l_e\, l_m} \cdot h \cdot t_h$$

$$= -2\,\alpha_3 \cdot \frac{\varepsilon \cdot E \cdot J_m}{l_e\, l_m} \cdot h \cdot t_h\,.$$

Damit erhält man: $\qquad x_m^v = -2\,\alpha_3$

und es ist zufolge Gleichung. (VI**):

$$H = -\frac{1}{2\,\alpha_1 + \tfrac{3}{2}\psi}\left(\frac{\varepsilon \cdot E \cdot J_m}{h^2} \cdot t - 2\,\alpha_3\,\frac{\varepsilon \cdot E \cdot J_m}{l_e\, l_m} \cdot t_h\right).$$

$$= -\tfrac{3}{2}\,\omega_2 \cdot \frac{\varepsilon\, E\, J_m}{l_e\, l_m\, h^2}\,(l_e\, l_m\, t - 2\,\alpha_3\, h^2\, t_h)\,.$$

e) Wagrechte Verschiebungen der Ständerköpfe.

$\alpha)$ Last P im Endfeld:

$$\varDelta^P = \frac{\mathfrak{A}^{(4)} \cdot h}{E J_m} = \frac{1}{6} \cdot \frac{\varDelta M_0^K \cdot l_m\, h}{E J_m} = -\tfrac{1}{12} \cdot \alpha_2\,(1 + \xi) \cdot \frac{\mathfrak{M}_x \cdot l_m \cdot h}{E J_m}\,.$$

$\beta)$ Last P im Mittelfeld:

$$\varDelta^P = \frac{\mathfrak{A}^{(4)} + \mathfrak{A}^{(6)}}{E J_m} \cdot h = \left[-\frac{1}{6} \cdot \frac{1}{1 + 2\varphi}\,(\tfrac{1}{2} - \xi) + \tfrac{1}{6}\,(\tfrac{1}{2} - \xi)\right] \cdot \frac{\mathfrak{M}_x \cdot l_m \cdot h}{E J_m}$$

$$= +\frac{1}{3} \cdot \frac{\varphi}{1 + 2\varphi} \cdot (\tfrac{1}{2} - \xi) \cdot \frac{\mathfrak{M}_x\, l_m\, h}{E J_m} = +\tfrac{1}{3}\,\alpha_2 \cdot (\tfrac{1}{2} - \xi) \cdot \frac{\mathfrak{M}_x\, l_m\, h}{E J_m}\,.$$

$\gamma)$ Wagrechte Last W:

$$\varDelta^W = h\,(\tau_1^{(3)} + \tau_2^{(4)}) = +\frac{1}{3} \cdot \frac{1}{2} \cdot \frac{W \cdot h^3}{E J_h} + \frac{1}{6} \cdot \frac{2\varphi}{1 + 2\varphi} \cdot \frac{1}{2} \cdot \frac{W \cdot h^2 \cdot l_m}{E J_m}$$

$$= +\frac{1}{6}\left(\frac{\varphi}{1 + 2\varphi} + \psi\right)\frac{W \cdot h^2\, l_m}{E J_m} = +\frac{1}{6}\,(\alpha_2 + \psi')\,\frac{W \cdot h^2 \cdot l_m}{E J_m}\,.$$

δ) Am Auflager A wirkendes Moment M:

$$\varDelta^M = \frac{\mathfrak{A}^{(4)} \cdot h}{E J_m} = \frac{1}{6} \cdot \frac{\varDelta M_0^K \cdot l_m\, h}{E J_m} = - \frac{1}{6} \cdot \frac{\varphi}{1 + 2\varphi} \cdot \frac{1}{2} \cdot \frac{M \cdot l_m \cdot h}{E J_m}$$

$$= - \tfrac{1}{12} \cdot \alpha_2 \cdot \frac{M \cdot l_m \cdot h}{E J_m} \,.$$

§ 15. Der dreistielige Rahmen.

a) **Vertikale Belastung** (Fig. 49).

Für das statisch unbestimmte Hauptsystem ist:

$$M^K = - \tfrac{1}{4}(1 + \xi) \cdot \mathfrak{M}_x \,.$$

Für zwei symmetrische Lasten $\tfrac{1}{2} P$ ist für den Rahmen (Fig. 49 b, c):

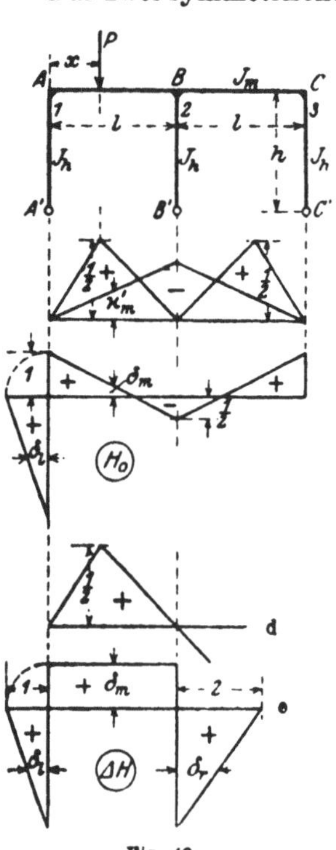

$$\varkappa_m = \tfrac{1}{2} \cdot \tfrac{1}{2}\,, \qquad \varkappa'_m = - \tfrac{1}{2} \cdot \tfrac{1}{4} \cdot (1 + \xi)\,;$$

$$\delta_m = \delta^{(3)} = \tfrac{1}{4}\,; \qquad \delta_l = \tfrac{1}{3}\,, \quad \sigma_l = \tfrac{2}{3}\,;$$

$$H_0 = - \frac{1}{\tfrac{1}{4} + \tfrac{1}{3}\psi} \cdot \left[\tfrac{1}{2} \cdot \tfrac{1}{2} - \tfrac{1}{2} \cdot \tfrac{1}{4} \cdot (1 + \xi)\right] \cdot \frac{\mathfrak{M}_x}{h}$$

$$= - \frac{3}{2} \cdot \frac{1}{3 + 4\psi} \cdot (1 - \xi) \cdot \frac{\mathfrak{M}_x}{h}$$

$$= - \tfrac{3}{2}\,\omega_3 \cdot (1 - \xi) \cdot \frac{\mathfrak{M}_x}{h} \,.$$

Für zwei polarsymmetrische Lasten $\pm \tfrac{1}{2} P$ ist (Fig. 49 d, e):

$$\varkappa_m = \tfrac{1}{2} \cdot \tfrac{1}{2}\,; \quad \delta_m = 1\,; \quad \delta_l = \tfrac{1}{2}\,, \quad \sigma_l = \tfrac{2}{3}\,;$$

$$\delta_r = 1\,, \quad \sigma_r = \tfrac{2}{3}\,;$$

$$\varDelta H = - \frac{1}{1 + \psi} \cdot \frac{1}{4} \cdot \frac{\mathfrak{M}_x}{h} = - \tfrac{1}{4} \cdot \omega_4 \cdot \frac{\mathfrak{M}_x}{h} \,.$$

Damit sind die Horizontalschübe:

$$H_1 = H_0 + \varDelta H$$
$$= - \left[\tfrac{3}{2}\,\omega_3 \cdot (1 - \xi) + \tfrac{1}{4}\omega_4\right] \cdot \frac{\mathfrak{M}_x}{h}\,,$$
$$H_2 = H_0 - \varDelta H$$
$$= - \left[\tfrac{3}{2}\,\omega_3 \cdot (1 - \xi) - \tfrac{1}{4}\omega_4\right] \cdot \frac{\mathfrak{M}_x}{h} \,.$$

b) **Einfluß von Temperaturschwankungen.**

Zufolge Gleichung (VI*) ist:

$$H^t = - \frac{1}{\tfrac{1}{4} + \tfrac{1}{3} \cdot \tfrac{2}{3}\psi} \cdot \frac{\varepsilon \cdot E \cdot J_m}{h^2} \cdot t = - 12\,\omega_3 \cdot \frac{\varepsilon \cdot E \cdot J_m}{h^2} \cdot t \,.$$

§ 16. Der vierstielige Rahmen.

Wenn man in A und D an Stelle der steifen Verbindung Gelenke setzt, dann entsteht der zweistielige Rahmen mit gestützten Krag-armen, für welchen noch die Untersuchung für die zur Wiederherstellung der steifen Ecken in A und D anzu-bringenden Momente durch-zuführen ist (Fig. 50a, b).

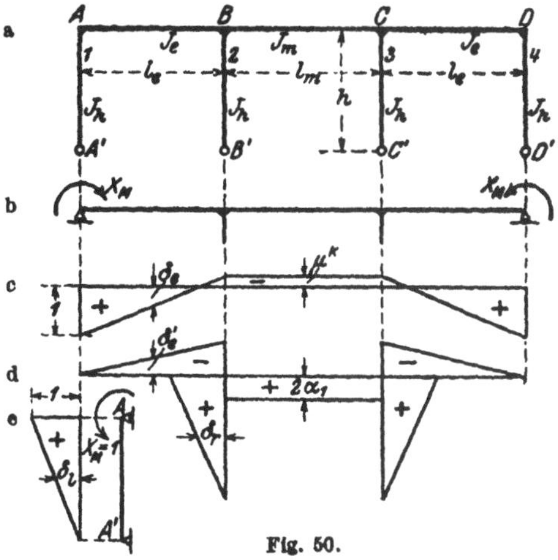

Vertikale Belastung.

a) Belastung des End-feldes.

α) Symmetrische Be-lastungsgruppe.

Für das Grundsystem ist in der Bestimmungs-gleichung

$$H_m = H_{m0} + \chi\cdot X_M$$

Fig. 50.

zufolge § 14, a, g:

$$H_{m0} = +\tfrac{1}{4}\,\alpha_1\,\omega_2\,(1+\xi)\cdot\frac{\mathfrak{M}_z}{h} = \mu_\varkappa\cdot\frac{\mathfrak{M}_z}{h}\,,$$

zufolge § 14 c:

$$\chi = +2\cdot\tfrac{1}{4}\cdot\alpha_1\,\omega_2\cdot\frac{1}{h} = \mu_\delta\cdot\frac{1}{h}\,;$$

mithin:

$$H_m = +\tfrac{1}{4}\cdot\alpha_1\,\omega_2\,(1+\xi)\cdot\frac{\mathfrak{M}_z}{h} + \tfrac{1}{2}\cdot\alpha_1\,\omega_2\cdot\frac{X_M}{h}\,.$$

Mit Hilfe dieses Ausdruckes erhält man die $\varkappa$-Werte (Fig. 44c und e):

$$\varkappa_e = \tfrac{1}{2}\cdot\tfrac{1}{2}\,,$$

$$\varkappa_e' = \tfrac{1}{2}\mu_0^K = -\tfrac{1}{2}\cdot\tfrac{1}{2}\cdot\alpha_1\,(1+\xi)\,,$$

$$\varkappa_e'' = -\tfrac{1}{2}(1-2\alpha_1)\cdot\mu_\varkappa = -\frac{1}{2}\cdot\frac{3}{3+2\varphi}\cdot\tfrac{1}{4}\alpha_1\,\omega_2\,(1+\xi)$$

$$= -\tfrac{3}{8}\cdot\alpha_1\,\alpha_3\cdot\omega_2\cdot(1+\xi)\,,$$

$$\varkappa_r = -\tfrac{1}{2}\mu_\varkappa = -\tfrac{3}{8}\alpha_1\,\omega_2\,(1+\xi)\,,\qquad \sigma_r = \tfrac{3}{4}\,;$$

die δ-Werte (Fig. 50 c—e):

$$\delta_e = \tfrac{1}{2}(1+\mu^K) = \frac{1}{2}\left(1-\frac{\varphi}{3+2\varphi}\right) = \frac{1}{2}\cdot\frac{3+\varphi}{3+2\varphi} = \tfrac{1}{2}(\alpha_3+\alpha_1)\,,$$

$$\delta_e' = -\tfrac{1}{2}(1-2\alpha_1)\mu_\delta = -\tfrac{3}{4}\alpha_1\,\alpha_3\,\omega_2\,,$$

$$\delta_l = +\tfrac{1}{2}\,,\qquad \sigma_l = \tfrac{3}{4}\,,$$

$$\delta_r = -\tfrac{1}{2}\cdot\mu_\delta = -\tfrac{3}{4}\alpha_1\,\omega_2\,,\qquad \sigma_r = \tfrac{3}{4}\,;$$

und es wird:

$$X_M = -\frac{1}{4} \cdot \frac{\varphi - (\alpha_1 \varphi + \tfrac{3}{2}\alpha_1 \alpha_3 \varphi \omega_2 + \alpha_1 \omega_2 \psi)(1+\xi)}{(\tfrac{1}{2}\alpha_1 + \tfrac{1}{2}\alpha_3 - \tfrac{3}{4}\alpha_1 \alpha_3 \omega_2)\varphi - (\tfrac{1}{3} - \tfrac{1}{2}\alpha_1 \omega_2)\psi} \cdot \mathfrak{M}_z .$$

Durch diesen Ausdruck ist auch der Horizontalschub des äußeren Faches gegeben; es ist $[H_a] = \frac{1}{h} \cdot X_M$.

Die oben aus der Bestimmungsgleichung (I) abgeleitete Reaktion H_m stellt in ihrer weiteren Auswertung durch X_M nicht den Horizontalschub des mittleren Rahmenfaches, sondern den tatsächlich in B' wirkenden Gelenkschub dar.

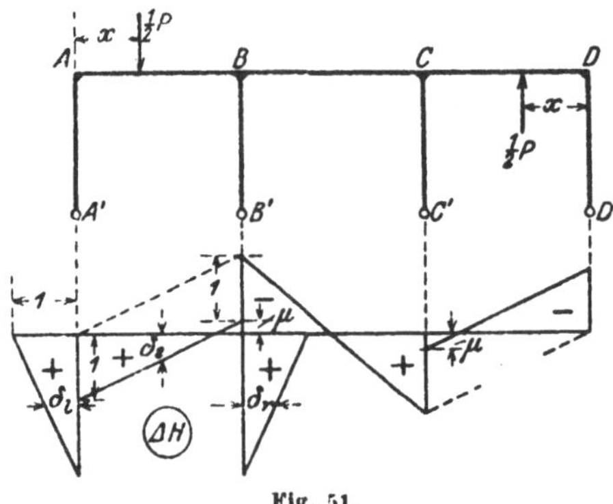

Fig. 51.

β) Polarsymmetrische Belastungsgruppe.

In diesem Falle ist nur die einzige Überzählige ΔH_e zu bestimmen; die Rahmenfachformel ist daher für das Seitenfach unmittelbar zu bilden. Aus Fig. 44d (§ 14, a, α) folgt:

$$\varkappa_e = +\tfrac{1}{2}\cdot\tfrac{1}{2}\,, \qquad \varkappa_e' = -\tfrac{1}{2}\cdot\tfrac{1}{2}\cdot\alpha_2(1+\xi)\,,$$

und aus Fig. 51b für den durchlaufenden Träger $A\,BC\,D$ für die infolge $\Delta H = 1$ an den vier Stützpunkten übertragenen polarsymmetrischen Momente von gleicher Größe:

$$\mu = -\frac{-\tfrac{1}{6} + \tfrac{1}{6}\varphi}{\tfrac{1}{6} + \tfrac{1}{2}\cdot\tfrac{2}{3}\varphi}\cdot 1 = \frac{1-\varphi}{1+2\varphi}\,.$$

Damit wird:

$$\delta_e = \frac{1}{2}\left(1 + \frac{1-\varphi}{1+2\varphi}\right) = \frac{1}{2}\cdot\frac{2+\varphi}{1+2\varphi} = \tfrac{1}{2}\alpha_5\,;$$

$$\delta_l = \delta_r = \tfrac{1}{2}\,, \qquad \sigma_l = \sigma_r = \tfrac{2}{3}\,;$$

$$[\Delta H_e] = -\frac{\varphi}{\tfrac{1}{2}\alpha_5\varphi + \tfrac{2}{3}\psi}\cdot\tfrac{1}{4}\cdot\{1 - \alpha_2(1+\xi)\}\cdot\frac{\mathfrak{M}_z}{h}$$

$$= -\frac{3}{2}\cdot\frac{\varphi}{3\alpha_5\varphi + 4\psi}\cdot\{1 - \alpha_2(1+\xi)\}\cdot\frac{\mathfrak{M}_z}{h}$$

$$= -\tfrac{3}{2}\cdot\omega_5\{1 - \alpha_2(1+\xi)\}\cdot\frac{\mathfrak{M}_z}{h}$$

b) Belastung des Mittelfeldes.

α) Symmetrische Belastungsgruppe.

Zufolge § 14, a, δ ist:

$$H_{m0} = -\tfrac{3}{2}\,\alpha_1\,\omega_2 \cdot \frac{\mathfrak{M}_z}{h}\,.$$

$$H_m = -\tfrac{3}{2}\,\alpha_1\,\omega_2 \cdot \frac{\mathfrak{M}_z}{h} + \tfrac{3}{2}\cdot\alpha_1\,\omega_2 \cdot \frac{X_M}{h}\,.$$

Für die Rahmenbedingung des Seitenfaches erhält man die $\varkappa$-Werte:

$$\varkappa_e = -\tfrac{1}{2}\cdot\tfrac{1}{2}\cdot\alpha_3\,,$$

$$\varkappa_e' = -\tfrac{1}{2}(1 - 2\,\alpha_1)\,\mu_\varkappa = +\frac{1}{3}\cdot\frac{3}{3 + 2\,\varphi}\cdot\tfrac{3}{2}\cdot\alpha_1\,\omega_2 = +\tfrac{1}{2}\cdot\alpha_1\,\alpha_3\,\omega_2\,,$$

$$\varkappa_r = -\tfrac{1}{2}\cdot\mu_\varkappa = +\tfrac{3}{4}\cdot\alpha_1\,\omega_2\,, \qquad \sigma_r = \tfrac{2}{3}\,,$$

daher:

$$X_M = +\frac{(\tfrac{1}{4}\,\alpha_3 - \tfrac{1}{2}\,\alpha_1\,\alpha_3\,\omega_2)\,\varphi - \tfrac{3}{4}\,\alpha_1\,\omega_2\,\psi}{\tfrac{1}{4}(\alpha_1 + \alpha_3 - \tfrac{3}{2}\,\alpha_1\,\alpha_3\,\omega_2)\,\varphi + (\tfrac{1}{3} - \tfrac{1}{2}\,\alpha_1\,\omega_2)\,\psi}\cdot\mathfrak{M}_z\,.$$

β) Polarsymmetrische Belastungsgruppe.

$$\varkappa_e = -\tfrac{1}{2}\,\alpha_4\,(\tfrac{1}{2} - \xi) \quad (\text{s. } \S\,14\,\text{a}, \alpha),$$

$$[\varDelta H_e] = +\frac{\varphi}{\tfrac{1}{2}\,\alpha_5\,\varphi + \tfrac{2}{3}\,\psi}\cdot\tfrac{1}{2}\cdot\alpha_4\,(\tfrac{1}{2} - \xi)\cdot\frac{\mathfrak{M}_z}{h} = +3\,\alpha_4\cdot\omega_5\cdot(\tfrac{1}{2} - \xi)\cdot\frac{\mathfrak{M}_z}{h}\,.$$

Einfluß von Temperaturschwankungen.

Für das Grundsystem ist zufolge § 14, d:

$$H_{m0} = -\frac{1}{2\,\alpha_1 + \tfrac{2}{3}\,\psi}\cdot\frac{\varepsilon\cdot E\cdot J_m}{h^2}\cdot t = -\tfrac{3}{2}\cdot\omega_2\cdot\frac{\varepsilon\cdot E\cdot J_m}{h^2}\cdot t\,.$$

Daher:

$$H_m = -\tfrac{3}{2}\,\omega_2\cdot\frac{\varepsilon\cdot E\cdot J_m}{h^2}\cdot t + \tfrac{3}{2}\cdot\alpha_1\,\omega_2\cdot\frac{1}{h}\cdot X_M\,.$$

Aus Fig. 50 c—e folgen die $\varkappa$-Werte:

$$\varkappa_e = -\tfrac{1}{2}(1 - 2\,\alpha_1)\cdot -\tfrac{3}{2}\,\omega_2 = +\tfrac{3}{4}\,\alpha_3\,\omega_2\,,$$

$$\varkappa_r = -\tfrac{1}{2}\cdot -\tfrac{3}{2}\,\omega_2 = +\tfrac{3}{4}\,\omega_2\,, \quad \sigma_r = \tfrac{2}{3}\,.$$

Damit wird:

$$X_M = -\frac{\lambda_e + \tfrac{3}{4}\cdot\alpha_3\,\omega_2\,\varphi + \tfrac{1}{2}\,\psi\,\omega_2}{\tfrac{1}{4}\,\varphi\,(\alpha_1 + \alpha_3 - \tfrac{3}{2}\,\alpha_1\,\alpha_3\,\omega_2) + \psi\,(\tfrac{1}{3} - \tfrac{1}{2}\,\alpha_1\,\omega_2)}\cdot\frac{\varepsilon\cdot E\cdot J_m}{h}\cdot t\,,$$

mittels welchen Ausdruckes $H_1 = [H_e] = \dfrac{1}{h}\,X_M$ und $H_2 = H_m$ bestimmt werden können.

§ 17. Der fünfstielige Rahmen.

Bildungsweise: Ein einstieliger Rahmen mit zwei seitlich angeschlossenen Zweigelenkrahmen.

Vertikale Belastung.
a) Belastung des Endfeldes.
  α) Symmetrische Belastungsgruppe.
In der Bestimmungsgleichung (I) für den Zweigelenkrahmen $A'ABB'$

$$H_e = H_{e0} + \chi_H \cdot X_H + \chi_M \cdot X_M$$

ist zufolge § 13, a:

$$H_{e0} = \tfrac{1}{2} H_P = -\tfrac{3}{4}\,\omega_1 \cdot \frac{\mathfrak{M}_x}{h}\,,$$

zufolge § 13, b:

$$\chi_H = -\tfrac{1}{2}\,,$$

zufolge § 13, c:

$$\chi_M = -\tfrac{3}{2}\,\omega_1 \cdot \frac{1}{h}\,.$$

Die ω-Werte für den Zweigelenkrahmen sind hier mit Rücksicht auf das Vergleichsfeld l_m zur Übereinstimmung mit den übrigen ω-Werten zu bringen; es ist also zu setzen:

$$\omega_1 = \frac{1}{3 + 2\,\psi_e} = \frac{\varphi}{3\,\varphi + 2\,\psi}\,.$$

Zur Auswertung der Bestimmungsgleichung (II) folgen aus den Verschiebungsgleichungen im Punkte B:

$$\tfrac{1}{2}\Delta^P + \Delta^W = \emptyset \ldots - \tfrac{1}{12}(\tfrac{1}{2} - \xi) \cdot \frac{\mathfrak{M}_x \cdot l_e \cdot h}{E \cdot J_e} + \tfrac{1}{12}(1 + 2\,\psi_e) \cdot \frac{X_{H0} \cdot h^2\, l_e}{E J_e} = \emptyset\,,$$

$$X_{H0} = + \frac{\varphi}{\varphi + 2\,\psi} \cdot (\tfrac{1}{2} - \xi) \cdot \frac{\mathfrak{M}_x}{h} = + \omega_6 \cdot (\tfrac{1}{2} - \xi) \cdot \frac{\mathfrak{M}_x}{h}\,,$$

$$\Delta^M + \Delta^W = \emptyset \ldots + \frac{1}{12} \cdot \frac{1 \cdot h \cdot l_e}{E \cdot J_e} + \tfrac{1}{12} \cdot (1 + 2\,\psi_e) \cdot \frac{\chi\, h^2 \cdot l_e}{E J_e} = \emptyset\,,$$

$$\chi = - \frac{\varphi}{\varphi + 2\,\psi} \cdot \frac{1}{h} = - \omega_6 \cdot \frac{1}{h}\,.$$

Damit wird:

$$X_H = + \omega_6 (\tfrac{1}{2} - \xi) \cdot \frac{\mathfrak{M}_x}{h} - \omega_6 \cdot \frac{X_M}{h}\,,$$

$$H_e = -\tfrac{1}{2} \left\{ \tfrac{3}{2}\,\omega_1 + \omega_6 (\tfrac{1}{2} - \xi) \right\} \cdot \frac{\mathfrak{M}_x}{h} - \tfrac{1}{2}(3\,\omega_1 - \omega_6) \cdot \frac{X_M}{h}\,.$$

Bei der Bildung der Rahmenfachformel für das Mittelfach erhält
man aus Fig. 52 und den Beiwerten von X_H und H_e unter Beachtung des
Vorzeichens die $\varkappa$-Werte:

$$\varkappa_l = +\tfrac{1}{2}\cdot\tfrac{1}{2}\left\{\tfrac{3}{2}\,\omega_1 + \omega_6\left(\tfrac{1}{2}-\xi\right)\right\}, \qquad \sigma_l = \tfrac{2}{3};$$

$$\varkappa_l' = -\tfrac{1}{2}\,\omega_6\left(\tfrac{1}{2}-\xi\right), \qquad \sigma_l' = \tfrac{2}{3};$$

die δ-Werte:

$$\delta_m = \tfrac{1}{4},$$

$$\delta_l = +\tfrac{1}{2}\cdot\tfrac{1}{2}\cdot(3\,\omega_1 - \omega_6), \qquad \sigma_l = \tfrac{2}{3};$$

$$\delta_l' = +\tfrac{1}{2}\,\omega_6, \qquad \sigma_l' = \tfrac{2}{3}.$$

Damit wird:

$$X_M = -\frac{\left[\tfrac{1}{4}\,\omega_1 - \tfrac{1}{8}\,\omega_6\left(\tfrac{1}{2}-\xi\right)\right]\psi}{\tfrac{1}{4}+\tfrac{1}{8}\,(3\,\omega_1 + \omega_6)\,\psi}\cdot\mathfrak{M}_x = -\frac{\left[3\,\omega_1 - 2\,\omega_6\left(\tfrac{1}{2}-\xi\right)\right]\psi}{3 + 2\,(3\,\omega_1 + \omega_6)\,\psi}\cdot\mathfrak{M}_x.$$

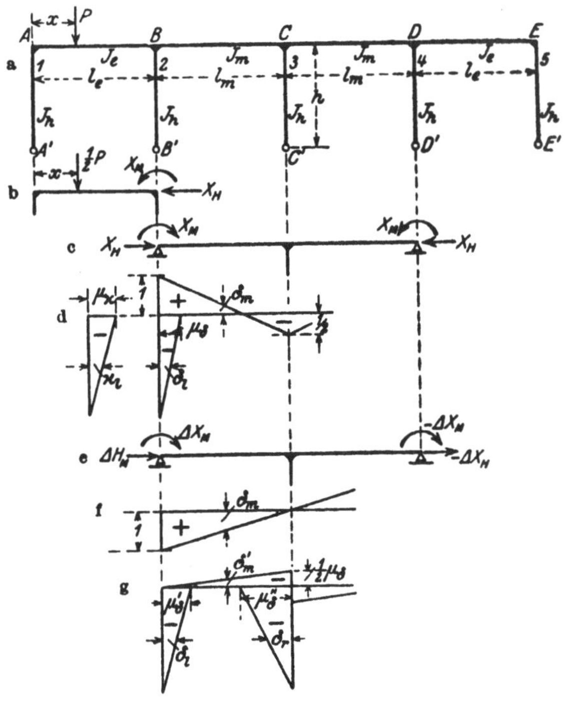

Fig. 52.

β) **Polarsymmetrische Belastungsgruppe.**

Für den Zweigelenkrahmen $A'\,A\,B\,B'$ erhält man:

$$\Delta H_e = H_{e0} + \Delta\chi_H\cdot\Delta X_H + \Delta\chi_M\cdot\Delta X_M = -\tfrac{3}{4}\,\omega_1\cdot\frac{\mathfrak{M}_x}{h} - \tfrac{1}{2}\cdot\Delta X_H - \tfrac{3}{2}\,\omega_1\cdot\frac{\Delta X_M}{h}.$$

Die Verschiebungsgleichungen ergeben:

$$-\tfrac{1}{12}\cdot(\tfrac{1}{2}-\xi)\cdot\varphi\cdot\mathfrak{M}_s+\tfrac{1}{12}\cdot(1+2\,\psi_e)\cdot\varphi\cdot\varDelta X_{H0}+\tfrac{1}{2}\cdot(1+2\,\psi_m)\cdot\varDelta X_{H0}=0,$$

$$\varDelta X_{H0}=+\frac{\varphi}{4+\varphi+10\,\psi}\cdot(\tfrac{1}{2}-\xi)\cdot\frac{\mathfrak{M}_s}{h}=+\omega_7\cdot(\tfrac{1}{2}-\xi)\cdot\frac{\mathfrak{M}_s}{h},$$

$$+\tfrac{1}{12}\varphi\cdot1\cdot h-2\cdot\tfrac{1}{12}\cdot1\cdot h+\tfrac{1}{12}\cdot(1+2\,\psi_e)\varphi\cdot\chi+2\cdot\tfrac{1}{2}\cdot(1+2\,\psi_m)\cdot\chi=0,$$

$$\chi=-\frac{\varphi}{4+\varphi+10\,\psi}+\frac{2}{4+\varphi+10\,\psi}=-\omega_7+2\,\omega_8.$$

$$\varDelta X_H=+\omega_7\,(\tfrac{1}{2}-\xi)\cdot\frac{\mathfrak{M}_s}{h}+(2\,\omega_8-\omega_7)\cdot\frac{\varDelta X_M}{h}.$$

$$\varDelta H_e=-[\tfrac{3}{4}\,\omega_1+\tfrac{1}{2}\,\omega_7\,(\tfrac{1}{2}-\xi)]\cdot\frac{\mathfrak{M}_s}{h}-\tfrac{1}{2}(3\,\omega_1+2\,\omega_8-\omega_7)\cdot\frac{\varDelta X_M}{h}.$$

Für den einstieligen Rahmen $BC\,(C')\,D$ ist (Fig. 52e):

$$2\,\varDelta H_m=+2\,\varDelta X_H=+2\,\omega_7\,(\tfrac{1}{2}-\xi)\cdot\frac{\mathfrak{M}_s}{h}+2\,(2\,\omega_8-\omega_7)\cdot\frac{\varDelta X_M}{h}.$$

Für die Rahmenbedingung im Mittelfach ergeben sich dann:

$$\varkappa_l=+\tfrac{1}{2}\cdot[\tfrac{3}{4}\,\omega_1+\tfrac{1}{2}\,\omega_7(\tfrac{1}{2}-\xi)],\quad \sigma_l=\tfrac{2}{3};\quad \delta_l=+\tfrac{1}{2}\cdot\tfrac{1}{2}(3\,\omega_1+2\,\omega_8-\omega_7),\quad \sigma_l=\tfrac{2}{3};$$

$$\varkappa_l'=-\tfrac{1}{2}\,\omega_7\,(\tfrac{1}{2}-\xi),\qquad\qquad \sigma_l'=\tfrac{2}{3};\quad \delta_l'=-\tfrac{1}{2}(2\,\omega_8-\omega_7),\qquad\qquad \sigma_l'=\tfrac{2}{3};$$

$$\varkappa_m=-\tfrac{1}{2}\,\omega_7\,(\tfrac{1}{2}-\xi);\qquad\qquad\qquad \delta_m=-\tfrac{1}{2}(2\,\omega_8-\omega_7);$$

$$\delta_m'=+\tfrac{1}{2};$$

$$\varkappa_r=-\omega_7\cdot(\tfrac{1}{2}-\xi),\qquad \sigma_r=\tfrac{2}{3};\quad \delta_r=-(2\,\omega_8-\omega_7),\qquad\qquad \sigma_r=\tfrac{2}{3},$$

und es wird:

$$\varDelta X_m=-\frac{\tfrac{1}{2}\,\omega_1\psi-\omega_7\,(1+\tfrac{1}{2}\,\psi)(\tfrac{1}{2}-\xi)}{1-(2\,\omega_8-\omega_7)+\tfrac{1}{2}(3\,\omega_1+5\,\omega_7-10\,\omega_8)\,\psi}\cdot\mathfrak{M}_s.$$

b) Belastung des Mittelfeldes.

 α) Symmetrische Belastungsgruppe.

Für das seitliche Teilsystem ist:

$$H_e=\chi_H\cdot X_H+\chi_M\cdot X_M=-\tfrac{1}{2}\cdot X_H-\tfrac{3}{2}\,\omega_1\cdot\frac{X_M}{h},$$

$$X_H=\chi'\cdot X_M=-\omega_6\cdot\frac{X_M}{h},$$

daher:

$$H_e=-\tfrac{1}{2}\,(3\,\omega_1-\omega_6)\cdot\frac{X_M}{h}.$$

Für die Rahmenbedingung im Mittelfach folgt aus X_H und H_e und Fig. 49b und c:

$$\varkappa_m=\tfrac{1}{2}[\tfrac{1}{2}-\tfrac{1}{4}(1+\xi)]=\tfrac{1}{8}(1-\xi).$$

Damit wird:

$$X_M = -\frac{\tfrac{1}{8}(1-\xi)}{\tfrac{1}{4}+\tfrac{1}{8}(3\omega_1+\omega_6)\psi}\cdot\mathfrak{M}_z = -\frac{1}{2}\cdot\frac{1}{1+\tfrac{1}{2}(3\omega_1+\omega_6)\psi}\cdot(1-\xi)\cdot\mathfrak{M}_z,$$

$$[H_s] = +\tfrac{1}{4}(3\omega_1-\omega_6)\cdot\frac{1}{1+\tfrac{1}{2}(3\omega_1+\omega_6)\psi}(1-\xi)\cdot\frac{\mathfrak{M}_z}{h},$$

$$[H_m] = -\frac{1}{2}\cdot\frac{\omega_6}{1+\tfrac{1}{2}(3\omega_1-\omega_6)\psi}\cdot(1-\xi)\cdot\frac{\mathfrak{M}_z}{h}.$$

β) Polarsymmetrische Belastungsgruppe.

Bestimmungsgleichungen für das seitliche Teilsystem:

$$\Delta H_s = \Delta\chi_H\cdot\Delta X_H + \Delta\chi_M\cdot\Delta X_M = -\tfrac{1}{4}\cdot\Delta X_H - \tfrac{3}{4}\omega_1\cdot\frac{\Delta X_M}{h},$$

$$\Delta X_H = \Delta X_{H0} + \chi\cdot\Delta X_M = \Delta X_{H0} + (2\omega_8-\omega_7)\cdot\frac{\Delta X_M}{h}.$$

Verschiebungsgleichung für ΔX_{H0}:

$$-\tfrac{1}{12}\cdot(1+\xi)\cdot\frac{\mathfrak{M}_z\cdot l_m\cdot h}{EJ_m} + \tfrac{1}{12}(1+2\psi_s)\cdot\frac{\Delta X_{H0}\cdot l_s\cdot h^2}{EJ_s}$$

$$+\,2\cdot\tfrac{1}{3}(1+2\psi_m)\cdot\frac{\Delta X_{H0}\cdot l_m\cdot h^2}{EJ_m} = \varnothing.$$

$$\Delta X_{H0} = +\frac{1}{4+\varphi+10\psi}\cdot(1+\xi)\cdot\frac{\mathfrak{M}_z}{h} = +\omega_8(1+\xi)\cdot\frac{\mathfrak{M}_z}{h}.$$

Damit wird:

$$\Delta X_H = +\omega_8(1+\xi)\cdot\frac{\mathfrak{M}_z}{h} + (2\omega_8-\omega_7)\cdot\frac{\Delta X_M}{h},$$

$$\Delta H_s = -\tfrac{1}{4}\omega_8(1+\xi)\cdot\frac{\mathfrak{M}_z}{h} - \tfrac{1}{4}(3\omega_1+2\omega_8-\omega_7)\cdot\frac{\Delta X_M}{h}.$$

Für das mittlere Teilsystem ist:

$$2\cdot\Delta H_m = +2\cdot\Delta X_H = +2\omega_8(1+\xi)\cdot\frac{\mathfrak{M}_z}{h} + 2(2\omega_8-\omega_7)\cdot\frac{\Delta X_M}{h}$$

Somit ergeben sich die $\varkappa$-Werte:

$$\varkappa_m = \tfrac{1}{3}\cdot\tfrac{1}{2}\,; \qquad \varkappa_l = -\tfrac{1}{2}\omega_8(1+\xi), \qquad \sigma_l = \tfrac{1}{3}\,;$$

$$\varkappa_m' = -\tfrac{1}{2}\omega_8(1+\xi)\,; \qquad \varkappa_l' = +\tfrac{1}{3}\cdot\tfrac{1}{2}\omega_8(1+\xi), \qquad \sigma_l' = \tfrac{2}{3}\,;$$

$$\varkappa_r = -\omega_8(1+\xi), \qquad \sigma_l'' = \tfrac{2}{3}\,;$$

und es wird:

$$\Delta X_M = -\frac{\tfrac{1}{2} - \omega_8(1+\tfrac{1}{3}\psi)(1+\xi)}{1-(2\omega_8-\omega_7)+\tfrac{1}{3}(3\omega_1-10\omega_8+5\omega_7)\psi}\cdot\mathfrak{M}_z.$$

Einfluß von Temperaturschwankungen.

Zufolge § 13, d ist für das seitliche Teilsystem:

$$H_{e0} = -3\,\omega_1\,\frac{\varepsilon \cdot E \cdot J_e}{h^2} \cdot t\,,$$

daher:

$$H_e = -3\,\omega_1 \cdot \frac{\varepsilon \cdot E \cdot J_e}{h^2} \cdot t - \tfrac{1}{2} X_H - \tfrac{3}{2}\,\omega_1 \cdot \frac{X_M}{h}\,.$$

Die Verschiebungsgleichung lautet:

$$-(\tfrac{1}{2}\,l_e + l_m)\,\varepsilon\,t + \tfrac{1}{12}(1 + 2\,\psi_e) \cdot \frac{X_{H0}\,h^2 \cdot l_e}{EJ_e} = 0\,,$$

$$X_{H0} = +12 \cdot \frac{\varphi}{\varphi + 2\,\psi} \cdot \left(\frac{1}{2} + \frac{l_m}{l_e}\right) \cdot \frac{\varepsilon\,EJ_e}{h^2} \cdot t = +6\,\omega_6 \cdot \frac{2 + \lambda_e}{\lambda_e} \cdot \frac{\varepsilon \cdot E \cdot J_e}{h^2} \cdot t\,.$$

Damit wird:

$$X_H = +6\,\omega_6 \cdot \frac{2 + \lambda_e}{\lambda_e} \cdot \frac{\varepsilon\,EJ_e}{h_e} \cdot t - \omega_6 \cdot \frac{X_M}{h}\,,$$

$$H_e = -3\left(\omega_1 + \omega_6\,\frac{2 + \lambda_e}{\lambda_e}\right) \cdot \frac{\varepsilon\,EJ_e}{h^2}\,t - \tfrac{1}{2}(3\,\omega_1 - \omega_6) \cdot \frac{X_M}{h}\,.$$

Folglich ist für die Rahmenbedingung im Mittelfach:

$$\varkappa_l = -\tfrac{1}{2} \cdot 6\,\omega_6 \cdot \frac{2 + \lambda_e}{\lambda_e}\,, \qquad \sigma_l = \tfrac{3}{2}\,;$$

$$\varkappa_l' = +\tfrac{1}{2} \cdot 3\left(\omega_1 + \omega_6\,\frac{2 + \lambda_e}{\lambda_e}\right)\,, \qquad \sigma_l = \tfrac{3}{2}\,;$$

und es wird:

$$X_M = -12 \cdot \frac{1 - \dfrac{J_e}{J_m} \cdot \psi\left(\omega_6 \cdot \dfrac{2 + \lambda_e}{\lambda_e} - \omega_1\right)}{3 + 2\,\psi \cdot (3\,\omega_1 + \omega_6)} \cdot \frac{\varepsilon\,EJ_m}{h} \cdot t\,,$$

$$[H_e^t] = -\left[3\left(\omega_1 + \omega_6 \cdot \frac{2 + \lambda_e}{\lambda_e}\right) \cdot \frac{J_e}{J_m} - 6(3\,\omega_1 - \omega_6) \cdot \frac{1 - \dfrac{J_e}{J_m} \cdot \psi\left(\dfrac{2 + \lambda_e}{\lambda_e} \cdot \omega_6 - \omega_1\right)}{3 + 2\,\psi(3\,\omega_1 + \omega_6)}\right] \cdot \frac{\varepsilon\,EJ_m}{h^2} \cdot t\,,$$

$$[H_m^t] = -\left[6 \cdot \frac{2 + \lambda_e}{\lambda_e} \cdot \omega_6 \cdot \frac{J_e}{J_m} + 12\,\omega_6 \cdot \frac{1 - \dfrac{J_e}{J_m} \cdot \psi\left(\dfrac{2 + \lambda_e}{\lambda_e} \cdot \omega_6 - \omega_1\right)}{3 + 2\,\psi(3\,\omega_1 + \omega_6)}\right] \cdot \frac{\varepsilon\,EJ_m}{h^2} \cdot t\,.$$

C. Sonderfälle eingespannter Rahmen.

§ 18. Der einstielige Rahmen.

a) Vertikale Belastung.

α) Symmetrische Belastungsgruppe (Fig. 40 b).

$$M^K = -\tfrac{1}{4} \cdot (1 + \xi) \cdot \mathfrak{M}_s , \qquad M^S = \varnothing .$$

β) Polarsymmetrische Belastungsgruppe (Fig. 53 a—c).

In Fig. 53 ist das linke Rahmenfach, in welchem $\tfrac{1}{2}\mathfrak{M}_s$ für polarsymmetrische Belastung positiv ist, der Berechnung zugrunde gelegt; infolgedessen ist vor die Rahmenstützenformel für $\varDelta M^S$ an Stelle des negativen ein positives Vorzeichen zu setzen.

$$\varkappa_m = +\tfrac{1}{2} \cdot \tfrac{1}{2}, \qquad \sigma_m = \tfrac{1}{3}(1 + \xi) ;$$
$$\delta_m = +\tfrac{1}{2}, \qquad \sigma_m = \tfrac{2}{3} ;$$
$$\delta_r = +1 .$$

$$\varDelta M^K = \varnothing ,$$

$$\varDelta M^S = + \frac{1}{\tfrac{1}{6} + \psi} \cdot \tfrac{1}{12}(1 + \xi) \cdot \mathfrak{M}_s$$

$$= + \frac{1}{2} \cdot \frac{1}{1 + 6\,\psi} \cdot (1 + \xi) \cdot \mathfrak{M}_s$$

$$= + \tfrac{1}{2} \cdot \omega_9 \cdot (1 + \xi) \cdot \mathfrak{M}_s .$$

b) Wagrechte Last W in Riegelhöhe (Fig. 53 d, e).

$$\varkappa_m = -\tfrac{1}{2}, \quad \sigma_m = \tfrac{2}{3} ; \quad \varkappa_r = -\tfrac{1}{2} .$$

$$\varDelta M^S = - \frac{\tfrac{1}{2} \cdot \tfrac{2}{3} + \tfrac{1}{2}\psi}{\tfrac{1}{6} + \psi} \cdot Wh$$

$$= - \frac{1 + 3\,\psi}{1 + 6\,\psi} \cdot Wh$$

$$= - \left(\frac{\tfrac{1}{2} + 3\,\psi}{1 + 6\,\psi} + \frac{1}{2} \cdot \frac{1}{1 + 6\,\psi} \right) Wh$$

$$= - \tfrac{1}{2}(1 + \omega_9) Wh .$$

c) Am Auflager A wirkendes Moment M (Fig. 53 f, g).

$$M^K = -\tfrac{1}{2} M ;$$

$$\varkappa_m = +\tfrac{1}{2} \cdot \tfrac{1}{2}, \qquad \sigma_m = \tfrac{1}{3} .$$

$$\varDelta M^S = + \frac{\tfrac{1}{4} \cdot \tfrac{1}{3}}{\tfrac{1}{6} + \psi} \cdot M = + \frac{1}{2} \cdot \frac{1}{1 + 6\,\psi} \cdot M = + \tfrac{1}{2}\,\omega_9 \cdot M .$$

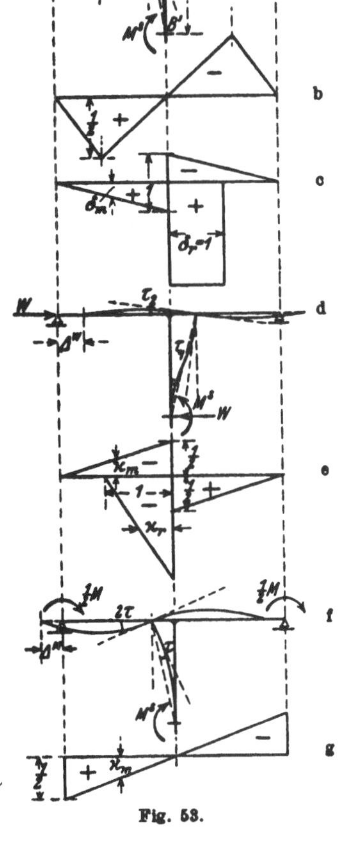

d) Wagrechte Verschiebungen des Ständerkopfes.

$$\Delta^P = h \cdot \tau_P^{(8)} = -\frac{1}{2} \cdot \frac{\Delta M_P^S \cdot h^2}{E J_h} = -\frac{1}{4} \cdot \omega_9 \cdot (1 + \xi) \cdot \frac{\mathfrak{M}_z \cdot h^2}{E J_h},$$

$$\Delta^W = h \left(\tau^{(3)} + \tau^{(8)}\right) = -\frac{1}{3} \cdot \frac{1}{2} \cdot \frac{W h^3}{E J_h} - \frac{1}{2} \cdot \frac{\Delta M_W^S \cdot h^2}{E J_h}$$

$$= -\left[\frac{1}{6} - \frac{1}{4}(1 + \omega_9)\right] \cdot \frac{W \cdot h^3}{E J_h} = +\frac{1}{12}(1 + 3\,\omega_9) \cdot \frac{W h^3}{E J_h},$$

$$\Delta^M = h\,\tau_M^{(8)} = -\frac{1}{2} \cdot \frac{\Delta M_M^S \cdot h^2}{E J_h} = -\frac{1}{4} \cdot \omega_9 \cdot \frac{M h^2}{E J_h}.$$

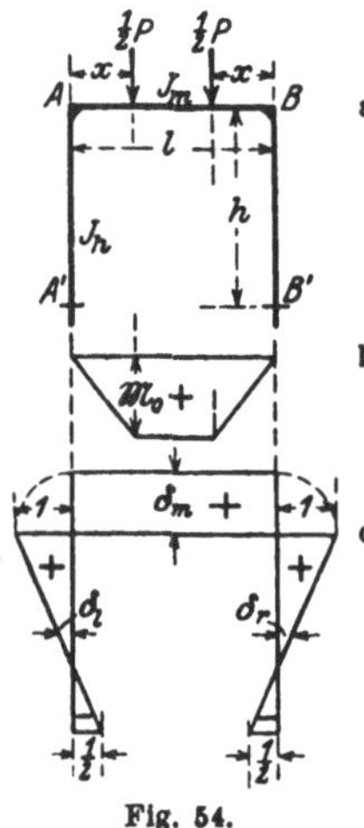

Fig. 54.

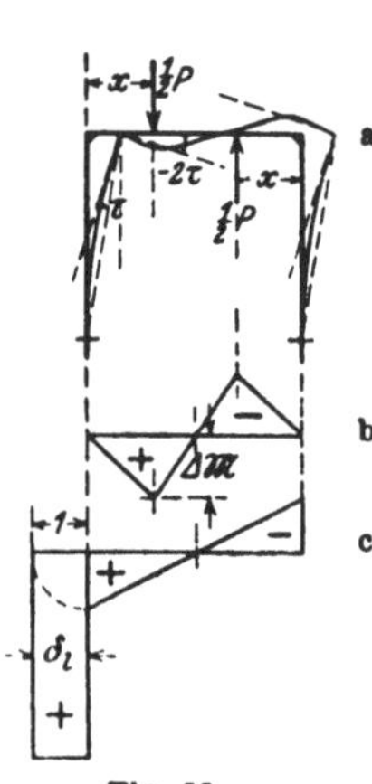

Fig. 55.

§ 19. Der zweistielige Rahmen.

a) Vertikale Belastung.

α) Symmetrische Belastungsgruppe.

Zwischen den Ständerfußreaktionen besteht die einfache Beziehung:

$$M_0^S = -\tfrac{1}{3} H \cdot h;$$

daher ist das auf den Ständerkopf übertragene Moment:

$$M_1^O = M_2^O = M_0^S + H \cdot h = +\tfrac{2}{3} \cdot H h = -2 M_0^S.$$

Aus Fig. 54 folgt:

$$\varkappa_m \cdot \sigma_m = \mathfrak{a}^{(5)} = \tfrac{1}{4}; \qquad \delta_m = 1, \quad \sigma_m = \tfrac{1}{2}; \qquad \delta_l = \tfrac{1}{4}.$$

Damit wird:

$$M_1^O = M_2^O = -\frac{\frac{1}{2}}{\frac{1}{2} + \frac{1}{4}\psi} \, \mathfrak{M}_z = -\frac{1}{2 + \psi} \cdot \mathfrak{M}_z = -\omega_{10} \cdot \mathfrak{M}_z,$$

$$M_0^S = -\tfrac{1}{2} M^O = +\tfrac{1}{2} \cdot \omega_{10} \cdot \mathfrak{M}_z,$$

$$H_0 = -3\,\frac{1}{h}\, M_0^S = -\tfrac{3}{2} \cdot \omega_{10} \cdot \frac{\mathfrak{M}_z}{h}.$$

β) Polarsymmetrische Belastungsgruppe (Fig. 55).

$$x_m\cdot\sigma_m = a^{(6)} = \tfrac16(\tfrac12-\xi)\,,\qquad \delta_m\cdot\sigma_m = a^{(2)} = \tfrac16\,,\qquad \delta_l = 1\,.$$

$$\Delta M^S = -\frac{\frac16}{\frac16+\psi}\cdot(\tfrac12-\xi)\cdot\mathfrak{M}_x = -\frac{1}{1+6\psi}(\tfrac12-\xi)\cdot\mathfrak{M}_x = -\omega_9(\tfrac12-\xi)\cdot\mathfrak{M}_x\,.$$

Damit ergeben sich die Ständerfußreaktionen:

$$M_1^S = +\left[\frac12\cdot\frac{1}{2+\psi} - \frac{1}{1+6\psi}\cdot(\tfrac12-\xi)\right]\cdot\mathfrak{M}_x = +[\tfrac12\cdot\omega_{10} - \omega_9(\tfrac12-\xi)]\cdot\mathfrak{M}_x\,,$$

$$M_2^S = +\left[\frac12\cdot\frac{1}{2+\psi} + \frac{1}{1+6\psi}\cdot(\tfrac12-\xi)\right]\cdot\mathfrak{M}_x = +[\tfrac12\cdot\omega_{10} + \omega_9\cdot(\tfrac12-\xi)]\cdot\mathfrak{M}_x\,,$$

$$H = -\frac32\cdot\frac{1}{2+\psi}\cdot\frac{\mathfrak{M}_x}{h} = -\tfrac32\cdot\omega_{10}\cdot\frac{\mathfrak{M}_x}{h}\,.$$

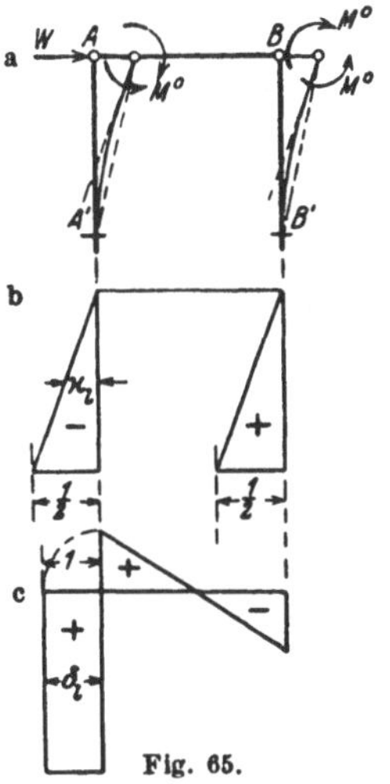

b) Wagrechte Last W in Balkenhöhe.

Denkt man zunächst die feste Verbindung der Ständer mit dem Balken durch Gelenke ersetzt (Fig. 56a), dann erhält man für die im Balken wirkende Längskraft X mit Rücksicht auf die gleichen Momentenfiguren der Ständer infolge der Gleichheit ihres Trägheitsmomentes: $X = -\tfrac12 W$; da die zur Wiederherstellung der ursprünglichen Rahmenwinkel in A und B anzubringenden Momente M^O ohne Einfluß auf die wagrechten Gegenkräfte sind, ergeben sich letztere zu $\pm\tfrac12 W$. Zufolge Fig. 56b, c ist:

Fig. 65.

$$x_l = -\tfrac14\,,\qquad \delta_m\cdot\sigma_m = a^{(4)} = \tfrac16\,,\qquad \delta_l = 1\,.$$

$$M^O = +\frac{\frac14\psi}{\frac16+\psi}\cdot Wh = +\frac32\cdot\frac{\psi}{1+6\psi}\cdot Wh = +\tfrac14(1-\omega_9)\cdot W\cdot h\,,$$

daher:

$$M_1^S = -\tfrac12 Wh + \frac32\cdot\frac{\psi}{1+6\psi}\,Wh = -\frac12\cdot\frac{1+3\psi}{1+6\psi}\cdot Wh = -\tfrac14(1+\omega_9)\cdot Wh\,,$$

$$M_2^S = -M_1^S = +\frac14\left(1+\frac{1}{1+6\psi}\right)\cdot Wh = +\tfrac14(1+\omega_9)\cdot Wh\,.$$

$$H = \tfrac12 W\,.$$

c) Am Ständerkopf A angreifendes Moment M.

Für die symmetrische Belastungsgruppe erhält man mit Rücksicht auf die unter a angegebenen Beziehungen zwischen M^O und M^S und aus Fig. 57b:

$$M_1^O = M_2^O = -\frac{a^{(1)}}{\frac12+\frac12\cdot\psi}\cdot\tfrac12 M = -\frac{\frac12}{\frac12+\frac12\psi}\cdot\tfrac12 M = -\frac{1}{2+\psi}\cdot M = -\omega_{10}\cdot M\,.$$

$$M_0^S = -\tfrac12 M^O = +\tfrac12\,\omega_{10}\cdot M\,.$$

Für die polarsymmetrische Belastungsgruppe (Fig. 57d) wird:

$$\Delta M^S = -\frac{a^{(4)}}{\frac{1}{6}+\psi}\cdot\tfrac{1}{2}\,M = -\frac{1}{1+6\,\psi}\cdot\tfrac{1}{2}\,M = -\tfrac{1}{2}\,\omega_9\cdot M\,.$$

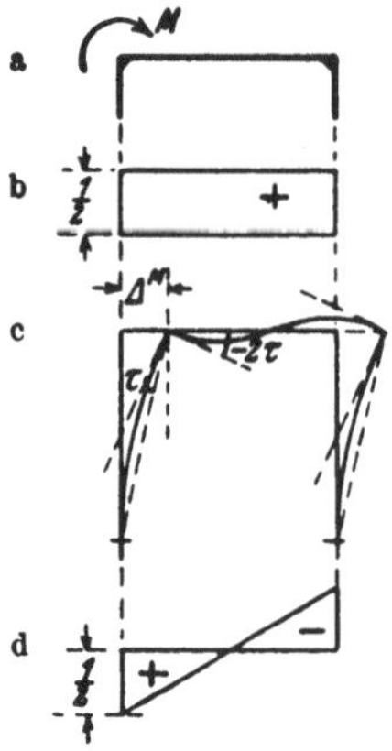

Damit sind die Ständerfußreaktionen:

$$M_1^S = +\frac{1}{2}\left(\frac{1}{2+\psi}-\frac{1}{1+6\,\psi}\right)\cdot M$$

$$= +\tfrac{1}{2}\,(\omega_{10}-\omega_9)\cdot M\,,$$

$$M_2^S = +\frac{1}{2}\left(\frac{1}{2+\psi}+\frac{1}{1+6\,\psi}\right)\cdot M$$

$$= +\tfrac{1}{2}\,(\omega_{10}+\omega_9)\cdot M\,,$$

$$H = -\frac{3}{2}\cdot\frac{1}{2+\psi}\cdot M$$

$$= -\tfrac{3}{2}\cdot\omega_{10}\cdot M\,.$$

Fig. 57.

d) Einfluß von Temperaturschwankungen.

Zufolge Gleichung (VII) ist für die Bestimmung von M^O anzuschreiben:

$$F_l = +\left(\tfrac{1}{4}M^O + \frac{3}{4}\cdot\frac{\varepsilon E J_h}{h^2}\cdot l\,t\right).$$

Daher ist:

$$\varkappa_l = +\tfrac{3}{4}\,; \qquad \delta_l = \tfrac{1}{4}\,; \qquad \delta_m = 1\,, \quad \sigma_m = \tfrac{1}{2}\,.$$

$$M_l^O = -\frac{\tfrac{3}{4}\psi}{\tfrac{1}{2}+\tfrac{1}{4}\psi}\cdot\frac{\varepsilon E J_h}{h^2}\cdot l\,t = -3\cdot\frac{\psi}{2+\psi}\cdot\frac{\varepsilon E J_h}{h^2}\cdot l\,t$$

$$= -3\,(1-2\,\omega_{10})\cdot\frac{\varepsilon E J_h}{h^2}\cdot l\,t\,,$$

$$M_l^S = -\tfrac{1}{2}\cdot M_l^O + \frac{3}{2}\cdot\frac{\varepsilon E J_h}{h^2}\cdot l\,t = +3\cdot\frac{1+\psi}{2+\psi}\cdot\frac{\varepsilon E J_h}{h^2}\cdot l\,t$$

$$= +3\,(1-\omega_{10})\frac{\varepsilon E J_h}{h^2}\cdot l\,t\,,$$

$$H = \frac{1}{h}\,(M_l^O - M_l^S) = -3\cdot\frac{1+2\,\psi}{2+\psi}\cdot\frac{\varepsilon E J_h}{h^2}\cdot\frac{l}{h}\cdot t$$

$$= -3\,(2-3\,\omega_{10})\cdot\frac{\varepsilon E J_h}{h^2}\cdot\frac{l}{h}\cdot t\,.$$

e) Wagrechte Verschiebungen der Ständerköpfe.

$$\Delta^P = h\cdot\tau^{(8)} = -\frac{1}{2}\cdot\frac{\Delta M_0^S\cdot h^2}{E\cdot J_h} = +\frac{1}{2}\cdot\frac{1}{1+6\,\psi}\cdot(\tfrac{1}{2}-\xi)\cdot\frac{\mathfrak{M}_x\cdot h^2}{E\cdot J_h}$$

$$= +\tfrac{1}{2}\cdot\omega_9\cdot(\tfrac{1}{2}-\xi)\cdot\frac{\mathfrak{M}_x\,h^2}{E J_h}\,.$$

Aus der Form der in § 19b abgeleiteten Ausdrücke für M_1^O und M_1^S erkennt man, daß sich die Momentenfigur des Ständers als Summe zweier einfacher Flächen mit den Endordinaten $\mp\frac{1}{4}$ und $-\frac{1}{4}\,\omega_9$ auffassen läßt; somit kann man unmittelbar anschreiben:

$$\Delta^W = h\cdot(\tau^{(4)} + \tau^{(1)}) = -\frac{1}{6}\cdot\frac{\mathfrak{A}^{(4)}\cdot h}{EJ_h} - \frac{1}{2}\cdot\frac{\mathfrak{A}^{(1)}\cdot h}{EJ_h}$$

$$= +\frac{1}{6}\cdot\frac{1}{4}\cdot\frac{Wh^3}{EJ_h} + \frac{1}{2}\cdot\frac{1}{4}\,\omega_9\cdot\frac{Wh^3}{EJ_h} = +\frac{1}{24}\,(1 + 3\,\omega_9)\cdot\frac{Wh^3}{EJ_h},$$

$$\Delta^M = h\cdot\tau^{(8)} = -\frac{1}{2}\cdot\frac{\Delta M^S h^2}{EJ_h} = +\frac{1}{2}\cdot\frac{1}{2}\cdot\frac{1}{1+6\psi}\cdot\frac{Mh^2}{EJ_h} = +\frac{1}{4}\cdot\omega_9\cdot\frac{Mh^2}{EJ_h}.$$

§ 20. Der zweistielige Rahmen mit gestützten Kragarmen.

Der kontinuierliche Träger $ABCD$ als statisch unbestimmtes Hauptsystem wie beim gleichartigen Tragsystem in § 14.

a) **Vertikale Belastung.**

Für die zunächst zu bestimmenden Momente M_1^O und M_2^O (Fig. 58) ist zufolge den in § 19, a, α angegebenen Beziehungen und zufolge Fig. 58b bei symmetrischer Belastung:

$$\delta_m = \frac{2\,\varphi}{3 + 2\varphi} = 2\,\alpha_1, \quad \sigma_m = \frac{1}{2};$$

$$\delta_l = \frac{1}{4}.$$

Daher wird:

$$M_1^O = M_2^O = -\frac{1}{\alpha_1 + \frac{1}{4}\psi}\cdot\frac{\mathfrak{A}}{l}$$

$$= -\frac{4}{4\,\alpha_1 + \psi}\cdot\frac{\mathfrak{A}}{l},$$

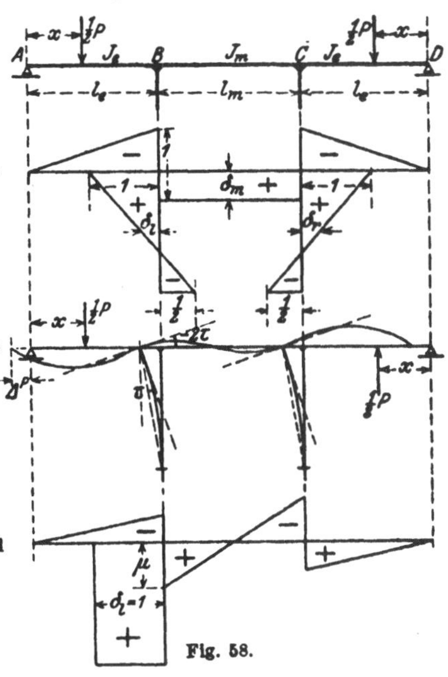

und es ergibt sich in den einzelnen Belastungsfällen (zufolge § 14, a, a):

α) Zwei symmetrische Lasten $\frac{1}{2}P$ in den Endfeldern (Fig. 58b).

$$M_1^O = M_2^O = -\frac{4}{4\alpha_1 + \psi}\cdot\mathfrak{a}^{(1)}\cdot\mathfrak{M}_x = +\frac{4}{4\alpha_1 + \psi}\cdot\frac{1}{2}\cdot\frac{1}{2}\cdot\frac{\varphi}{3+2\varphi}\,(1+\xi)\cdot\mathfrak{M}_x$$

$$= +\frac{\varphi}{3+2\varphi}\cdot\frac{1}{4\alpha_1 + \psi}\,(1+\xi)\cdot\mathfrak{M}_x,$$

$$M_0^S = -\frac{1}{2}M_1^O = -\frac{1}{2}\cdot\frac{\varphi}{3+2\varphi}\cdot\frac{1}{4\alpha_1 + \psi}\cdot(1+\xi)\cdot\mathfrak{M}_x$$

$$= -\frac{1}{2}\,\alpha_1\omega_{11}\cdot(1+\xi)\cdot\mathfrak{M}_x.$$

β) **Zwei symmetrische Lasten $\tfrac{1}{2} P$ im Mittelfeld.**

$$M_1^0 = M_2^0 = - \frac{4}{4\,\alpha_1 + \psi} \cdot (\mathfrak{a}^{(1)} + \mathfrak{a}^{(5)}) \cdot \mathfrak{M}_x$$

$$= - \frac{4}{4\,\alpha_1 + \psi} \left(\frac{1}{4} - \frac{1}{2} \cdot \frac{1}{2} \cdot \frac{3}{3 + 2\,\varphi} \right) \mathfrak{M}_x = - \frac{2\,\varphi}{3 + 2\,\varphi} \cdot \frac{1}{4\,\alpha_1 + \psi} \cdot \mathfrak{M}_x \,,$$

$$M_0^s = -\tfrac{1}{2} M_1^0 = + \frac{\varphi}{3 + 2\,\varphi} \cdot \frac{1}{4\,\alpha_1 + \psi} \cdot \mathfrak{M}_x = + \alpha_1 \cdot \omega_{11} \cdot \mathfrak{M}_x \,.$$

Bei polarsymmetrischer Belastung ist zufolge Fig. 58d:

$$\mu^\delta = \frac{2\,\varphi}{1 + 2\,\varphi} = 2\,\alpha_2 \,, \qquad \delta_m \cdot \sigma_m = \mathfrak{a}^{(4)} = \tfrac{1}{6} \mu^\delta = \tfrac{1}{3} \alpha_2 \,, \qquad \delta_l = 1 \,;$$

daher:

$$\varDelta M^S = - \frac{1}{\tfrac{1}{3}\alpha_2 + \psi} \cdot \frac{\mathfrak{A}}{l} = - \frac{3}{\alpha_2 + 3\,\psi} \cdot \frac{\mathfrak{A}}{l} \,.$$

Das liefert für:

γ) **Zwei polarsymmetrische Lasten $\tfrac{1}{2} P$ in den Endfeldern.**

$$\varDelta M^S = - \frac{3}{\alpha_2 + 3\,\psi} \cdot \mathfrak{a}^{(4)} \cdot \mathfrak{M} = - \frac{3}{\alpha_2 + 3\,\psi} \cdot \tfrac{1}{8} \cdot \varDelta M^K$$

$$= + \frac{1}{4} \cdot \frac{\varphi}{1 + 2\,\varphi} \cdot \frac{1}{\alpha_2 + 3\,\psi} \cdot (1 + \xi)\, \mathfrak{M}_x = + \tfrac{1}{4} \alpha_2\, \omega_{12}\, (1 + \xi)\, \mathfrak{M}_x \,.$$

δ) **Zwei polarsymmetrische Lasten $\tfrac{1}{2} P$ im Mittelfelde.**

$$M^S = - \frac{3}{\alpha_2 + 3\,\psi} (\mathfrak{a}^{(6)} + \mathfrak{a}^{(4)}) \cdot \mathfrak{M} = - \frac{3}{\alpha_2 + 3\,\psi} \cdot \frac{1}{6} \left[(\tfrac{1}{2} - \xi) - \frac{1}{1 + 2\,\varphi} (\tfrac{1}{2} - \xi) \right]$$

$$\mathfrak{M}_x = - \frac{\varphi}{1 + 2\,\varphi} \cdot \frac{1}{\alpha_2 + 3\,\psi} (\tfrac{1}{2} - \xi) \cdot \mathfrak{M}_x = - \alpha_2\, \omega_{12} \cdot (\tfrac{1}{2} - \xi) \cdot \mathfrak{M}_x \,.$$

Damit sind die Ständerfußreaktionen für eine Last P im Endfelde:

$$M_1^S = -\tfrac{1}{2} (\alpha_1\, \omega_{11} - \tfrac{1}{2} \alpha_2\, \omega_{12}) (1 + \xi) \cdot \mathfrak{M}_x \,,$$

$$M_2^S = -\tfrac{1}{2} (\alpha_1\, \omega_{11} + \tfrac{1}{2} \alpha_2\, \omega_{12}) (1 + \xi) \cdot \mathfrak{M}_x \,,$$

$$H = + \tfrac{3}{2} \cdot \alpha_1\, \omega_{11} \cdot (1 + \xi) \cdot \frac{\mathfrak{M}_x}{h}$$

und für eine Last P im Mittelfeld:

$$M_1^S = + \{ \alpha_1\, \omega_{11} - \alpha_2\, \omega_{12} (\tfrac{1}{2} - \xi) \} \cdot \mathfrak{M}_x \,,$$

$$M_2^S = + \{ \alpha_1\, \omega_{11} + \alpha_2\, \omega_{12} (\tfrac{1}{2} - \xi) \} \cdot \mathfrak{M}_x \,,$$

$$H = - 3\, \alpha_1\, \omega_{11} \cdot \frac{\mathfrak{M}_x}{h} \,.$$

b) Wagrechte Last W in Balkenhöhe.

In Tragwerksmitte entsteht das Moment Null; an den Ständerfüßen entstehen wagrechte Gegenkräfte von der Größe $\frac{1}{2}W$ (Fig. 59). Aus den mittleren Ordinaten der Momentenfiguren 59b und 58d:

$$\varkappa_m \cdot \sigma_m = \mathfrak{a}^{(4)} = \tfrac{1}{8} \cdot \mu^{\varkappa} = \tfrac{1}{8} \cdot 2\,\alpha_2\,, \qquad \varkappa_l = \tfrac{1}{2}\,,$$

$$\delta_m \cdot \sigma_m = \mathfrak{a}^{(4)} = \tfrac{1}{8} \cdot \mu^{\delta} = \tfrac{1}{8} \cdot 2\,\alpha_2\,, \qquad \delta_l = 1$$

ergibt sich:

$$M_1^S = -\frac{\tfrac{1}{3}\alpha_2 + \tfrac{1}{2}\psi}{\tfrac{1}{3}\alpha_2 + \psi} \cdot \tfrac{1}{2}Wh = -\frac{1}{4} \cdot \frac{2\,\alpha_2 + 3\,\psi}{\alpha_2 + 3\,\psi} \cdot Wh$$

$$= -\tfrac{1}{4}(1 + \alpha_2\,\omega_{12}) \cdot Wh\,,$$

$$M_2^S = -M_1^S = +\tfrac{1}{4}(1 + \alpha_2\,\omega_{12}) \cdot Wh\,.$$

c) Am Auflager A wirkendes Moment M.

Für zwei symmetrische Momente $\tfrac{1}{2}M$ erhält man wie in a, α und mit Rücksicht auf § 14c (Fig. 47 und 58b):

$$M_0^S = -\tfrac{1}{2}M^O$$

$$= +\frac{1}{2}\,\frac{4}{4\,\alpha_1 + \psi} \cdot \tfrac{1}{2}M_0^K$$

$$= -\frac{1}{4\,\alpha_1 + \psi} \cdot \frac{\varphi}{3 + 2\varphi} \cdot \tfrac{1}{2}M$$

$$= -\tfrac{1}{2}\,\alpha_1\,\omega_{11} \cdot M\,.$$

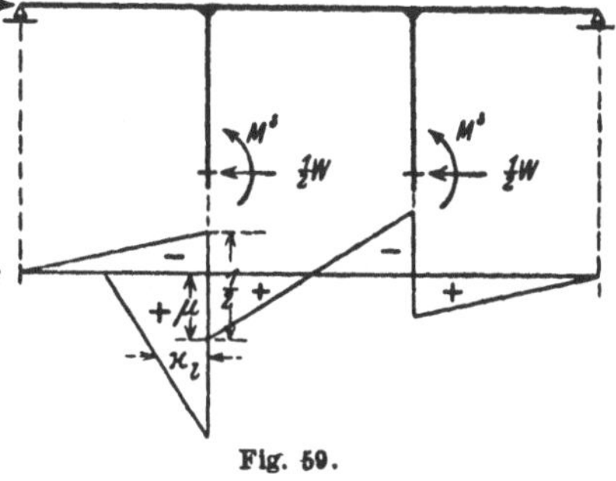

Fig. 59.

Für zwei polarsymmetrische Momente $\tfrac{1}{2}M$ ist zufolge §§ 14, c und 20a:

$$\varDelta M^S = -\frac{3}{\alpha_2 + 3\,\psi} \cdot \frac{\mathfrak{A}^{(4)}}{l} = -\frac{3}{\alpha_2 + 3\,\psi} \cdot \tfrac{1}{6}\varDelta M^K$$

$$= +\frac{1}{4} \cdot \frac{\varphi}{1 + 2\,\varphi} \cdot \frac{1}{\alpha_2 + 3\,\psi} \cdot M = +\tfrac{1}{4}\alpha_2\,\omega_{12}\,M\,,$$

damit sind die Ständerfußreaktionen:

$$M_1^S = -\tfrac{1}{2}(\alpha_1\,\omega_{11} - \tfrac{1}{2}\alpha_2\,\omega_{12}) \cdot M\,,$$

$$M_2^S = -\tfrac{1}{2}(\alpha_1\,\omega_{11} + \tfrac{1}{2}\alpha_2\,\omega_{12}) \cdot M\,,$$

$$H = +\tfrac{3}{2} \cdot \alpha_1\,\omega_{11} \cdot \frac{M}{h}\,.$$

d) Einfluß von Temperaturschwankungen.

Annahmen wie in § 14d.

Zufolge Gleichung (VI) ist:

$$F_l = +\tfrac{1}{4}\left(M_l^O + 3 \cdot \frac{\varepsilon\,E\,J_h}{h^2} \cdot l_m \cdot t\right)$$

und zufolge § 14d ist:

$$M^K = -2\,\alpha_3 \cdot \frac{\varepsilon \cdot E \cdot J_m}{l_e\, l_m} \cdot h\, t_h\;;$$

hieraus und aus Fig. 58b ergeben sich die mittleren Ordinaten:

$$\varkappa_m^v = -2\,\alpha_3\;,\quad \sigma_m = \tfrac{1}{2}\;;\qquad \delta_m = 2\,\alpha_1\;,\quad \sigma_m = \tfrac{1}{2}\;;$$

$$\varkappa_l = +\tfrac{3}{4}\;;\qquad\qquad\qquad \delta_l = \tfrac{1}{4}\;;$$

und man erhält:

$$M_i^0 = -\frac{1}{\alpha_1 + \tfrac{1}{4}\psi} \cdot \left(\tfrac{3}{4} \cdot \psi \cdot \frac{\varepsilon\,E\,J_h}{h^2}\cdot l_m\,t - \alpha_3 \cdot \frac{\varepsilon\,E\,J_m}{l_e\,l_m}\cdot h\,t_h\right)$$

$$= -\frac{\varepsilon\,E\,J_m}{l_e\,l_m\,h}\,\omega_{11}(3\,l_e\,l_m\,t - 4\,\alpha_3\,h^2 \cdot t_h)\;.$$

Zufolge Gleichung (VI) wird dann:

$$M_i^S = +\frac{1}{2}\cdot\frac{\varepsilon\,E\,J_m}{l_e\,l_m\,h}\cdot(3\,\omega_{11}\cdot l_e\,l_m\,t - 4\,\alpha_3\,\omega_{11}\cdot h^2\,t_h) + \frac{3}{2}\cdot\frac{\varepsilon\,E\,J_h}{h^2}\,l_m\,t_l$$

$$= +\frac{\varepsilon\,E\,J_m}{l_e\,l_m\,h}\left\{\frac{3}{2}\left(\frac{1}{\psi} + \omega_{11}\right)l_e\,l_m\,t - 2\,\alpha_3\,\omega_{11}\,h^2\,t_h\right\},$$

$$H = \frac{1}{h}(M_i^0 - M_i^S) = -\frac{\varepsilon\,E\,J_m}{l_e\,l_m\,h^2}\cdot\left\{\frac{3}{2}\left(\frac{1}{\psi} + 3\,\omega_{11}\right)l_e\,l_m\,t - 6\,\alpha_3\,\omega_{11}\cdot h^2\,t_h\right\}.$$

e) Wagrechte Verschiebungen der Ständerköpfe.

α) Last P im Endfelde:

$$\Delta^P = h\cdot\tau^{(8)} = -\frac{1}{2}\cdot\frac{\Delta M^S\cdot h^2}{E\cdot J} = -\frac{1}{2}\cdot\frac{1}{4}\cdot\frac{\varphi}{1+2\varphi}\cdot\frac{1}{\alpha_2+3\psi}\cdot(1+\xi)\cdot\frac{\mathfrak{M}_z\cdot h^2}{E\cdot J_h}$$

$$= -\tfrac{1}{8}\,\alpha_2\,\omega_{12}(1+\xi)\cdot\frac{\mathfrak{M}_z\,h^2}{E\,J_h}\;.$$

β) Last P im Mittelfeld:

$$\Delta^P = h\cdot\tau^{(8)} = -\frac{1}{2}\cdot\frac{\Delta M^S\cdot h^2}{E\,J_h} = +\frac{1}{2}\cdot\frac{\varphi}{1+2\varphi}\cdot\frac{1}{\alpha_2+3\psi}\cdot(\tfrac{1}{2}-\xi)\cdot\frac{\mathfrak{M}_z\,h^2}{E\,J_h}$$

$$= +\tfrac{1}{2}\,\alpha_2\,\omega_{12}(\tfrac{1}{2}-\xi)\cdot\frac{\mathfrak{M}_x\,h^2}{E\,J_h}\;.$$

γ) Für eine wagrechte Last W ergibt sich aus der Form der in b) abgeleiteten Ausdrücke in ähnlicher Weise wie in § 19e durch Zerlegung:

$$\Delta^W = h\,(\tau^{(4)} + \tau^{(1)}) = -\frac{1}{6}\cdot\frac{\mathfrak{A}^{(4)}\,h}{E\,J_h} - \frac{1}{2}\cdot\frac{\mathfrak{A}^{(1)}\,h}{E\,J_h} = +\frac{1}{6}\cdot\frac{1}{4}\cdot\frac{W\,h^3}{E\,J_h}$$

$$+\,\tfrac{1}{2}\cdot\tfrac{1}{4}\cdot\alpha_2\,\omega_{12}\cdot\frac{W\,h^3}{E\,J_h} = +\,\tfrac{1}{24}(1 + 3\,\alpha_2\,\omega_{12})\cdot\frac{W\,h^3}{E\,J_h}$$

δ) Am Auflager A wirkendes Moment M:

$$\Delta^M = h\cdot\tau^{(8)} = -\frac{1}{2}\cdot\frac{\Delta M^S h^2}{EJ_h} = -\frac{1}{2}\cdot\frac{1}{4}\cdot\frac{\varphi}{1+2\varphi}\cdot\frac{1}{\alpha_2+3\psi}\cdot\frac{Mh^2}{EJ_h}$$

$$= -\tfrac{1}{8}\,\alpha_2\,\omega_{12}\cdot\frac{Mh^2}{EJ_h}\,.$$

§ 21. Der dreistielige Rahmen.

Bildungsweise: Ein einstieliger Rahmen mit zwei seitlich angeschlossenen Kragträgern $A\,A'$ und $C\,C'$ (Fig. 60).

Vertikale Belastung.

a) Symmetrische Belastungsgruppe.

Aus den in § 18 für den einstieligen Rahmen und in § 19a, α zwischen M^O, M_0^S und H_0 abgeleiteten Beziehungen folgen die Ordinatenwerte:

$$\varkappa_m = \tfrac{1}{2}\cdot\tfrac{1}{2}\,; \qquad \delta_m = \tfrac{1}{4}\,;$$
$$\varkappa'_m = -\tfrac{1}{2}\cdot\tfrac{1}{4}(1+\xi)\,; \qquad \delta_l = \tfrac{1}{4}\,, \quad \sigma_l = 1\,;$$

und damit wird:

$$M_a^0 = -\frac{\tfrac{1}{4}-\tfrac{1}{8}(1+\xi)}{\tfrac{1}{4}+\tfrac{1}{4}\psi}\cdot\mathfrak{M}_x = -\frac{1}{2}\cdot\frac{1}{1+\psi}\cdot(1-\xi)\cdot\mathfrak{M}_x = -\tfrac{1}{2}\omega_4\cdot(1-\xi)\cdot\mathfrak{M}_x\,,$$
$$M_s^S = -\tfrac{1}{2}M_a^0 = +\tfrac{1}{4}\cdot\omega_4\cdot(1-\xi)\cdot\mathfrak{M}_x\,,$$
$$H_0 = +\frac{3}{2}\cdot\frac{M_a^0}{h} = -\tfrac{3}{4}\cdot\omega_4\cdot(1-\xi)\cdot\frac{\mathfrak{M}_x}{h}\,.$$

b) Polarsymmetrische Belastungsgruppe.

Für das Stützenmoment in B':

$$M_2^S = \Delta M_b^S = \Delta M_{b0}^S + \Delta\mu_H\cdot\Delta X_H + \Delta\mu_M\cdot\Delta X_M$$

ist zufolge § 18, a, β: $\quad \Delta M_{b0}^S = +\tfrac{1}{2}\cdot\omega_9\cdot(1+\xi)\cdot\mathfrak{M}_x$,

zufolge § 18, b: $\quad \Delta\mu_H = -2\cdot\tfrac{1}{2}(1+\omega_9)\cdot h$,

zufolge § 18, c: $\quad \Delta\mu_M = +2\cdot\tfrac{1}{2}\omega_9$.

Zur Auswertung der Bestimmungsgleichung (II) erhält man aus den wagrechten Verschiebungen in A und C:

$$-\tfrac{1}{4}\cdot\omega_9(1+\xi)\cdot\frac{\mathfrak{M}_x h^2}{EJ_h} + 2\cdot\tfrac{1}{12}(1+3\omega_9)\frac{\Delta X_{H0}h^3}{EJ_h} + \frac{1}{3}\cdot\frac{\Delta H_{H0}\cdot h^3}{EJ_h} = 0\,,$$

$$\Delta X_{H0} = +\frac{1}{4}\cdot\frac{1}{1+3\psi}\cdot(1+\xi)\cdot\frac{\mathfrak{M}_x}{h} = +\tfrac{1}{4}\cdot\omega_{13}(1+\xi)\cdot\frac{\mathfrak{M}_x}{h}\,.$$

$$-2\cdot\tfrac{1}{4}\cdot\omega_9\cdot\frac{1\cdot h^3}{EJ_h} + \frac{1}{2}\cdot\frac{1\cdot h^3}{E\cdot J_h} + 2\cdot\tfrac{1}{12}(1+3\omega_9)\cdot\frac{\chi\cdot h^3}{EJ_h} + \frac{1}{3}\cdot\frac{\chi\cdot h^3}{EJ_h} = 0\,,$$

$$\chi = -\frac{3\psi}{1+3\psi}\cdot\frac{1}{h} = -3\psi\,\omega_{13}\cdot\frac{1}{h}\,.$$

Damit wird:

$$\Delta X_H = +\frac{1}{4}\cdot\frac{1}{1+3\psi}\,(1+\xi)\cdot\frac{\mathfrak{M}_z}{h} - \frac{3\psi}{1+3\psi}\cdot\frac{\Delta X_M}{h}$$

$$= +\tfrac{1}{4}\,\omega_{13}\,(1+\xi)\cdot\frac{\mathfrak{M}_z}{h} - 3\psi\cdot\omega_{13}\cdot\frac{\Delta X_M}{h}\,,$$

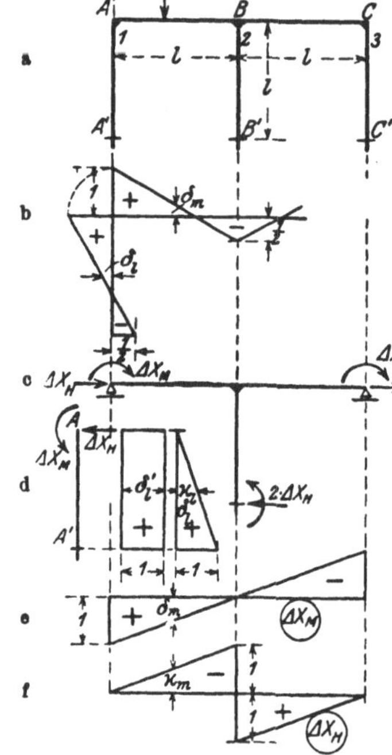

Fig. 60.

$$\Delta M_b = +\frac{1}{2}\cdot\frac{1}{1+6\psi}\cdot(1+\xi)\cdot\mathfrak{M}_z$$

$$-\frac{1}{2}\cdot\frac{1+3\psi}{1+6\psi}\cdot\frac{1}{1+3\psi}\cdot(1+\xi)\,\mathfrak{M}_z$$

$$+2\frac{1+3\psi}{1+6\psi}\cdot\frac{3\psi}{1+3\psi}\cdot\Delta X_M$$

$$+\frac{1}{1+6\psi}\cdot\Delta X_M = +\Delta X_M\,,$$

und es ergeben sich die $\varkappa$- und δ-Werte
(Fig. 53b und 60):

$$\varkappa_m = +\tfrac{1}{2}\cdot\tfrac{1}{2}\,, \qquad\qquad \sigma_m = \tfrac{1}{3}\cdot(2-\xi)\,;$$

$$\varkappa'_m = -\tfrac{1}{2}\cdot\tfrac{1}{4}\cdot\omega_{13}(1+\xi)\,, \quad \sigma'_m = \tfrac{1}{3}\,;$$

$$\varkappa_l = +\tfrac{1}{2}\cdot\tfrac{1}{4}\cdot\omega_{13}(1+\xi)\,;$$

$$\delta_m = +\tfrac{1}{2}\cdot 1\,, \qquad\qquad \sigma_m = \tfrac{2}{3}\,;$$

$$\delta'_m = +\tfrac{1}{2}\cdot 3\psi\cdot\omega_{13}\,, \qquad \sigma'_m = \tfrac{1}{3}\,;$$

$$\delta''_m = -\tfrac{1}{4}\,, \qquad\qquad \sigma''_m = \tfrac{1}{3}\,;$$

$$\delta_l = -\tfrac{1}{2}\cdot 3\psi\cdot\omega_{13}\,;$$

$$\delta'_l = +1\,.$$

Damit erhält man nach entsprechender
Vereinfachung:

$$\Delta X_M = -\frac{1}{1+2\psi+4\psi\cdot\omega_{13}}\cdot\{\psi\cdot\omega_{13}(1+\xi)+\tfrac{1}{2}(1-\xi)\}\cdot\mathfrak{M}_z$$

und die Ständerfußreaktionen:

$$\Delta H = -\Delta X_H = -\frac{\omega_{13}}{1+2\psi+4\psi\omega_{13}}$$

$$\cdot\{\tfrac{1}{4}(1+6\psi)(1+\xi)+\tfrac{3}{2}\psi(1-\xi)\}\cdot\frac{\mathfrak{M}_z}{h}\,,$$

$$\Delta M_a = \Delta X_M + \Delta X_H\cdot h = +\frac{1}{1+2\psi+4\psi\omega_{13}}$$

$$\cdot\{\tfrac{1}{4}\omega_{13}(1+2\psi)(1+\xi)-\tfrac{1}{2}\omega_{13}(1-\xi)\}\cdot\mathfrak{M}_z\,,$$

$$\Delta M_b = \Delta X_M = -\frac{1}{1+2\psi+4\psi\omega_{13}}$$

$$\cdot\{\psi\cdot\omega_{13}\cdot(1+\xi)+\tfrac{1}{2}(1-\xi)\}\cdot\mathfrak{M}_z\,.$$

Einfluß von Temperaturschwankungen.
Gleichung (VII) ist mit:

$$F_l = + \left(\tfrac{1}{4} \cdot M_i^0 + \frac{3}{4} \cdot \frac{\varepsilon \cdot E \cdot J_h}{h^2} \cdot 2l \cdot t \right)$$

anzuschreiben; hieraus und zufolge Fig. 60 b ergeben sich:

$$\varkappa_l = + \tfrac{3}{4} \cdot 2 \; ; \qquad \delta_l = + \tfrac{1}{4} \; ;$$
$$\delta_m = + \tfrac{1}{4} \; , \quad \sigma_m = 1 \; ;$$

und es wird:

$$M_i^0 = - \frac{\tfrac{3}{2}\psi}{\tfrac{1}{4} + \tfrac{1}{4}\psi} \cdot \frac{\varepsilon E J_h}{h^2} \cdot l \cdot t = - \frac{6\,\psi}{1 + \psi} \cdot \frac{\varepsilon E J_h}{h^2} \cdot l \cdot t$$

$$= - 6\,\psi \cdot \omega_4 \cdot \frac{\varepsilon E J_h}{h^2} \cdot l t \; .$$

Damit erhält man die Ständerfußreaktionen:

$$M_i^S = + \tfrac{1}{2} \cdot 6\,\psi \cdot \omega_4 \cdot \frac{\varepsilon E J_h}{h^2} \cdot l t + \frac{3}{2} \cdot \frac{\varepsilon E J_h}{h^2} \cdot 2\,l t$$

$$= + 3\,(1 + \psi\,\omega_4) \cdot \frac{\varepsilon E J_h}{h^2} \cdot l t \; ,$$

$$H = \frac{1}{h}\,(M_i^0 - M_i^S) = - 3\,(1 + 3\,\psi\,\omega_4) \cdot \frac{\varepsilon E J_h}{h^2} \cdot \frac{l}{h} \cdot t \; .$$

§ 22. Der vierstielige Rahmen.

Auflösung des Tragwerkes in die zweistieligen Rahmen $A'ABB'$ und $C'CDD'$ und den dazwischenliegenden Balkenträger BC (Fig. 61).

Vertikale Belastung.

a) Belastung des Endfeldes.

α) Symmetrische Belastungsgruppe.

Die drei überzähligen Ständerfußreaktionen des zweistieligen Rahmens $A'ABB'$ sind in der Form

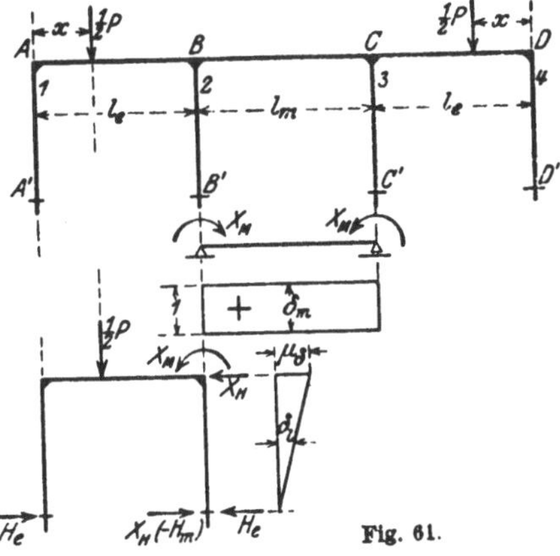

Fig. 61.

$$H_e = H_{e0} + \chi_H \cdot X_H + \chi_M \cdot X_M \; ,$$
$$M_a^S = M_{a0}^S + \mu_H' \cdot X_H + \mu_M' \cdot X_M \; ,$$
$$M_b^S = M_{b0}^S + \mu_H'' \cdot X_H + \mu_M'' \cdot X_M$$

anzuschreiben; zufolge § 19 a, b und c ist hierin:

$$H_{e0} = -\tfrac{1}{2}\cdot\tfrac{3}{2}\cdot\omega_{10}\cdot\frac{\mathfrak{M}_x}{h}\,, \qquad \chi_H = -\tfrac{1}{2}\,, \qquad \chi_M = -\tfrac{3}{2}\,\omega_{10}\cdot\frac{1}{h}\,;$$

$$M_{a0}^S = +\tfrac{1}{2}\cdot[\tfrac{1}{2}\,\omega_{10} - \omega_9\,(\tfrac{1}{2}-\xi)]\cdot\mathfrak{M}_x\,, \qquad \mu_H' = +\tfrac{1}{4}(1+\omega_9)\cdot h\,,$$

$$\mu_M' = +\tfrac{1}{2}(\omega_{10}+\omega_9)\,;$$

$$M_{b0}^S = +\tfrac{1}{2}\cdot[\tfrac{1}{2}\,\omega_{10} + \omega_9\cdot(\tfrac{1}{2}-\xi)]\cdot\mathfrak{M}_x\,, \qquad \mu_H'' = -\tfrac{1}{4}(1+\omega_9)\cdot h\,,$$

$$\mu_M'' = +\tfrac{1}{2}(\omega_{10}-\omega_9)\,.$$

In den ω-Werten des Zweigelenkrahmens ist mit Rücksicht auf das Vergleichsfeld l_m der Verhältniswert ψ durch $\dfrac{1}{\varphi}\cdot\psi$ zu ersetzen.

Die Verschiebungsgleichungen für den Punkt B lauten zufolge der in § 19 e ermittelten Rechnungsgrößen:

$$-\tfrac{1}{2}\cdot\tfrac{1}{2}\cdot\omega_9\,(\tfrac{1}{2}-\xi)\cdot\frac{\mathfrak{M}_x\,h^2}{E\,J_h} + \tfrac{1}{24}(1+3\,\omega_9)\cdot\frac{X_{H0}\,h^3}{E\,J_h} = 0\,,$$

$$X_{H0} = +\frac{6\,\omega_9}{1+3\,\omega_9}\,(\tfrac{1}{2}-\xi)\frac{\mathfrak{M}_x}{h} = \frac{6\cdot\dfrac{\varphi}{\varphi+6\,\psi}}{1+\dfrac{3\,\varphi}{\varphi+6\,\psi}}\,(\tfrac{1}{2}-\xi)\cdot\frac{\mathfrak{M}_x}{h}$$

$$= +3\cdot\frac{\varphi}{2\,\varphi+3\,\psi}\cdot(\tfrac{1}{2}-\xi)\cdot\frac{\mathfrak{M}_x}{h} = +3\,\omega_{14}\cdot(\tfrac{1}{2}-\xi)\frac{\mathfrak{M}_x}{h}\,,$$

$$+\tfrac{1}{4}\,\omega_9\cdot\frac{1\cdot h^3}{E\,J_h} + \tfrac{1}{24}(1+3\,\omega_9)\cdot\frac{\chi\cdot h^3}{E\cdot J_h} = 0\,,$$

$$\chi = -\frac{6\,\omega_9}{1+3\,\omega_9} = -3\cdot\frac{\varphi}{2\,\varphi+3\,\psi} = -3\cdot\omega_{14}\,.$$

Für die Bestimmungsgleichung (II) erhält man damit:

$$X_H = +3\,\omega_{14}\cdot(\tfrac{1}{2}-\xi)\cdot\frac{\mathfrak{M}_x}{h} - 3\,\omega_{14}\cdot\frac{X_M}{h}\,,$$

und es ergeben sich die Ständerfußreaktionen:

$$[H_e] = -[\tfrac{3}{4}\,\omega_{10} + \tfrac{3}{2}\,\omega_{14}(\tfrac{1}{2}-\xi)]\cdot\frac{\mathfrak{M}_x}{h} - \tfrac{3}{2}(\omega_{10}-\omega_{14})\cdot\frac{X_M}{h}\,,$$

$$[M_a^S] = +[\tfrac{1}{4}\,\omega_{10} + \tfrac{1}{4}(3\,\omega_{14} + 3\,\omega_{14}\cdot\omega_9 - 2\,\omega_9)\,(\tfrac{1}{2}-\xi)]\cdot\mathfrak{M}_x$$
$$+ \tfrac{1}{2}[\omega_{10} + \omega_9 - \tfrac{3}{2}\,\omega_{14}(1+\omega_9)]\,X_M\,,$$

$$[M_b^S] = +[\tfrac{1}{4}\,\omega_{10} - \tfrac{1}{4}(3\,\omega_{14} + 3\,\omega_{14}\cdot\omega_9 - 2\,\omega_9)\,(\tfrac{1}{2}-\xi)]\cdot\mathfrak{M}_x$$
$$+ \tfrac{1}{2}[\omega_{10} - \omega_9 + \tfrac{3}{2}\,\omega_{14}(1+\omega_9)]\cdot X_M\,,$$

$$[H_m] = -X_H = -3\,\omega_{14}(\tfrac{1}{2}-\xi)\cdot\frac{\mathfrak{M}_x}{h} + 3\,\omega_{14}\cdot\frac{X_M}{h}\,.$$

Hieraus folgen die $\varkappa$- und δ-Werte:

$$\varkappa_l = -\tfrac{1}{2}[\tfrac{3}{4}\,\omega_{10} + 3\,\omega_{14}(\tfrac{1}{2} - \xi)],$$
$$\varkappa_l' = -[\tfrac{1}{4}\,\omega_{10} - \tfrac{1}{4}(3\,\omega_{14} + 3\,\omega_{14}\,\omega_9 - 2\,\omega_9)\cdot(\tfrac{1}{2} - \xi)],$$
$$\varkappa_l'' = -\tfrac{1}{2}\cdot 3\,\omega_{14}\cdot(\tfrac{1}{2} - \xi);$$
$$\delta_l = +\tfrac{1}{2}\cdot\tfrac{3}{8}\cdot(\omega_{10} - \omega_{14}),$$
$$\delta_l' = -\tfrac{1}{2}\cdot[\omega_{10} - \omega_9 + \tfrac{3}{4}\,\omega_{14}(1 + \omega_9)],$$
$$\delta_l'' = +\tfrac{1}{2}\cdot 3\,\omega_{14},$$
$$\delta_m = 1, \quad \sigma_m = \tfrac{1}{2};$$

und damit wird durch Bildung der Rahmenstützenformel für das Mittelfach nach entsprechender Vereinfachung:

$$X_M = -\frac{\tfrac{1}{2}\,\psi\,\omega_{10} - \tfrac{1}{2}\,\psi\,\omega_{14}(\tfrac{1}{2} - \xi)}{1 + \tfrac{1}{2}\,\psi\,(\omega_{10} + \omega_{14})}\cdot\mathfrak{M}_x,$$

mittels welchen Wertes die oben angeschriebenen Ständerfußreaktionen bestimmt sind.

β) Polarsymmetrische Belastungsgruppe.

In den Bestimmungsgleichungen der Ständerfußreaktionen ist:

$$\Delta H_{e0} = H_{e0}, \quad \Delta M_{a0} = M_{a0}, \quad \Delta M_{b0} = M_{b0} \quad \text{und} \quad \Delta X_H = 0;$$

folglich ist:

$$[\Delta H_e] = -\tfrac{3}{4}\,\omega_{10}\cdot\frac{\mathfrak{M}_x}{h} - \tfrac{3}{2}\,\omega_{10}\cdot\frac{\Delta X_M}{h},$$
$$[\Delta M_a^S] = +[\tfrac{1}{4}\,\omega_{10} - \tfrac{1}{2}\,\omega_9(\tfrac{1}{2} - \xi)]\,\mathfrak{M}_x + \tfrac{1}{2}(\omega_{10} + \omega_9)\cdot\Delta X_M,$$
$$[\Delta M_b^S] = +[\tfrac{1}{4}\,\omega_{10} + \tfrac{1}{2}\,\omega_9(\tfrac{1}{2} - \xi)]\,\mathfrak{M}_x + \tfrac{1}{2}(\omega_{10} - \omega_9)\cdot\Delta X_M.$$

Hieraus folgt für die Rahmenbedingung im Mittelfach:

$$\varkappa_l = +\tfrac{1}{2}\cdot\tfrac{3}{4}\,\omega_{10}, \qquad \delta_l = +\tfrac{1}{2}\cdot\tfrac{3}{8}\cdot\omega_{10},$$
$$\varkappa_l' = -[\tfrac{1}{4}\,\omega_{10} + \tfrac{1}{2}\,\omega_9(\tfrac{1}{2} - \xi)], \qquad \delta_l' = -\tfrac{1}{2}(\omega_{10} - \omega_9),$$
$$\delta_m\cdot\sigma_m = \mathfrak{a}^{(4)} = \tfrac{1}{2}.$$

Damit wird:

$$\Delta X_M = -\frac{\tfrac{3}{8}\,\psi\,\omega_{10} - 6\,\psi\,\omega_9(\tfrac{1}{2} - \xi)}{2 + 3\,\psi\,(\omega_{10} + 2\,\omega_9)}.$$

b) Belastung des Mittelfeldes.

α) Symmetrische Belastungsgruppe.

Da hier H_{e0}, M_{a0} und M_{b0} entfallen, und da sich Gleichung (II) zu:

$$X_H = \chi'\cdot X_M = -3\,\omega_{14}\cdot\frac{X_M}{h}$$

vereinfacht, sind die Bestimmungsgleichungen für die Ständerfußreaktionen mit

$$[H_e] = -\tfrac{1}{2} \cdot X_H - \tfrac{3}{2}\,\omega_{10} \cdot \frac{X_M}{h} = -\tfrac{3}{2}(\omega_{10} - \omega_{14})\frac{X_M}{h}\,,$$

$$[M_a^S] = +\tfrac{1}{4}(1 + \omega_9) \cdot X_H \cdot h + \tfrac{1}{2}(\omega_{10} + \omega_9) \cdot X_M$$

$$= +\tfrac{1}{4}(2\,\omega_{10} + 2\,\omega_9 - 3\,\omega_{14} - 3\,\omega_9\,\omega_{14}) \cdot X_M = +\tfrac{1}{2}(\omega_{10} - \omega_{14}) \cdot X_M\,,$$

$$[M_b^S] = -\tfrac{1}{4}(1 + \omega_9) \cdot X_H \cdot h + \tfrac{1}{2}(\omega_{10} - \omega_9) \cdot X_M$$

$$= +\tfrac{1}{4}(2\,\omega_{10} - 2\,\omega_9 + 3\,\omega_{14} + 3\,\omega_9\,\omega_{14}) \cdot X_M = +\tfrac{1}{2}(\omega_{10} + \omega_{14}) \cdot X_M\,,$$

$$[H_m] = -X_H = +3\,\omega_{14} \cdot \frac{X_M}{h}$$

anzuschreiben. Hieraus erhält man

$$\varkappa_m \cdot \sigma_m = \mathfrak{a}^{(5)} = \tfrac{1}{4}\,.$$

Damit wird:

$$X_M = -\frac{1}{2 + \psi(\omega_{10} + \omega_{14})} \cdot \mathfrak{M}_x\,,$$

und es ergeben sich die Ständerfußreaktionen zu:

$$[H_e] = +\frac{3}{2} \cdot \frac{\omega_{10} - \omega_{14}}{2 + \psi(\omega_{10} + \omega_{14})} \cdot \frac{\mathfrak{M}_x}{h}\,,$$

$$[M_a^S] = -\frac{1}{2} \cdot \frac{\omega_{10} - \omega_{14}}{2 + \psi(\omega_{10} + \omega_{14})} \cdot \mathfrak{M}_x\,,$$

$$[M_b^S] = -\frac{1}{2} \cdot \frac{\omega_{10} + \omega_{14}}{2 + \psi(\omega_{10} + \omega_{14})} \cdot \mathfrak{M}_x\,,$$

$$[H_m] = -\frac{3\,\omega_{14}}{2 + \psi(\omega_{10} + \omega_{14})} \cdot \frac{\mathfrak{M}_x}{h}\,.$$

β) Polarsymmetrische Belastungsgruppe.

Da hier außer $\varDelta H_{e0}$, $\varDelta M_{a0}$ und $\varDelta M_{b0}$ auch $\varDelta X_H$ entfällt, nehmen die Bestimmungsgleichungen die einfache Form an:

$$[\varDelta H_e] = \chi_M \cdot \varDelta X_M = -\tfrac{3}{2} \cdot \omega_{10} \cdot \frac{\varDelta X_M}{h}\,,$$

$$[\varDelta M_a^S] = \mu_M' \cdot \varDelta X_M = +\tfrac{1}{2}(\omega_{10} + \omega_9) \cdot \varDelta X_M\,,$$

$$[\varDelta M_b^S] = \mu_M'' \cdot \varDelta X_M = +\tfrac{1}{2}(\omega_{10} - \omega_9) \cdot \varDelta X_M\,.$$

Mithin:

$$\varkappa_m \cdot \sigma_m = \mathfrak{a}^{(6)} = \tfrac{1}{8}(\tfrac{1}{2} - \xi)\,,$$

$$\varDelta X_M = -\frac{1}{1 + \tfrac{3}{2}(\omega_{10} + 2\,\omega_9)\,\psi}(\tfrac{1}{2} - \xi) \cdot \mathfrak{M}_x\,;$$

und man erhält:

$$[\Delta H_e] = + \frac{3}{2} \cdot \frac{\omega_{10}}{1 + \frac{3}{2}\,\psi(\omega_{10} + 2\,\omega_9)}\,(\tfrac{1}{2} - \xi) \cdot \frac{\mathfrak{M}_x}{h}\;.$$

$$[\Delta M_a^S] = - \frac{1}{2} \cdot \frac{\omega_{10} + \omega_9}{1 + \frac{3}{2}\,\psi(\omega_{10} + 2\,\omega_9)}\,(\tfrac{1}{2} - \xi) \cdot \mathfrak{M}_x\,,$$

$$[\Delta M_b^S] = - \frac{1}{2} \cdot \frac{\omega_{10} - \omega_9}{1 + \frac{3}{2}\,\psi(\omega_{10} + 2\,\omega_9)}\,(\tfrac{1}{2} - \xi) \cdot \mathfrak{M}_x\;.$$

Einfluß von Temperaturschwankungen.
Für das linksseitige Teilsystem ist zufolge § 19 d:

$$H_{e0} = -3\,(2 - 3\,\omega_{10}) \cdot \frac{\varepsilon \cdot E \cdot J_h}{h^2} \cdot \frac{l_e}{h} \cdot t\,,$$

$$M_a^S = +3\,(1 - \omega_{10}) \cdot \frac{\varepsilon \cdot E \cdot J_h}{h^2} \cdot l_e \cdot t\;.$$

Die Verschiebungsgleichungen lauten:

$$+ \tfrac{1}{24}(1 + 3\,\omega_9) \cdot \frac{X_{H0} \cdot h^3}{E \cdot J_h} - \varepsilon \cdot \tfrac{1}{2}(l_e + l_m) \cdot t = 0$$

$$X_{H0} = + \frac{12}{1 + 3\,\omega_9} \cdot \frac{\varepsilon\,E\,J_h}{h^2} \cdot \frac{l_e + l_m}{h} \cdot t$$

$$= +6\,(1 + 6\,\psi)\,\omega_{14} \cdot \left(1 + \frac{l_m}{l_e}\right) \cdot \frac{\varepsilon\,E\,J_h}{h^2} \cdot \frac{l_e}{h} \cdot t\,,$$

$$+ \tfrac{1}{4}\,\omega_9 \cdot \frac{1 \cdot h^3}{E\,J_h} + \tfrac{1}{24}(1 + 3\,\omega_9) \cdot \frac{\chi \cdot h^3}{E\,J_h} = 0\,,$$

$$\chi = - \frac{6\,\omega_9}{1 + 3\,\omega_9} = -3 \cdot \frac{\varphi}{2\,\varphi + 3\,\psi'} = -3 \cdot \omega_{14}\;.$$

Folglich ist:

$$X_H = +6\,(1 + 6\,\psi') \cdot \omega_{14} \left(1 + \frac{l_m}{l_e}\right) \cdot \frac{\varepsilon\,E\,J_h}{h^2} \cdot \frac{l_e}{h} \cdot t - 3\,\omega_{14} \cdot \frac{X_M}{h}\;.$$

Die Bestimmungsgleichungen für die Ständerfußreaktionen sind daher auf Grund von § 19 d mit

$$[H_e] = -3\,(2 - 3\,\omega_{10}) \cdot \frac{\varepsilon\,E\,J_h}{h^2} \cdot \frac{l_e}{h}\,t - \tfrac{1}{2} \cdot X_H - \tfrac{3}{2}\,\omega_{10} \cdot \frac{1}{h} \cdot X_M$$

$$= -3\left[(2 - 3\,\omega_{10}) + (1 + 6\,\psi)\,\omega_{14} \cdot \left(1 + \frac{l_m}{l_e}\right)\right] \cdot \frac{\varepsilon\,E\,J_h}{h^2} \cdot \frac{l_e}{h}\,t$$

$$+ \tfrac{3}{2}\,(\omega_{14} - \omega_{10}) \cdot \frac{X_M}{h}\,,$$

$$[M_a^S] = +3(1-\omega_{10})\cdot\frac{\varepsilon EJ_h}{h^2}\cdot l_e\cdot t + \tfrac{1}{4}(1+\omega_9)\cdot X_H\cdot h + \tfrac{1}{4}(\omega_{10}+\omega_9)\cdot X_M$$

$$= +\left[3(1-\omega_{10})+3\cdot(1-\omega_{14})\left(1+\frac{l_m}{l_e}\right)\right]\frac{\varepsilon EJ_h}{h^2}\cdot l_e\cdot t$$

$$+\tfrac{1}{4}(2\,\omega_{10}+2\,\omega_9-3\,\omega_1-3\,\omega\,\omega_{14})\cdot X_M\,,$$

$$[M_b^S] = +3(1-\omega_{10})\cdot\frac{\varepsilon EJ_h}{h^2}\cdot l_e\cdot t - \tfrac{1}{4}(1+\omega_9)\cdot X_H\cdot h + \tfrac{1}{4}(\omega_{10}-\omega_9)\cdot X_M$$

$$= +\left[3(1-\omega_{10})-3(1-\omega_{14})\left(1+\frac{l_m}{l_e}\right)\right]\frac{\varepsilon EJ_h}{h^2}\cdot l_e\cdot t$$

$$+\tfrac{1}{4}(2\,\omega_{10}-2\,\omega_9+3\,\omega_{14}+3\,\omega_9\,\omega_{14})\cdot X_M\,,$$

$$[H_m] = -X_H = -6(1+6\,\psi)\cdot\omega_{14}\left(1\;\frac{l_m}{l_e}\right)\cdot\frac{\varepsilon EJ_h}{h^2}\cdot\frac{l_e}{h}\cdot t + 3\,\omega_{14}\cdot\frac{X_M}{h}$$

anzuschreiben. Damit erhält man:

$$\varkappa_l = +\frac{3}{2}\left[(2-3\,\omega_{10})+(1+6\,\psi)\,\omega_{14}\left(1+\frac{l_m}{l_e}\right)\right],$$

$$\varkappa_l' = -\left[3(1-\omega_{10})-3(1-\omega_{14})\left(1+\frac{l_m}{l_e}\right)\right],$$

$$\varkappa_l'' = -\tfrac{1}{4}\cdot 6(1+6\,\psi)\cdot\omega_{14}\left(1+\frac{l_m}{l_e}\right),$$

und es wird nach entsprechender Vereinfachung:

$$X_M = -\frac{3\,\psi\left[\omega_{14}\left(1+\frac{l_m}{l_e}\right)-\omega_{10}\right]}{1+\tfrac{1}{4}\psi(\omega_{10}+\omega_{14})}\cdot\frac{\varepsilon\cdot E\cdot J_h}{h^2}\cdot l_e\cdot t\,.$$

§ 23. Der fünfstielige Rahmen.

Bildungsweise wie in § 17.

Vertikale Belastung.

a) Belastung des Endfeldes.

α) Symmetrische Belastungsgruppe.

Die Bestimmungsgleichungen für das äußere Teilsystem sind hier dieselben wie im vorherbehandelten vierstieligen Rahmen, ebenso die Verschiebungsgleichungen. Damit ergeben sich auch die gleichen $\varkappa_l$- und δ_l-Werte wie in § 22 a, nur ist hier infolge des mittleren einstieligen Rahmens:

$$\delta_m\cdot\sigma_m = \delta_m = +\tfrac{1}{4}\,,$$

und es ist daher

$$X_M = -\frac{\tfrac{1}{4}\psi\,\omega_{10}-\psi\,\omega_{14}(\tfrac{1}{4}-\xi)}{1+\psi(\omega_{10}+\omega_{14})}\cdot\mathfrak{M}_e$$

an Stelle des entsprechenden Wertes in § 22 zu setzen.

β) Polarsymmetrische Belastung.

Die Bestimmungsgleichungen für das linksseitige Teilsystem lauten:

$$\varDelta H_e = -\tfrac{1}{2} \cdot \tfrac{3}{2} \cdot \omega_{10} \cdot \frac{\mathfrak{M}_x}{h} - \tfrac{1}{2} \cdot \varDelta X_H - \tfrac{3}{2}\,\omega_{10} \cdot \frac{\varDelta X_M}{h} \, ,$$

$$\varDelta M_a = +\tfrac{1}{2}[\tfrac{1}{2}\omega_{10} - \omega_9(\tfrac{1}{2}-\xi)] \cdot \mathfrak{M}_x + \tfrac{1}{4}(1+\omega_9) \cdot \varDelta X_H \cdot h + \tfrac{1}{2}(\omega_{10}+\omega_9) \cdot \varDelta X_M \, ,$$

$$\varDelta M_b = +\tfrac{1}{2}[\tfrac{1}{2}\omega_{10} + \omega_9(\tfrac{1}{2}-\xi)] \cdot \mathfrak{M}_x - \tfrac{1}{4}(1+\omega_9) \cdot \varDelta X_H \cdot h + \tfrac{1}{2}(\omega_{10}-\omega_9) \cdot \varDelta X_M \, .$$

Die Verschiebungsgleichungen ergeben aus den $\varDelta$-Werten in §§ 18 d und 19 e:

$$-\tfrac{1}{4}\,\omega_9^e \cdot (\tfrac{1}{2}-\xi) \cdot \frac{\mathfrak{M}_x \cdot h^2}{E \cdot J_h} + \tfrac{1}{24} \cdot (1+3\,\omega_9^e) \cdot \frac{\varDelta X_{H0} \cdot h^3}{E \cdot J_h}$$

$$+ 2 \cdot \tfrac{1}{12}(1+3\,\omega_9^m) \cdot \frac{\varDelta X_{H0} \cdot h^3}{E \cdot J_h} = \emptyset \, ,$$

$$\varDelta X_{H0} = +\varrho_1 \cdot (\tfrac{1}{2}-\xi) \cdot \frac{\mathfrak{M}_x}{h}$$

für

$$\varrho_1 = \frac{6\,\omega_9^e}{5 + 3\,\omega_9^e + 12\,\omega_9^m} \, , \qquad \omega_9^e = \frac{\varphi}{\varphi + 6\,\psi} \, , \qquad \omega_9^m = \frac{1}{1 + 6\,\psi} \, ,$$

$$+\tfrac{1}{4}\,\omega_9^e \cdot \frac{1 \cdot h^3}{E J_h} - 2 \cdot \tfrac{1}{4} \cdot \omega_9^m \cdot \frac{1 \cdot h^3}{E \cdot J_h} + \tfrac{1}{24}(1+3\,\omega_9^e) \cdot \frac{\chi \cdot h^3}{E \cdot J_h}$$

$$+ 2 \cdot \tfrac{1}{12}(1+3\,\omega_9^m) \cdot \frac{\chi \cdot h^3}{E \cdot J_h} = \emptyset \, ,$$

$$\chi = +\varrho_2 = + \frac{6(2\,\omega_9^m - \omega_9^e)}{5 + 3\,\omega_9^e + 12\,\omega_9^m} \, ,$$

dann erhält man:

$$\varDelta X_H = +\varrho_1(\tfrac{1}{2}-\xi) \cdot \frac{\mathfrak{M}_x}{h} + \varrho_2 \cdot \frac{\varDelta X_M}{h} \, ,$$

und es wird:

$$[\varDelta H_e] = -[\tfrac{3}{4}\,\omega_{10} + \tfrac{1}{2}\varrho_1(\tfrac{1}{2}-\xi)] \cdot \frac{\mathfrak{M}_x}{h} - \tfrac{3}{2}(\tfrac{1}{2}\varrho_2 + \omega_{10}) \cdot \frac{\varDelta X_M}{h} \, ,$$

$$[\varDelta M_a^s] = +\{\tfrac{1}{4}\,\omega_{10} - \tfrac{1}{2}[\omega_9 - \tfrac{1}{2} \cdot \varrho_1(1+\omega_9)](\tfrac{1}{2}-\xi)\}\,\mathfrak{M}_x$$

$$+ \tfrac{1}{2}[\omega_{10} + \omega_9 + \tfrac{1}{2}\varrho_2(1+\omega_9)] \cdot \varDelta X_M \, ,$$

$$[\varDelta M_b^s] = +\{\tfrac{1}{4}\,\omega_{10} + \tfrac{1}{2}[\omega_9 - \tfrac{1}{2}\varrho_1(1+\omega_9)](\tfrac{1}{2}-\xi)\} \cdot \mathfrak{M}_x$$

$$+ \tfrac{1}{2}[\omega_{10} - \omega_9 - \tfrac{1}{2}\varrho_2(1+\omega_9)] \cdot \varDelta X_M \, .$$

Für das mittlere Teilsystem lauten die Bestimmungsgleichungen:

$$\varDelta H_m = +\varDelta X_H \, ,$$

$$\varDelta M_c^s = -2 \cdot \tfrac{1}{4} \cdot (1+\omega_9^m) \cdot \varDelta X_H \cdot h + 2 \cdot \tfrac{1}{4} \cdot \omega_9^m \cdot \varDelta X_M \, .$$

6

Es ergeben sich damit die Ständerfußreaktionen:

$$[\varDelta H_m] = + \varrho_1 \cdot (\tfrac{1}{2} - \xi) \cdot \frac{\mathfrak{M}_x}{h} + \varrho_2 \cdot \frac{\varDelta X_M}{h}\,,$$

$$[\varDelta M_c^S] = - \varrho_1(1 + \omega_9^m)\,(\tfrac{1}{2} - \xi) \cdot \mathfrak{M}_x + [\omega_9^m - \varrho_2(1 + \omega_9^m)] \cdot \varDelta X_M\,.$$

Daraus folgen die $\varkappa$- und δ-Werte für das linke mittlere Rahmenfach:

$$\varkappa_l = +\tfrac{1}{2}[\tfrac{3}{4}\,\omega_{10} + \tfrac{1}{2}\,\varrho_1(\tfrac{1}{2} - \xi)]\,,$$

$$\varkappa_l' = -\{\tfrac{1}{4}\,\omega_{10} + \tfrac{1}{2}[\omega_9 - \tfrac{1}{2}\,\varrho_1(1 + \omega_9)]\,(\tfrac{1}{2} - \xi)\}\,,$$

$$\varkappa_l'' = -\tfrac{1}{2} \cdot \varrho_1 \cdot (\tfrac{1}{2} - \xi)$$

$$\varkappa_m' = -\tfrac{1}{2} \cdot \varrho_1 \cdot (\tfrac{1}{2} - \xi)\,, \qquad \sigma_m' = \tfrac{1}{3}\,,$$

$$\varkappa_m'' = +\tfrac{1}{4} \cdot \varrho_1(1 + \omega_9^m)\,(\tfrac{1}{2} - \xi)\,, \qquad \sigma_m'' = \tfrac{1}{3}\,,$$

$$\delta_l = +\tfrac{1}{2} \cdot \tfrac{1}{2}(\varrho_2 + 3\,\omega_{10})\,,$$

$$\delta_l' = -\tfrac{1}{2}[\omega_{10} - \omega_9 - \tfrac{1}{2}\,\varrho_2(1 + \omega_9)]\,,$$

$$\delta_l'' = -\tfrac{1}{2} \cdot \varrho_2\,,$$

$$\delta_m \cdot \sigma_m = \mathfrak{a}^{(2)} = +\tfrac{1}{3}\,,$$

$$\delta_m' = -\tfrac{1}{2} \cdot \varrho_2\,, \qquad \sigma_m' = \tfrac{1}{3}\,,$$

$$\delta_m'' = -\tfrac{1}{4}[\omega_9^m - \varrho_2(1 + \omega_9^m)]\,, \qquad \sigma_m'' = \tfrac{1}{3}\,.$$

Damit wird:

$$\varDelta X_M = -\frac{1}{N} \cdot [\tfrac{3}{2}\,\psi\,\omega_{10} + \beta_z(\tfrac{1}{2} - \xi)]\,\mathfrak{M}_x\,.$$

Es ist hierin:

$$\beta_z = 6\,\psi\,\omega_9(1 + \tfrac{1}{2}\,\varrho_1) - \varrho_1(1 - \omega_9^m)\,,$$

$$N = 4 - \omega_9^m - \varrho_2(1 - \omega_9^m) + 3\,\psi(\omega_{10} + 2\,\omega_9 + \varrho_2\,\omega_9)\,.$$

Der Wert von $\varDelta X_M$ ist in die obigen Ausdrücke für die Ständerfußreaktionen $[\varDelta M_a^S]$, $[\varDelta M_b^S]$ … einzusetzen. Die Ausrechnung erfolgt am besten ziffernmäßig mittels der für bestimmte Abmessungen sich ergebenden ψ-Werte.

Anschließend an die in § 10 durchgeführte Betrachtung der Formänderung eines fünfstieligen Rahmens bei polarsymmetrischer Belastung der Endfelder möge hier zur Veranschaulichung des Einflusses von ψ auf die Endergebnisse der Belastungsfall unter der Annahme von $\varphi = 1$ nachgerechnet werden. Es ergibt sich für

1. $\psi = 1$:

$$\varDelta X_M = -[0{,}0885 - 0{,}1605\,(\tfrac{1}{2} - \xi)] \cdot \mathfrak{M}_x\,,$$

$$[\varDelta H_e] = -[0{,}200 + 0{,}150\,(\tfrac{1}{2} - \xi)] \cdot \frac{\mathfrak{M}_x}{h}\,,$$

$$[\varDelta M_a^S] = +[0{,}0592 + 0{,}0063\,(\tfrac{1}{2} - \xi)] \cdot \mathfrak{M}_x\,,$$

$$[\varDelta M_b^S] = +[0{,}0779 + 0{,}0471\,(\tfrac{1}{2} - \xi)] \cdot \mathfrak{M}_x \,,$$

$$[\varDelta H_m] = -[0{,}0106 - 0{,}1392\,(\tfrac{1}{2} - \xi)] \cdot \frac{\mathfrak{M}_x}{h} \,,$$

$$[\varDelta M_c^S] = -[0{,}0005 + 0{,}1363\,(\tfrac{1}{2} - \xi)] \cdot \mathfrak{M}_x \,.$$

Die Größe des Ständerdrehwinkels

$$v = \frac{1}{E J_h}\,(\tfrac{1}{2}\,M_n^S + \tfrac{1}{8}\,H_n \cdot h)\,h$$

ergibt sich in allen drei Ständern aus obigen Reaktionen übereinstimmend zu:

$$v = -[0{,}0038 + 0{,}0218\,(\tfrac{1}{2} - \xi)] \cdot \frac{\mathfrak{M}_x \cdot h}{E J_x} \,,$$

gleichzeitig als Beweis für die Richtigkeit der Berechnung.

2. $\psi = 4$:

$$\varDelta X_M = -[0{,}1445 - 0{.}142\,(\tfrac{1}{2} - \xi)] \cdot \mathfrak{M}_x \,,$$

$$[\varDelta H_e] = -[0{,}086 + 0{,}0598\,(\tfrac{1}{2} - \xi)] \cdot \frac{\mathfrak{M}_x}{h} \,,$$

$$[\varDelta M_a^S] = +[0{,}0251 + 0{,}0074\,(\tfrac{1}{2} - \xi)] \cdot \mathfrak{M}_x \,,$$

$$[\varDelta M_b^S] = +[0{,}0342 + 0{,}0162\,(\tfrac{1}{2} - \xi)] \cdot \mathfrak{M}_x \,,$$

$$[\varDelta H_m] = -[0{,}0062 - 0{,}0490\,(\tfrac{1}{2} - \xi)] \cdot \frac{\mathfrak{M}_x}{h} \,,$$

$$[\varDelta M_c^S] = +[0{,}00006 - 0{,}0452\,(\tfrac{1}{2} - \xi)] \cdot \mathfrak{M}_x \,.$$

Diese Ausdrücke ergeben den Ständerdrehwinkel

$$v = -[0{,}0018 + 0{,}0063\,(\tfrac{1}{2} - \xi)] \cdot \frac{\mathfrak{M}_x \cdot h}{E \cdot J_x} \,.$$

Aus dem Beispiel ist der Einfluß des Wertes ψ auf das Vorzeichen der Reaktionen des Mittelständers und auf die Lage des Lastangriffes, für welchen der Ständerdrehwinkel Null wird, ersichtlich.

b) Belastung des Mittelfeldes.

α) Symmetrische Belastungsgruppe.

Für das seitliche Teilsystem gelten hier dieselben Bestimmungsgleichungen wie beim vierstieligen Rahmen, und X_H hat hier auch den gleichen Wert; deshalb sind auch schon die δ_l-Werte durch den vorherbehandelten Fall gegeben; nur die $\varkappa_m$- und δ_m-Werte ergeben sich hier, wie aus Fig. 53b und 60b ersichtlich, anders, und zwar ist:

$$\varkappa_m = \tfrac{1}{2} \cdot \tfrac{1}{2}\,, \quad \varrho_m = \tfrac{1}{8}(2 - \xi)\,; \quad \delta_m = \tfrac{1}{4}\,, \quad \sigma_m = 1\,.$$

Damit erhält man:

$$X_M = -\frac{1}{3} \cdot \frac{1}{1 + (\omega_{10} + \omega_{14}) \cdot \psi} \cdot (2 - \xi) \cdot \mathfrak{M}_x$$

und daraus die Ständerfußreaktionen:

$$[H_e] = + \frac{1}{2} \cdot \frac{\omega_{10} - \omega_{14}}{1 + (\omega_{10} + \omega_{14})\,\psi} \cdot (2 - \xi) \cdot \frac{\mathfrak{M}_x}{h} \,,$$

$$[M_a^S] = - \frac{1}{6} \cdot \frac{\omega_{10} - \omega_{14}}{1 + (\omega_{10} + \omega_{14})\,\psi} \cdot (2 - \xi)\,\mathfrak{M}_x \,,$$

$$[M_b^S] = - \frac{1}{6} \cdot \frac{\omega_{10} + \omega_{14}}{1 + (\omega_{10} + \omega_{14}) \cdot \psi} \cdot (2 - \xi) \cdot \mathfrak{M}_x \,,$$

$$[H_m] = + X_{II} = + \frac{\omega_{14}}{1 + (\omega_{10} + \omega_{14}) \cdot \psi'} \cdot (2 - \xi) \cdot \frac{\mathfrak{M}_x}{h} \,.$$

β) **Polarsymmetrische Belastungsgruppe.**

Für das seitliche Teilsystem sind die Bestimmungsgleichungen durch die in a, α angegebenen Ausdrücke unter Wegfall der von $\varDelta X_H$ und $\varDelta X_M$ freien Glieder gegeben. Außerdem ändert sich noch die Verschiebungsgleichung für $\varDelta X_{H0}$:

$$-\tfrac{1}{4}\,\omega_9^m (1 + \xi) \cdot \mathfrak{M}_x + \tfrac{1}{24}(1 + 3\,\omega_9^e) \cdot \varDelta X_{H0}\,h + 2 \cdot \tfrac{1}{12}(1 + 3\,\omega_9^m)\,\varDelta X_{H0} \cdot h = 0 \,,$$

$$\varDelta X_{H0} = + \varrho_3 \cdot (1 + \xi) \cdot \frac{\mathfrak{M}_x}{h} \,,$$

$$\varrho_3 = \frac{6\,\omega_9^m}{5 + 3\,\omega_9^e + 12\,\omega_9^m} \,,$$

$$\varDelta X_H = + \varrho_3 \cdot (1 + \xi) \cdot \frac{\mathfrak{M}_x}{h} + \varrho_2 \cdot \frac{\varDelta X_M}{h} \,.$$

Es ergeben sich daher die Ständerfußreaktionen für das seitliche Teilsystem zu:

$$[\varDelta H_e] = -\tfrac{1}{2} \cdot \varrho_3 (1 + \xi) \cdot \frac{\mathfrak{M}_x}{h} - \tfrac{1}{2}(\varrho_2 + 3\,\omega_{10}) \cdot \frac{\varDelta X_M}{h} \,,$$

$$[\varDelta M_a^S] = +\tfrac{1}{4}(1 + \omega_9) \cdot \varrho_3 \cdot (1 + \xi) \cdot \mathfrak{M}_x + \tfrac{1}{2}[\tfrac{1}{2}(1 + \omega_9) \cdot \varrho_2 + \omega_{10} + \omega_9] \cdot \varDelta X_M \,,$$

$$[\varDelta M_b^S] = -\tfrac{1}{4}(1 + \omega_9) \cdot \varrho_3 \cdot (1 + \xi) \cdot \mathfrak{M}_x + \tfrac{1}{2}[\omega_{10} - \omega_9 - \tfrac{1}{2}(1 + \omega_9)\,\varrho_2] \cdot \varDelta X_M \,.$$

Für das mittlere Teilsystem besteht die Bestimmungsgleichung:

$$\varDelta M_c^S = +\tfrac{1}{2}\,\omega_9^m \cdot (1 + \xi) \cdot \mathfrak{M}_x - 2 \cdot \tfrac{1}{2}(1 + \omega_9^m) \cdot \varDelta X_H \cdot h + 2 \cdot \tfrac{1}{2} \cdot \omega_9^m \cdot \varDelta X_M \,,$$

und es folgen die Ständerfußreaktionen:

$$[\varDelta H_m] = + \varDelta X_H = + \varrho_3 (1 + \xi) \cdot \frac{\mathfrak{M}_x}{h} + \varrho_2 \cdot \frac{\varDelta X_M}{h} \,,$$

$$[\varDelta M_c^S] = -[(1 + \omega_9^m)\,\varrho_3 - \tfrac{1}{2}\,\omega_9^m] \cdot (1 + \xi) \cdot \mathfrak{M}_x - [\varrho_2 (1 + \omega_9^m) - \omega_9^m] \cdot \varDelta X_M \,.$$

$\varkappa$-Werte:

$$\varkappa_l = +\tfrac{1}{2} \cdot \tfrac{1}{2} \cdot \varrho_3 (1 + \xi) \,;$$

$$\varkappa_l' = +\tfrac{1}{4}(1 + \omega_9) \cdot \varrho_3 (1 + \xi) \,;$$

$$\varkappa_l'' = -\tfrac{1}{2} \cdot \varrho_3 (1 + \xi) \,;$$

$$\varkappa_m = \tfrac{1}{2} \cdot \tfrac{1}{2}\,, \quad \sigma_m = \tfrac{1}{3}\,(2 - \xi)\,;$$

$$\varkappa_m' = -\tfrac{1}{2} \cdot \varrho_3 \cdot (1 + \xi)\,, \quad \sigma_m' = \tfrac{1}{2}\,;$$

$$\varkappa_m'' = +\tfrac{1}{4}\,[\varrho_3\,(1 + \omega_9^m) - \tfrac{1}{2}\,\omega_9^m] \cdot (1 + \xi)\,, \quad \sigma_m'' = \tfrac{1}{2}\,.$$

Hieraus ergibt sich:

$$\varDelta X_M = -\frac{1}{N}\,[2 - \xi + \beta_z \cdot (1 + \xi)]\,\mathfrak{M}_z\,,$$

$$\beta_z = 3\,\varrho_3\,\psi\,\omega_9 - \varrho_3\,(1 - \omega_9^m) - \tfrac{1}{2}\,\omega_9^m\,; \qquad N \text{ wie in } a,\ \beta.$$

Einfluß von Temperaturschwankungen.

Die Ableitungen unterscheiden sich von denen des vorherbehandelten vierstieligen Rahmens nur insofern, als in der Verschiebungsgleichung für X_{H0} an Stelle von $\tfrac{1}{2}(l_e + l_m)$ hier $\tfrac{1}{2}(l_e + 2\,l_m)$ und in den $\varkappa$- und δ-Werten $\delta_m \cdot \sigma_m = \tfrac{1}{4}$ (Fig. 52d) zu setzen ist. Dementsprechend ist für X_M:

$$X_M = -\frac{6\,\psi\left[\omega_{14}\left(1 + 2\dfrac{l_m}{l_e}\right) - \omega_{10}\right]}{1 + \psi\,(\omega_{10} + \omega_{14})} \cdot \frac{\varepsilon\,E\,J_h}{h^2} \cdot l_e \cdot t$$

anzuschreiben und in den Formeln für die Ständerfußreaktionen der in denselben enthaltene Faktor $\left(1 + \dfrac{l_m}{l_e}\right)$ durch $\left(1 + 2\dfrac{l_m}{l_e}\right)$ zu ersetzen.

An dem Beispiel des fünfstieligen Rahmens ist ersichtlich, wie verhältnismäßig einfach die Berechnung noch bei einem zwölffach statisch unbestimmten System ist.

Zusammenstellung der α- und ω-Werte.

a) α-Werte.

α_1	α_2	α_3	α_4	α_5
$\dfrac{\varphi}{3 + 2\,\varphi}$	$\dfrac{\varphi}{1 + 2\,\varphi}$	$\dfrac{3}{3 + 2\,\varphi}$	$\dfrac{1}{1 + 2\,\varphi}$	$\dfrac{1 + 2\,\varphi}{2 + \varphi}$

b) ω-Werte

ω_1	ω_2	ω_3	ω_4	ω_5	ω_6	ω_7
$\dfrac{1}{3 + 2\,\psi}$	$\dfrac{1}{3\,\alpha_1 + \psi}$	$\dfrac{1}{3 + 4\,\psi}$	$\dfrac{1}{1 + \psi}$	$\dfrac{\varphi}{3\,\alpha_5\,\varphi + 4\,\psi}$	$\dfrac{\varphi}{\varphi + 2\,\psi}$	$\dfrac{\varphi}{4 + \varphi + 10\,\psi}$

ω_8	ω_9	ω_{10}	ω_{11}	ω_{12}	ω_{13}	ω_{14}
$\dfrac{1}{4 + \varphi + 10\,\psi}$	$\dfrac{1}{1 + 6\,\psi}$	$\dfrac{1}{2 + \psi}$	$\dfrac{1}{4\,\alpha_1 + \psi}$	$\dfrac{1}{\alpha_2 + 3\,\psi}$	$\dfrac{1}{1 + 3\,\psi}$	$\dfrac{\varphi}{2\,\varphi + 3\,\psi}$

II. Mehrstöckige Rahmen.

A. Das Berechnungsverfahren.

§ 24. Allgemeines.

Durch Übereinanderreihung zweier oder mehrerer mehrstieliger Rahmen bei festem Anschluß der Ständerfüße an die Knotenpunkte des darunterliegenden Rahmens entstehen die mehrstöckigen Rahmen

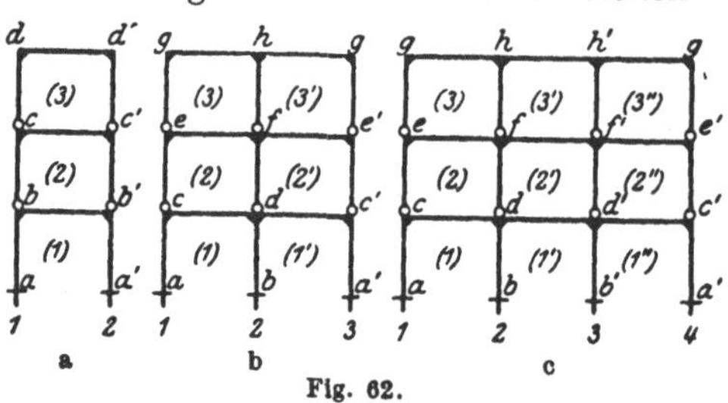
Fig. 62.

(Fig. 62a—c). Aus dieser Bildungsweise ergibt sich der Weg zu ihrer Auflösung und Berechnung. Das Grundsystem bildet der eingeschossige mehrstielige Rahmen. War bei der Untersuchung der letzteren die **wagrechte**

Entwicklung ins Auge gefaßt, so ist hier die **lotrechte** Ausdehnung für die Verfolgung des Kräftespiels von Bedeutung. Die Bezeichnung der einzelnen Rahmenteile ist aus Fig. 62a—c ersichtlich. Im übrigen gelten hier, wofern nicht weiterhin anderes angegeben ist, die in § 2 eingeführten Bezeichnungen.

Ersetzt man die festen Anschlüsse der Ständerfüße mit den darunterliegenden Rahmenknoten durch Gelenke und bringt man die entsprechenden dortselbst wirkenden Momente als Gegenkräfte an, so wird der

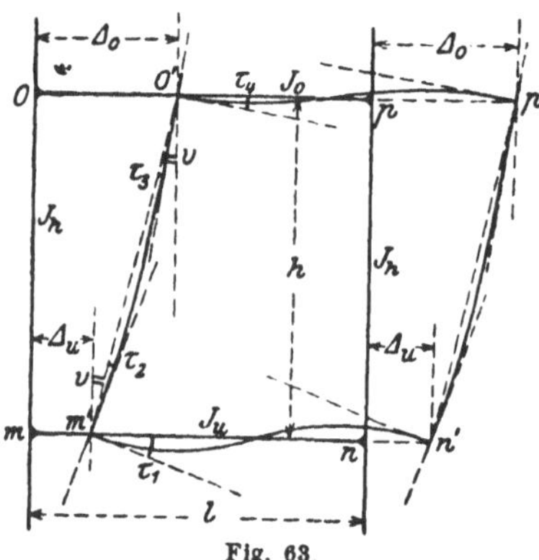
Fig. 63.

ursprüngliche Zustand des gegebenen Tragwerkes wieder hergestellt. Sind also in den einzelnen Geschossen bei Hinwegdenkung der darüber und darunter befindlichen Teile außer den unmittelbar an denselben angreifenden gegebenen Lasten, die an den Ständerköpfen und Fußgelenken wirkenden Momente und die hieraus sich ergebenden Horizontalkräfte bekannt, dann sind die erforderlichen Bestimmungsstücke für die Berechnung des Stockwerksrahmens gegeben. Durch Aufstellung der entsprechenden Rahmenbedingung für die Trennungsstelle des anschließenden Geschosses sind diese Gegenkräfte nach den in § 6 entwickelten Regeln zu berechnen. Nur erleidet die dort abgeleitete Rahmenfachgleichung mit Rücksicht auf den Umstand, daß sich das Nachbarfach hier nicht in wagrechter, sondern in lotrechter Richtung anschließt, eine kleine Abänderung. In Fig. 63 ist die Formänderung eines Stockwerksrahmenfaches eingetragen. Infolge der Vernachlässigung der Wirkung der Längskräfte bleiben hier ebenso wie früher die oberen und unteren Knotenpunkte in gleicher Höhe, und die linken und rechten Ständerdrehwinkel sind einander gleich. Aus Fig. 63 folgt:

$$\tau_1 + \tau_2 + v = \emptyset \,,$$
$$\tau_3 + \tau_4 - v = \emptyset \,,$$

und hieraus:

$$\tau_1 + \tau_2 + \tau_3 + \tau_4 = \sum \tau = \emptyset \,.$$

Bezeichnen $\varkappa_u$, $\varkappa_h$ und $\varkappa_o$ (bzw. δ_u, δ_h und δ_o) die mittleren Ordinaten der Momentenflächen des unteren, seitlichen und des oberen Rahmenstabes, σ_u und σ_o die entsprechenden Verhältniswerte der Schwerpunktslage der Momentenflächen, dann wird unter der Annahme des oberen Rahmenstabes als Vergleichsfeld die Rahmenfachformel hier lauten:

$$X(\varDelta X) = -\frac{\theta \cdot \sum \varkappa_u \sigma_u + \sum \varkappa_o \sigma_o + \psi \sum \varkappa_h}{\theta \cdot \sum \delta_u \cdot \sigma_u + \sum \delta_o \sigma_o + \psi \sum \delta_h} \cdot \mathfrak{M}$$

$$= -\frac{\sum \varkappa_{\varrho u} \cdot \sigma_u + \sum \varkappa_{\varrho o} \sigma_o + \sum \varkappa_{\varrho h}}{\sum \delta_{\varrho u} \cdot \sigma_u + \sum \delta_{\varrho o} \cdot \sigma_o + \sum \delta_{\varrho h}} \cdot \mathfrak{M} \quad \dots\dots \text{(IX)}$$

Es sind hierin

$$\theta = \frac{J_o}{J_u} \qquad \text{und} \qquad \psi = \frac{h}{2} \cdot \frac{J_o}{J_h}$$

die entsprechenden Reduktionsbeiwerte der mittleren Ordinaten der Momentenflächen.

Mit dem anschließenden oberen Stab des darunter befindlichen Teilsystems bildet das Rahmenfach des oberen Geschosses einen geschlossenen Rahmen. Durch Summierung der Rahmenfachgleichungen für die linke und rechte Seite desselben ergibt sich die Beziehung: **Die algebraische Summe der reduzierten mittleren Ordinaten sämtlicher Momentenflächen des geschlossenen Rahmenfaches ist gleich Null.**

An den Ständerfüßen der einzelnen Grundsysteme (Fig. 62) wirken an den Knotenpunkten a, b, $c \dots$ die Momente und Horizontalkräfte:

$$M_a, \quad M_b, \quad M_c \dots \quad H_1, \quad H_1, \quad H_2 \dots$$

bei symmetrischer und

$$\varDelta M_a, \varDelta M_b, \varDelta M_c \dots \varDelta H_1, \qquad \varDelta H_2 \dots$$

bei polarsymmetrischer Teilbelastung.

Die tatsächlichen Momente und Horizontalkräfte sind dann:

$$M_{1,1} = M_a + \Delta M_a\,, \qquad\qquad H_{1,1}\ = H_1 + \Delta H_1\,,$$
$$M_{1,2} = M_b + \Delta M_b\,, \qquad\qquad H_{1,1'} = H_{1'}\,,$$
$$M_{1,3} = M_b - \Delta M_b\,, \qquad\qquad H_{1,1''} = H_1 - \Delta H_1\,,$$
$$M_{1,4} = M_a + \Delta M_a\,, \qquad\qquad H_{2,2}\ = H_2 + \Delta H_2\,,$$
$$M_{2,1} = M_c + \Delta M_c\,, \qquad\qquad H_{2,2'} = H_{2'}\,,$$
$$\vdots \qquad \vdots \qquad \vdots \qquad\qquad\qquad \vdots \qquad \vdots$$

Der erste Zeiger in den linken Gliedern bezieht sich auf die Geschoßhöhe, der zweite auf den Rahmenstiel bzw. das Rahmenfach. Die Momente und Horizontalkräfte haben das positive Vorzeichen, wenn
dieselben den Ständer nach einwärts zu biegen suchen, also im Sinne
des Uhrzeigers (bzw. entgegen demselben) drehende Momente links
(bzw. rechts) von der Symmetrieachse und nach außen gerichtete Horizontalkräfte, in derselben Weise wie dies in § 6 angenommen wurde.

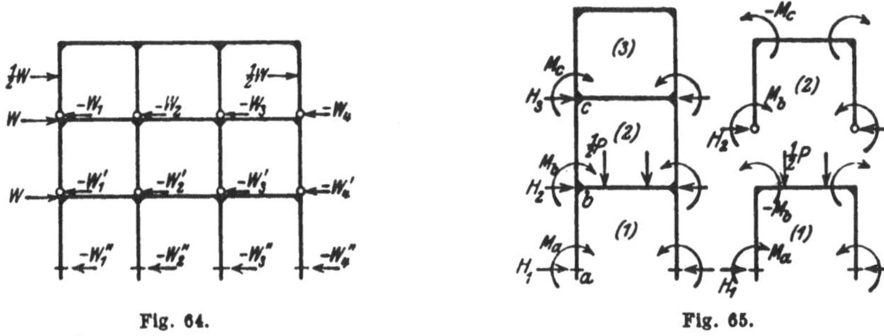

Fig. 64.   Fig. 65.

Die Momente $M_a(\Delta M_a)$, $M_b(\Delta M_b)\ldots$ in den Knotenpunkten a, $b\ldots$
beziehen sich immer auf die Ständerfüße, also auf das darüberliegende
Grundsystem; als Gegenkräfte des darunter befindlichen Teilrahmens
wechseln sie das Vorzeichen, was wieder bei der Aufstellung der Rahmenbedingung wohl zu beachten ist. Von den Ständerfußreaktionen des
darüber liegenden Teilsystems sind bloß die Momente auf den der
Berechnung unterzogenen Rahmenteil von Einfluß; die durch irgendeine
Belastung erzeugten Horizontalschübe H sind in jedem Geschosse untereinander in Gleichgewicht, bewirken also in den Balken nur Längskräfte
und fallen somit bei der Berechnung der Überzähligen weg; nur im Falle
einer wagrechten Belastung W entsteht in jedem unterhalb des Lastangriffs befindlichen Teilsystem die gleiche Belastung W in der Höhe
der Ständerköpfe, welche bei der Berechnung derselben noch zu berücksichtigen ist (Fig. 64).

Bei der Aufstellung der Rahmenformel (IX) schreibe man zur Vermeidung von Fehlern für die in Betracht kommenden Rahmenfache

die an denselben wirkenden äußeren Kräfte und Reaktionen mit dem
für das betreffende Fach geltenden Vorzeichen auf, entnehme sodann
aus den aufgezeichneten Momentenflächen der Grundsysteme die
mittleren Ordinaten und die erforderlichen Schwerpunktsabstände
heraus, wobei diejenigen des darunter liegenden Nachbarfaches
mit entgegengesetztem Vorzeichen zu versehen sind. Das folgende
Beispiel möge dies kurz erläutern. Es handle sich um die Bestimmung
von M_b (Fig. 65) für die am Stockwerksfach 1 angreifende symmetrische
Belastungsgruppe. Das Moment M_c sei hierbei durch den Ausdruck
$M_c = \beta \cdot M_b$ gegeben. Aufzustellen ist die Rahmenbedingung für den
Knotenpunkt b des Geschosses 2. Zufolge Fig. 65 kommt in Betracht:

für das Rahmenfach 2:

$$M_b\,, \quad H_2 = f(M_b)\,, \quad -M_c = -\beta \cdot M_b\,,$$

für das Rahmenfach 1:

$$-M_b\,, \quad M_a = \varkappa_1 \mathfrak{M}\,, \quad H_1 = \varkappa_2 \cdot \frac{\mathfrak{M}}{h}\,, \quad f(\mathfrak{M}_0) = f(2 \cdot \tfrac{1}{2} P) = \varkappa_3 \mathfrak{M}\,.$$

Aus den mittleren Ordinaten der Momentenflächen für M_a, H und
$\mathfrak{M}_0$ folgen in der bekannten Weise die $\varkappa$-Werte, aus jenen für M_b, H_2
und $-M_c$ die δ-Werte. Die aus den Momentenflächen des unteren
Rahmenteiles zu entnehmenden $\varkappa_u$- und δ_u-Werte sind mit dem ent-
gegengesetzten Vorzeichen der Beiwerte der für das untere Fach aus-
gewiesenen Momentenwerte zu multiplizieren.

§ 25. Der Weg zur Berechnung von Stockwerksrahmen aus den Teilsystemen.

Das durch eine äußere (lotrechte oder wagrechte) Belastung unmittelbar ergriffene Teilsystem des mehrstöckigen Rahmens bildet das „Grundsystem" (0) und den Ausgangs-
punkt der Berechnung. In dem in
Fig. 66 dargestellten vierstieligen
Stockwerksrahmen sei z. B. das
mittlere Geschoß durch eine lotrechte und wagrechte Einzellast
belastet. Nach Beseitigung aller
steifen Anschlüsse mit dem oberen
und unteren Rahmenteil und deren
Ersetzung durch Gelenke sowie
Anbringung der entsprechenden
Gegenkräfte, und zwar:

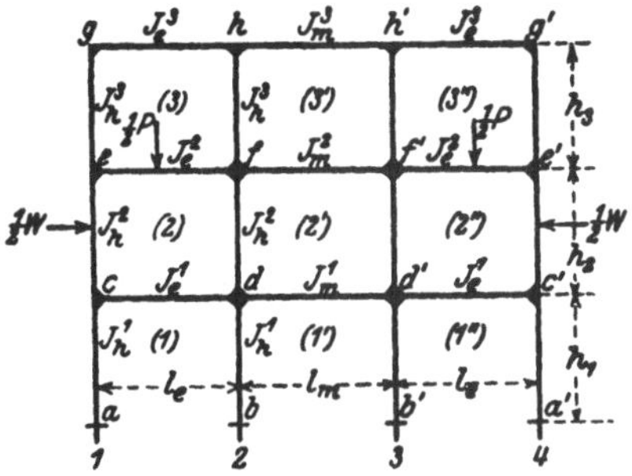

Fig. 66.

$$M_c\,, \quad M_d\,, \quad -M_e \quad \text{und} \quad -M_f\,,$$

$$\varDelta M_c\,, \quad \varDelta M_d\,, \quad -\varDelta M_e \quad \text{und} \quad -\varDelta M_f$$

erhält man für das mittlere Geschoß:

$$
\left.
\begin{aligned}
H_2 &= H_2^{(0)} + \chi_{2c}^0 \cdot \frac{M_c}{h_2} + \chi_{2d}^0 \cdot \frac{M_d}{h_2} - \chi_{2e}^0 \cdot \frac{M_e}{h_2} - \chi_{2f}^0 \cdot \frac{M_f}{h_2} \\[2mm]
H_{2'} &= H_{2'}^{(0)} + \chi_{2'c}^0 \cdot \frac{M_c}{h_2} + \chi_{2'd}^0 \cdot \frac{M_d}{h_2} - \chi_{2'e}^0 \cdot \frac{M_e}{h_2} - \chi_{2'f}^0 \cdot \frac{M_f}{h_2} \\[2mm]
\varDelta H_2 &= \varDelta H_2^{(0)} + \varDelta \chi_{2c}^0 \cdot \frac{\varDelta M_c}{h_2} + \varDelta \chi_{2d}^0 \cdot \frac{\varDelta M_d}{h_2} - \varDelta \chi_{2e}^0 \cdot \frac{\varDelta M_e}{h_2} - \varDelta \chi_{2f}^0 \cdot \frac{\varDelta M_f}{h_2}
\end{aligned}
\right\} \quad (1)
$$

Hierin bedeuten:

$H_2^{(0)}$, $H_{2'}^{(0)}$, $\varDelta H_2^{(0)}$ ... die Horizontalkräfte des Grundsystems (0) infolge
         der gegebenen Belastung.

χ_{2c}^0, χ_{2d}^0, χ_{2e}^0 ..... diejenigen infolge einer Belastung desselben durch
         symmetrische und polarsymmetrische Momente an
         den Fußgelenken und Ständerköpfen von der Größe
         $1 \cdot h_2$.

In den Gleichungen ist ferner:

$$
H_2^{(0)} = \chi_{20}^0 \cdot \frac{\mathfrak{M}}{h_2}, \qquad H_{2'}^{(0)} = \chi_{2'0}^0 \cdot \frac{\mathfrak{M}}{h_2}, \qquad \varDelta H_2^{(0)} = \varDelta \chi_{20}^0 \cdot \frac{\mathfrak{M}}{h_2}.
$$

Die Momente M_c, M_d, M_e und M_f sind noch unbekannt. Ihre Berechnung erfolgt aus den Rahmenbedingungen durch schrittweises
Weitergehen vom Grundsystem (0) zu den statisch unbestimmten Hauptsystemen höheren Grades I, II ... bis zu dem gegebenen Rahmentragwerk mit durchwegs steifen Ecken. Die zu berechnenden Ständerfußreaktionen erscheinen nach Art von Gleichung (1) in der Form:

$$
H_1^{\mathrm{III}} = - \chi_{10}^{\mathrm{III}} \cdot \frac{\mathfrak{M}}{h} - \chi_{1c}^{\mathrm{III}} \cdot \frac{M_c^{\mathrm{IV}}}{h},
$$

$$
M_a^{\mathrm{III}} = - \mu_{a0}^{\mathrm{III}} \cdot \mathfrak{M} - \mu_{ac}^{\mathrm{III}} \cdot M_c^{\mathrm{IV}}
$$

als Funktionen der gegebenen Belastung und der noch zu bestimmenden
Überzähligen des Systems höheren Grades. In den Ausdrücken für die
überzähligen Größen und die Beiwerte deuten die oberen Ziffern (0,
I, II ...) den Grad des statisch unbestimmten Hauptsystems an; die
unteren Zeiger von H und M beziehen sich auf den Ort (Rahmenfach,
Knotenpunkt), an welchem dieselben wirken. Von den unteren Zeigern
der Beiwerte χ und μ gibt der erste den Ort der Wirkung, der zweite
den der Ursache, d. i. der diese Reaktionen hervorrufenden Momente an.
Es ist demnach in obigen Ausdrücken:

μ_{a0}^{III} : das Moment in a für den Hauptfall III infolge der gegebenen Be-
         lastung und

μ_{ac}^{III} : jenes infolge von symmetrischen Momenten von der Größe $1 \cdot h_2$
         in den Knotenpunkten c.

Der Übergang vom Grundsystem (0) zum statisch unbestimmten Hauptsystem I erfolgt nun in folgender Weise: wir verbinden das Stockwerk 2 mit 3, nehmen aber zunächst in e und e' gelenkige Anschlüsse an, so daß nur die eine neue Überzählige $M_f(\varDelta M_f)$ noch hinzukommt. $M_c(\varDelta M_c)$, $M_d(\varDelta M_d)$, $M_e(\varDelta M_e)$ und die entsprechenden Gegenkräfte nehmen wir dabei vorläufig als bekannt an. Durch Aufstellung der Rahmenbedingung für den Knotenpunkt f des Rahmenfaches 3 erhält man:

$$\left.\begin{aligned}
M_f^{\mathrm{I}} &= \mu_{f0}^{\mathrm{I}} \cdot \mathfrak{M} + \mu_{fc}^{\mathrm{I}} \cdot M_c + \mu_{fd}^{\mathrm{I}} \cdot M_d + \mu_{fe}^{\mathrm{I}} \cdot M_e \\
\varDelta M_f^{\mathrm{I}} &= \varDelta \mu_{f0}^{\mathrm{I}} \cdot \mathfrak{M} + \varDelta \mu_{fc}^{\mathrm{I}} \cdot \varDelta M_c + \varDelta \mu_{fd}^{\mathrm{I}} \cdot \varDelta M_d + \varDelta \mu_{fe}^{\mathrm{I}} \cdot \varDelta M_e
\end{aligned}\right\} \quad (2)$$

und die hieraus folgenden Horizontalkräfte des Geschosses 3:

$$\left.\begin{aligned}
H_3^{\mathrm{I}} &= \chi_{3f}^0 \cdot \frac{M_f^{\mathrm{I}}}{h_3} + \chi_{3e}^0 \cdot \frac{M_e}{h_3}, \qquad H_{3'}^{\mathrm{I}} = \chi_{3'f}^0 \cdot \frac{M_f^{\mathrm{I}}}{h_3} + \chi_{3'e}^0 \cdot \frac{M_e}{h_3} \\
\varDelta H_3^{\mathrm{I}} &= \varDelta \chi_{3f}^0 \cdot \frac{\varDelta M_f^{\mathrm{I}}}{h_3} + \varDelta \chi_{3e}^0 \cdot \frac{\varDelta M_e}{h_3}
\end{aligned}\right\} \quad (2')$$

damit ergibt sich aus den Gleichungen (1) für das Geschoß 2:

$$\begin{aligned}
H_2 = \underbrace{(\chi_{2e}^0 - \chi_{2f}^0 \cdot \mu_{f0}^{\mathrm{I}})}_{\chi_{20}^{\mathrm{I}}} \cdot \frac{\mathfrak{M}}{h_2} &+ \underbrace{(\chi_{2c}^0 - \chi_{2f}^0 \cdot \mu_{fc}^{\mathrm{I}})}_{\chi_{2c}^{\mathrm{I}}} \cdot \frac{M_c}{h_2} \\
+ \underbrace{(\chi_{2d}^0 - \chi_{2f}^0 \cdot \mu_{fd}^{\mathrm{I}})}_{\chi_{2d}^{\mathrm{I}}} \cdot \frac{M_d}{h_3} &- \underbrace{(\chi_{2e}^0 + \chi_{2f}^0 \cdot \mu_{fe}^{\mathrm{I}})}_{\chi_{2e}^{\mathrm{I}}} \cdot \frac{M_e}{h_3}
\end{aligned}$$

und für das Geschoß 3:

$$H_3 = \underbrace{\chi_{3f}^0 \cdot \mu_{f0}^{\mathrm{I}}}_{\chi_{30}^{\mathrm{I}}} \cdot \frac{\mathfrak{M}}{h_3} + \underbrace{\chi_{3f}^0 \cdot \mu_{fc}^{\mathrm{I}}}_{\chi_{3c}^{\mathrm{I}}} \cdot \frac{M_c}{h_3} + \underbrace{\chi_{3f}^0 \cdot \mu_{fd}^{\mathrm{I}}}_{\chi_{3d}^{\mathrm{I}}} \cdot \frac{M_d}{h_3} + \underbrace{(\chi_{3e}^0 + \chi_{3f}^0 \cdot \mu_{fe}^{\mathrm{I}})}_{\chi_{3e}^{\mathrm{I}}} \cdot \frac{M_e}{h_3} \cdot$$

Auf diese Art erhält man für das Hauptsystem I:

$$\left.\begin{aligned}
H_2 &= \chi_{20}^{\mathrm{I}} \cdot \frac{\mathfrak{M}}{h_2} + \chi_{2c}^{\mathrm{I}} \cdot \frac{M_c}{h_2} + \chi_{2d}^{\mathrm{I}} \cdot \frac{M_d}{h_3} - \chi_{2e}^{\mathrm{I}} \cdot \frac{M_e}{h_3} \\
H_{2'} &= \chi_{2'0}^{\mathrm{I}} \cdot \frac{\mathfrak{M}}{h_2} + \chi_{2'c}^{\mathrm{I}} \cdot \frac{M_c}{h_2} + \chi_{2'd}^{\mathrm{I}} \cdot \frac{M_d}{h_3} - \chi_{2'e}^{\mathrm{I}} \cdot \frac{M_e}{h_3} \\
H_3 &= \chi_{30}^{\mathrm{I}} \cdot \frac{\mathfrak{M}}{h_3} + \chi_{3c}^{\mathrm{I}} \cdot \frac{M_c}{h_3} + \chi_{3d}^{\mathrm{I}} \cdot \frac{M_d}{h_3} + \chi_{3e}^{\mathrm{I}} \cdot \frac{M_e}{h_3} \\
H_{3'} &= \chi_{3'0}^{\mathrm{I}} \cdot \frac{\mathfrak{M}}{h_3} + \chi_{3'c}^{\mathrm{I}} \cdot \frac{M_c}{h_3} + \chi_{3'd}^{\mathrm{I}} \cdot \frac{M_d}{h_3} + \chi_{3'e}^{\mathrm{I}} \cdot \frac{M_e}{h_3}
\end{aligned}\right\} \quad (3)$$

$$\left.\begin{aligned}
\varDelta H_2 &= \varDelta \chi_{20}^{\mathrm{I}} \cdot \frac{\mathfrak{M}}{h_2} + \varDelta \chi_{2c}^{\mathrm{I}} \cdot \frac{\varDelta M_c}{h_2} + \varDelta \chi_{2d}^{\mathrm{I}} \cdot \frac{\varDelta M_d}{h_3} - \varDelta \chi_{2e}^{\mathrm{I}} \cdot \frac{\varDelta M_e}{h_3} \\
\varDelta H_3 &= \varDelta \chi_{30}^{\mathrm{I}} \cdot \frac{\mathfrak{M}}{h_3} + \varDelta \chi_{3c}^{\mathrm{I}} \cdot \frac{\varDelta M_c}{h_3} + \varDelta \chi_{3d}^{\mathrm{I}} \cdot \frac{\varDelta M_d}{h_3} + \varDelta \chi_{3e}^{\mathrm{I}} \cdot \frac{\varDelta M_e}{h_3}
\end{aligned}\right\} \quad (3')$$

In gleicher Weise erfolgt der Übergang vom System I zum Hauptsystem II durch Aufstellung der Rahmenbedingung im Knotenpunkt e des Faches 3. Dies liefert:

$$\left.\begin{aligned}
M_e &= \mu_{e0}^{\mathrm{II}} \cdot \mathfrak{M} + \mu_{ec}^{\mathrm{II}} \cdot M_c + \mu_{ed}^{\mathrm{II}} \cdot M_d \\
\varDelta M_e &= \varDelta \mu_{e0}^{\mathrm{II}} \cdot \mathfrak{M} + \varDelta \mu_{ec}^{\mathrm{II}} \cdot \varDelta M_c + \varDelta \mu_{ed}^{\mathrm{II}} \cdot \varDelta M_d
\end{aligned}\right\} \tag{4}$$

und aus den Gleichungen (3) und (2):

$$H_2 = \underbrace{(\chi_{20}^{\mathrm{I}} - \chi_{2e}^{\mathrm{I}} \cdot \mu_{e0}^{\mathrm{II}})}_{\chi_{20}^{\mathrm{II}}} \cdot \frac{\mathfrak{M}}{h_2} + \underbrace{(\chi_{2c}^{\mathrm{I}} - \chi_{2e}^{\mathrm{I}} \cdot \mu_{ec}^{\mathrm{II}})}_{\chi_{2c}^{\mathrm{II}}} \cdot \frac{M_c}{h_2} + \underbrace{(\chi_{2d}^{\mathrm{I}} - \chi_{2e}^{\mathrm{I}} \cdot \mu_{ed}^{\mathrm{II}})}_{\chi_{2d}^{\mathrm{II}}} \cdot \frac{M_d}{h_2},$$

$$M_f = \underbrace{(\mu_{f0}^{\mathrm{I}} + \mu_{fe}^{\mathrm{I}} \mu_{e0}^{\mathrm{II}})}_{\mu_{f0}^{\mathrm{II}}} \mathfrak{M} + \underbrace{(\mu_{fc}^{\mathrm{I}} + \mu_{fe}^{\mathrm{I}} \cdot \mu_{ec}^{\mathrm{II}})}_{\mu_{fc}^{\mathrm{II}}} \cdot M_c + \underbrace{(\mu_{fd}^{\mathrm{I}} + \mu_{fe}^{\mathrm{I}} \cdot \mu_{ed}^{\mathrm{II}})}_{\mu_{fd}^{\mathrm{II}}} \cdot M_d . \tag{4'}$$

Auf diese Art ist für das Teilsystem II anzuschreiben [1]):

$$\left.\begin{aligned}
H_2 &= \chi_{20}^{\mathrm{II}} \cdot \frac{\mathfrak{M}}{h_2} + \chi_{2c}^{\mathrm{II}} \cdot \frac{M_c}{h_2} + \chi_{2d}^{\mathrm{II}} \cdot \frac{M_d}{h_2} \\[4pt]
H_{2'} &= \chi_{2'0}^{\mathrm{II}} \cdot \frac{\mathfrak{M}}{h_2} + \chi_{2'c}^{\mathrm{II}} \cdot \frac{M_c}{h_2} + \chi_{2'd}^{\mathrm{II}} \cdot \frac{M_d}{h_2} \\[4pt]
H_3 &= \chi_{30}^{\mathrm{II}} \cdot \frac{\mathfrak{M}}{h_3} + \chi_{3c}^{\mathrm{II}} \cdot \frac{M_c}{h_3} + \chi_{3d}^{\mathrm{II}} \cdot \frac{M_d}{h_3} \\[4pt]
H_{3'} &= \chi_{3'0}^{\mathrm{II}} \cdot \frac{\mathfrak{M}}{h_3} + \chi_{3'c}^{\mathrm{II}} \cdot \frac{M_c}{h_3} + \chi_{3'd}^{\mathrm{II}} \cdot \frac{M_d}{h_3}
\end{aligned}\right\} \tag{5}$$

Damit sind bei Annahme gelenkiger Lagerung des aus den beiden oberen Geschossen gebildeten Rahmenteiles in c, d, d' und c' sämtliche Momente und Horizontalkräfte aus der gegebenen Belastung und den noch willkürlich anzunehmenden Größen M_c und M_d bestimmt.

Auf das Geschoß 1 wird bei wagrechter Belastung W des darüberbefindlichen Stockwerkes in Riegelhöhe die gleiche Last W übertragen; es tritt somit bei der polarsymmetrischen Belastungsgruppe noch der Einfluß des Momentes $\mathfrak{M}_W = W \cdot h_1$ der wagrechten Belastung hinzu (Fig. 64). Die Ständerfußreaktionen sind daher mit

$$\left.\begin{aligned}
M_b &= -\mu_{bc}^{0} \cdot M_c - \mu_{bd}^{0} \cdot M_d \\[4pt]
M_a &= -\mu_{ac}^{0} \cdot M_c - \mu_{ad}^{0} \cdot M_d \\[4pt]
H_1 &= -\chi_{1c}^{0} \cdot \frac{M_c}{h_1} - \chi_{1d}^{0} \cdot \frac{M_d}{h_1} \\[4pt]
H_{1'} &= -\chi_{1'c}^{0} \cdot \frac{M_c}{h_1} - \chi_{1'd}^{0} \cdot \frac{M_d}{h_1}
\end{aligned}\right\} \tag{6}$$

---

[1]) Die Ausdrücke für die polarsymmetrische Belastung sind weiterhin weggelassen, da ihre Bildungsweise durch die entsprechende Reaktion für die symmetrische Teilbelastung unmittelbar gegeben ist.

anzuschreiben. Verbindet man nun das System II mit dem unteren Rahmengeschoß 1 derart, daß man nur in d und d' steife Anschlüsse setzt, in c und c' hingegen die oberen Ständer gelenkig lagert, dann erhält man für das System III:

$$M_d^{\mathrm{III}} = \mu_{d0}^{\mathrm{III}} \cdot \mathfrak{M} + \mu_{dc}^{\mathrm{III}} \cdot M_c \qquad (7)$$

wo μ_{d0}^{III} und μ_{dc}^{III} aus der Rahmenbedingung im Punkte d für das Fach 2 zu berechnen sind. Durch Einsetzen dieses Wertes in die Gleichungen (6) folgt die Bildungsweise:

$$M_a = -\underbrace{\mu_{ad}^0 \cdot \mu_{d0}^{\mathrm{III}}}_{\mu_{a0}^{\mathrm{III}}} \cdot \mathfrak{M} - \underbrace{(\mu_{ac}^0 + \mu_{ad}^0 \cdot \mu_{dc}^{\mathrm{III}})}_{\mu_{ac}^{\mathrm{III}}} \cdot M_c$$

und es ergibt sich für die Gleichungen (6):

$$\left.\begin{aligned}
M_a &= -\mu_{a0}^{\mathrm{III}} \cdot \mathfrak{M} - \mu_{ac}^{\mathrm{III}} \cdot M_c \\[4pt]
M_b &= -\mu_{b0}^{\mathrm{III}} \cdot \mathfrak{M} - \mu_{bc}^{\mathrm{III}} \cdot M_c \\[4pt]
H_1 &= -\chi_{10}^{\mathrm{III}} \cdot \frac{\mathfrak{M}}{h_1} - \chi_{1c}^{\mathrm{III}} \cdot \frac{M_c}{h_1} \\[4pt]
H_{1'} &= -\chi_{1'0}^{\mathrm{III}} \cdot \frac{\mathfrak{M}}{h_1} - \chi_{1'c}^{\mathrm{III}} \cdot \frac{M_c}{h_1}
\end{aligned}\right\} \qquad (8)$$

Ebenso liefern die Gleichungen (5) die Bildungsweise:

$$H_2^{\mathrm{III}} = \underbrace{(\chi_{20}^{\mathrm{II}} + \chi_{2d}^{\mathrm{II}} \cdot \mu_{d0}^{\mathrm{III}})}_{\chi_{20}^{\mathrm{III}}} \cdot \frac{\mathfrak{M}}{h_2} + \underbrace{(\chi_{2c}^{\mathrm{II}} + \chi_{2d}^{\mathrm{II}} \cdot \mu_{dc}^{\mathrm{III}})}_{\chi_{2c}^{\mathrm{III}}} \cdot \frac{M_c}{h_2}$$

und die allgemeinen Ausdrücke:

$$\left.\begin{aligned}
H_2^{\mathrm{III}} &= \chi_{20}^{\mathrm{III}} \cdot \frac{\mathfrak{M}}{h_2} + \chi_{2c}^{\mathrm{III}} \cdot \frac{M_c}{h_1} \\[4pt]
H_{2'}^{\mathrm{III}} &= \chi_{2'0}^{\mathrm{III}} \cdot \frac{\mathfrak{M}}{h_2} + \chi_{2'c}^{\mathrm{III}} \cdot \frac{M_c}{h_2} \\[4pt]
H_3^{\mathrm{III}} &= \chi_{30}^{\mathrm{III}} \cdot \frac{\mathfrak{M}}{h_3} + \chi_{3c}^{\mathrm{III}} \cdot \frac{M_c}{h_3} \\[4pt]
H_{3'}^{\mathrm{III}} &= \chi_{3'0}^{\mathrm{III}} \cdot \frac{\mathfrak{M}}{h_3} + \chi_{3'c}^{\mathrm{III}} \cdot \frac{M_c}{h_3}
\end{aligned}\right\} \qquad (8')$$

Es folgt weiter aus den Gleichungen (4) und (4'):

$$\left.\begin{aligned}
M_e^{\mathrm{III}} &= \underbrace{(\mu_{e0}^{\mathrm{II}} + \mu_{ed}^{\mathrm{II}} \cdot \mu_{d0}^{\mathrm{III}})}_{\mu_{e0}^{\mathrm{III}}} \cdot \mathfrak{M} + \underbrace{(\mu_{ec}^{\mathrm{II}} + \mu_{ed}^{\mathrm{II}} \cdot \mu_{dc}^{\mathrm{III}})}_{\mu_{ec}^{\mathrm{III}}} \cdot M_c \\[6pt]
M_f^{\mathrm{III}} &= \mu_{f0}^{\mathrm{III}} \cdot \mathfrak{M} + \mu_{fc}^{\mathrm{III}} \cdot M_c
\end{aligned}\right\} \qquad (8'')$$

Die Gleichungen (8), (8') und (8'') enthalten nur mehr noch die letzte Unbekannte $M_c(\varDelta M_c)$. Durch Aufstellung der Rahmenbedingung für das Fach 2 im Punkte c erhält man schließlich für das gegebene Tragwerk (System IV):

$$M_c^{\mathrm{IV}} = \mu_{c0}^{\mathrm{IV}} \cdot \mathfrak{M}, \qquad \varDelta M_c^{\mathrm{IV}} = \varDelta \mu_{c0}^{\mathrm{IV}} \cdot \mathfrak{M} \tag{9}$$

Dadurch sind sämtliche an den Ständerfußpunkten der einzelnen Rahmengeschoße wirkenden Momente und Horizontalkräfte als Funktionen der gegebenen Belastung bestimmt. Es ist:

$$\left.\begin{aligned}
M_a &= -(\mu_{a0}^{\mathrm{III}} + \mu_{ac}^{\mathrm{III}} \cdot \mu_{c0}^{\mathrm{IV}}) \cdot \mathfrak{M} = -\mu_{a0}^{\mathrm{IV}} \cdot \mathfrak{M} \\[4pt]
M_b &= -(\mu_{b0}^{\mathrm{III}} + \mu_{bc}^{\mathrm{III}} \cdot \mu_{c0}^{\mathrm{IV}}) \cdot \mathfrak{M} = -\mu_{b0}^{\mathrm{IV}} \cdot \mathfrak{M} \\[4pt]
H_1 &= -(\chi_{10}^{\mathrm{III}} + \chi_{1c}^{\mathrm{III}} \cdot \mu_{c0}^{\mathrm{IV}}) \cdot \frac{\mathfrak{M}}{h_1} = -\chi_{10}^{\mathrm{IV}} \cdot \frac{\mathfrak{M}}{h_1} \\[4pt]
H_{1'} &= -(\chi_{1'0}^{\mathrm{III}} + \chi_{1'c}^{\mathrm{III}} \cdot \mu_{c0}^{\mathrm{IV}}) \cdot \frac{\mathfrak{M}}{h_1} = -\chi_{1'0}^{\mathrm{IV}} \cdot \frac{\mathfrak{M}}{h_1} \\[4pt]
M_c &= \mu_{c0}^{\mathrm{IV}} \cdot \mathfrak{M} \\[4pt]
M_d &= (\mu_{d0}^{\mathrm{III}} + \mu_{dc}^{\mathrm{III}} \cdot \mu_{c0}^{\mathrm{IV}}) \cdot \mathfrak{M} = \mu_{d0}^{\mathrm{IV}} \cdot \mathfrak{M} \\[4pt]
H_2 &= (\chi_{20}^{\mathrm{III}} + \chi_{2c}^{\mathrm{III}} \cdot \mu_{c0}^{\mathrm{IV}}) \cdot \frac{\mathfrak{M}}{h_2} = \chi_{20}^{\mathrm{IV}} \cdot \frac{\mathfrak{M}}{h_2} \\[4pt]
H_{2'} &= (\chi_{2'0}^{\mathrm{III}} + \chi_{2'c}^{\mathrm{III}} \cdot \mu_{c0}^{\mathrm{IV}}) \cdot \frac{\mathfrak{M}}{h_2} = \chi_{2'0}^{\mathrm{IV}} \cdot \frac{\mathfrak{M}}{h_2} \\[4pt]
M_e &= (\mu_{e0}^{\mathrm{III}} + \mu_{ec}^{\mathrm{III}} \cdot \mu_{c0}^{\mathrm{IV}}) \cdot \mathfrak{M} = \mu_{e0}^{\mathrm{IV}} \cdot \mathfrak{M} \\[4pt]
M_f &= (\mu_{f0}^{\mathrm{III}} + \mu_{fe}^{\mathrm{III}} \cdot \mu_{c0}^{\mathrm{IV}}) \cdot \mathfrak{M} = \mu_{f0}^{\mathrm{IV}} \cdot \mathfrak{M} \\[4pt]
H_3 &= (\chi_{30}^{\mathrm{III}} + \chi_{3c}^{\mathrm{III}} \cdot \mu_{c0}^{\mathrm{IV}}) \cdot \frac{\mathfrak{M}}{h_3} = \chi_{30}^{\mathrm{IV}} \cdot \frac{\mathfrak{M}}{h_3} \\[4pt]
H_{3'} &= (\chi_{3'0}^{\mathrm{III}} + \chi_{3'c}^{\mathrm{III}} \cdot \mu_{c0}^{\mathrm{IV}}) \cdot \frac{\mathfrak{M}}{h_3} = \chi_{3'0}^{\mathrm{IV}} \cdot \frac{\mathfrak{M}}{h_3}
\end{aligned}\right\} \tag{10}$$

Gehen wir von den letzten für das gegebene Tragwerk (System IV) gewonnenen Beiwerten des Momentes $\mathfrak{M}$ zu denjenigen der statisch unbestimmten Hauptsysteme niedererer Grades zurück, so ist aus denselben die folgende Form ersichtlich:

$$\text{System IV:} \quad \mu_{a0}^{\mathrm{IV}} = \mu_{a0}^{\mathrm{III}} + \mu_{ac}^{\mathrm{III}} \cdot \boxed{\mu_{c0}^{\mathrm{IV}}} \qquad \text{(Rahmenbedingung in 2\,c),}$$

$$\text{System III:} \quad \left.\begin{aligned}
\mu_{a0}^{\mathrm{III}} &= \varnothing + \mu_{ad}^{0} \cdot \boxed{\mu_{d0}^{\mathrm{III}}} \\[4pt]
\mu_{ac}^{\mathrm{III}} &= \mu_{ac}^{0} + \mu_{ad}^{0} \cdot \boxed{\mu_{dc}^{\mathrm{III}}}
\end{aligned}\right\} \quad \text{(Rahmenbedingung in 2\,d),}$$

$$\text{System II:} \quad \left.\begin{aligned}
\mu_{f0}^{\mathrm{II}} &= \mu_{f0}^{\mathrm{I}} + \mu_{fe}^{\mathrm{I}} \cdot \boxed{\mu_{e0}^{\mathrm{II}}} \\[4pt]
\mu_{fc}^{\mathrm{II}} &= \mu_{fc}^{\mathrm{I}} + \mu_{fe}^{\mathrm{I}} \cdot \boxed{\mu_{ec}^{\mathrm{II}}} \\[4pt]
\mu_{fd}^{\mathrm{II}} &= \mu_{fd}^{\mathrm{I}} + \mu_{fe}^{\mathrm{I}} \cdot \boxed{\mu_{ed}^{\mathrm{II}}}
\end{aligned}\right\} \quad \text{(Rahmenbedingung in 3\,e),}$$

$$\text{System 1:} \quad
\begin{aligned}
\chi^{I}_{20} &= \chi^{0}_{20} - \chi^{0}_{2f} \cdot \boxed{\mu^{I}_{f0}} \\
\chi^{I}_{2c} &= \chi^{0}_{2c} - \chi^{0}_{2f} \cdot \boxed{\mu^{I}_{fc}} \\
\chi^{I}_{2d} &= \chi^{0}_{2d} - \chi^{0}_{2f} \cdot \boxed{\mu^{I}_{fd}} \\
\chi^{I}_{2e} &= \chi^{0}_{2e} + \chi^{0}_{2f} \cdot \boxed{\mu^{I}_{fe}}
\end{aligned}
\right\} \quad \text{(Rahmenbedingung in 3 f).}$$

Das Bildungsgesetz der Beiwerte ist aus dieser Zusammenstellung leicht zu erkennen. Sie setzen sich durchgehends aus zwei Summanden zusammen. Der erstere bildet den entsprechenden Beiwert des nächstniederen in Betracht kommenden statisch unbestimmten Hauptsystems; er verschwindet selbstredend, wenn dieses, wie in dem Ausdruck für μ^{III}_{a0}, in dem betreffenden System, d. i. hier das unterste Geschoß des Stockwerkrahmens, keine äußere Belastung enthält. Der zweite ist ein Produkt des aus der Rahmenbedingung zu bildenden μ-Wertes der die Ständerfußreaktionen hervorrufenden Belastung mit dem Beiwert des niedrigeren Teilsystems, dessen Zeiger diejenigen der beiden anderen enthält. Den Beiwerten, die mittels einer Rahmenbedingung aus dem höheren Geschoß berechnet werden müssen, wie hier in den Ausdrücken für χ^{I}_{20}, χ^{I}_{2c} und χ^{I}_{2d}, ist dem zweiten Summanden ein Minuszeichen vorzusetzen; ebenso auch, wie aus den Gleichungen (6), (8) und (10) ersichtlich ist, den Beiwerten der Ständerfußreaktionen, die aus der Belastung des nächsthöheren Geschosses sich ergeben.

Überblicken wir noch kurz den hier entwickelten Rechnungsweg, so läßt sich das Ergebnis folgendermaßen zusammenfassen:. Für die die Berechnungsgrundlage bildenden eingeschossigen mehrstieligen Rahmen sind außer den im I. Teil ermittelten Werten für die überzähligen Größen infolge der an den Ständerköpfen und Fußgelenken anzubringenden Gegenkräfte eine Reihe von Belastungsfällen erforderlich; diese sind als „Grundfälle" den nachfolgend behandelten Sonderfällen der Berechnung vorausgeschickt. In dem hier betrachteten Beispiel des vierstieligen Stockwerksrahmens ergeben sich als solche für die Berechnung einer Horizontalkraft bei vertikaler Belastung für das gelenkig gelagerte Grundsystem Ausdrücke von der Form:

$$\chi^{0}_{2c}, \ \chi^{0}_{2d}, \ \chi^{0}_{2e}, \ \chi^{0}_{2f} \ \ldots \ldots \ldots \ldots \ldots \quad \text{4 Bestimmungsstücke}$$

und für das unten eingespannte Grundsystem:

$$\chi^{0}_{1c}, \ \chi^{0}_{1d} \ \ldots \ldots \ldots \ldots \ldots \ldots \quad \underline{2 \qquad \text{,,}}$$

$$\text{zusammen:} \quad \text{6 Bestimmungsstücke}$$

für jede der beiden Teilbelastungen. Für die Berechnung des Einflusses einer wagrechten Belastung treten noch die Bestimmungsstücke für wagrechten Lastangriff hinzu. Durch schrittweises Übergehen von dem unmittelbar belasteten Grundsystem 0 zu den Systemen I, II, III und IV ergibt sich nach der oben gebrachten Zusammenstellung die Aufstellung mehrerer Rahmenbedingungen, und zwar:

für das System   I: 4 Rahmenbedingungen
  „   „   „   II: 3   „
  „   „   „   III: 2   „
  „   „   „   IV: 1   „

zusammen: 10 Rahmenbedingungen

für jede der beiden Teilbelastungen. Das vorgelegte Tragwerk weist eine $3 \times 3 \times 3 = 27$fache statische Unbestimmtheit auf (s. § 4). Durch die Belastungsumordnung in eine symmetrische und eine polarsymmetrische Kräftegruppe spalten sich die Überzähligen in 'zwei voneinander unabhängige Gleichungsgruppen mit 15 und 12 Unbekannten. Die Auflösung derselben würde bei gleichzeitiger Einführung aller Überzähligen in die Rechnung auch auf dem Wege der unmittelbar zu bildenden Elastizitätsbedingungen aus den Formänderungen selbst so unübersichtlich sein, daß ihre praktische Durchführbarkeit untunlich erscheint. An die Stelle dieser beiden Gleichungsgruppen mit 15 bzw. 12 Unbekannten ist hier neben der unmittelbaren Belastung des Grundsystems 0 noch die Ermittlung von je 16 Rahmenbedingungen für jede der beiden Teilbelastungen getreten, die aus den Beiwerten der im vorhergehenden angegebenen Ausdrücke nach dem in den § 6 und 24 näher entwickelten Verfahren aufzustellen sind. Solange die wagrechte Gliederung des Stockwerksrahmens nicht mehr als die vorläufige Annahme je eines Zwischengelenkes auf derselben Seite der Symmetrieachse in jedem Grundsystem (wie hier in c und e) zwecks Weitergehen zu den Systemen höheren Grades erforderlich macht, wird die praktische Berechnung nach der dargelegten Methode noch immer ermöglicht sein. Das wird aber zufolge der in § 8 näher angeführten Gründe in den gewöhnlichen Fällen der Praxis wohl in der Regel zutreffen.

§ 26. Berechnung der Temperatureinflüsse.

Bei gleichmäßiger Temperaturänderung der Ständer und der Balken bleiben die einzelnen Balkenköpfe eines Rahmengeschosses in gleicher Höhe. Die Formänderung erfolgt symmetrisch. Die Untersuchung des untersten Geschosses erfolgt nach dem in § 8 angegebenen Verfahren. Hinzu kommt noch der Einfluß der durch die feste Verbindung mit den oberen Stockwerken an den Balkenköpfen wirkenden Momente, die nach der vorher erörterten Methode zu berechnen sind. Die Belastung der oberen Geschosse besteht nur aus diesen an den Fußgelenken des Geschosses 2 symmetrisch angreifenden Momenten.

Wenn insbesondere nur eine Seite des Stockwerksrahmens der Sonnenbestrahlung ausgesetzt ist, dann erfährt der eine Ständer eine höhere Temperaturänderung t_1 als die übrigen Tragglieder (t_2). Zur Ermittung der dadurch hervorgerufenen Temperaturspannungen setze man:

$$t_1 = \frac{t_1 + t_2}{2} + \frac{t_1 - t_2}{2} = \tfrac{1}{2}\left(\textstyle\sum t + \varDelta t\right),$$

$$t_2 = \frac{t_1 + t_2}{2} - \frac{t_1 - t_2}{2} = \tfrac{1}{2}\left(\textstyle\sum t - \varDelta t\right),$$

dann erfolgt die Berechnung aus nachfolgenden Teilbelastungen:

a) Alle Ständer erfahren eine Temperaturerhöhung von $t_0 = \tfrac{1}{2}\sum t$, die Riegel eine solche von t_2. Die Knotenpunkte der einzelnen Balken bleiben bei dieser Temperaturänderung in gleicher gegenseitiger Höhenlage: Die Untersuchung erfolgt nach der für den vorhergehenden Fall angegebenen Weise. Die Längenänderung der Ständer, $\varepsilon t_0 h$ ist dabei für die Spannungen ohne Belang; von Einfluß ist nur die horizontale Verschiebung der Balkenköpfe infolge des Temperaturzuwachses t_2.

b) Die Längenänderung der einzelnen Riegel ist gleich Null. Von den Ständern ändern nur die beiden äußeren ihre Höhe, und zwar der der Sonnenbestrahlung ausgesetzte um $+\tfrac{1}{2}\varDelta t$, der entgegengesetzte um $-\tfrac{1}{2}\varDelta t$: Die mittleren Balkenköpfe bleiben in gleicher Höhenlage wie bei der Anfangstemperatur. Die Formänderung vollzieht sich in diesem Fall polarsymmetrisch (s. § 10). Für das Grundsystem des eingeschossigen mehrstieligen Rahmens ergibt sich als Berechnungsgrundlage der durch die ungleiche Temperaturwirkung polarsymmetrisch verformte zweistielige Rahmen, für welchen auf Grund des Superpositionsprinzips die Überzähligen aus der für sich betrachteten Temperaturbelastung und den durch die Verbindung mit dem übrigen Teil des Rahmens in den Anschlußpunkten hinzutretenden Momenten zu bilden sind.

c) Die mittleren Ständerköpfe verschieben sich bei ungeänderter Länge der einzelnen Balken und ungeänderter Höhenlage der äußeren Stützen um die gleichen Beträge $-\tfrac{1}{2}\varDelta t$: Die Formänderung des Stockwerksrahmens ist dann eine symmetrische. Die Grundformen der beiden seitlichen zweistieligen Rahmen erleiden wieder wie in b eine polarsymmetrische Verbiegung, aber im Gegensatz zu b ist die Formänderung des ganzen Stockwerksrahmens eine achsensymmetrische.

Für den einfachen (zweistieligen) Rahmen mit eingespannten Ständerfüßen als Berechnungsgrundlage des mehrstieligen Rahmens ergibt sich die Bestimmung der Temperaturkräfte für den Fall einer ungleichen Erwärmung der Stützen bei gleichbleibender Balkenlänge in folgender

Weise (Fig. 67): Wie aus den eingehenden Betrachtungen in § 10 hervorgeht, erfolgt hier eine polarsymmetrische Kräftewirkung. Die ungleiche Höhe der Ständer um den Betrag von $\Delta h = \frac{1}{2}\,\varepsilon \cdot h \cdot \Delta t$ bewirkt in den beiden Ständerdrehwinkeln nur einen Unterschied um eine kleine Größe zweiter Ordnung; denn es ist:

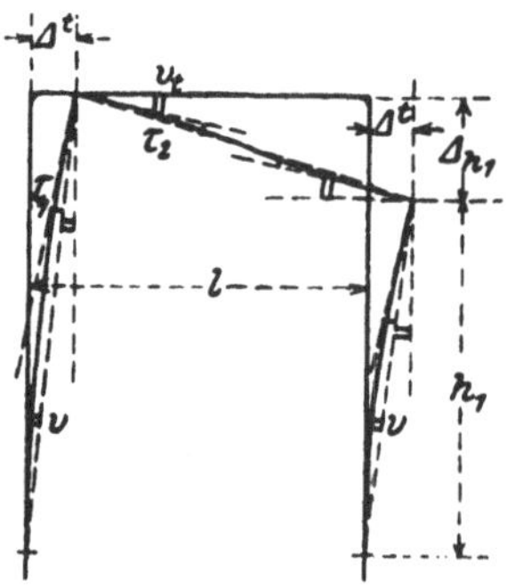

$$v_l = \frac{\Delta^t}{h_1 + \Delta h_1} = \frac{\Delta^t}{h_1\left(1 + \dfrac{\Delta h_1}{h_1}\right)}$$

$$= \frac{\Delta^t}{h_1}\left(1 - \frac{\Delta h_1}{h_1} + \frac{\Delta^2 h_1}{h_1^2} - \ldots\right) = \frac{\Delta^t}{h_1} = v_r = v\,.$$

Fig. 67.

Damit folgt aus Fig. 67 dieselbe Beziehung zwischen den Verdrehungswinkeln wie aus Fig. 38. Es ist daher für die Berechnung der Überzähligen in Gleichung (VIII) Δ_v für einen Temperaturunterschied um $\frac{1}{2}\,\Delta t$ durch $\varepsilon \cdot h_1 \cdot \Delta t$ zu ersetzen; daher:

$$\Delta M_t^0 = \Delta M_t^s = -\frac{1}{2} \cdot \frac{1}{a_m^{\delta} + \psi \cdot \delta_l} \cdot \frac{\varepsilon E J_m}{l^3} \cdot h_1 \cdot \Delta t$$

$$= -\frac{1}{2} \cdot \frac{1}{\frac{1}{3} + \psi} \cdot \frac{\varepsilon E J_m}{l^3} \cdot h_1 \cdot \Delta t = -3\,\omega_9 \cdot \frac{\varepsilon E J_m}{l^3} \cdot h_1 \cdot \Delta t\,.$$

Im untersten Geschoß ist:

$$v_t^{(1)} = \frac{\Delta h_1}{l} = \frac{1}{2} \cdot \frac{\varepsilon h_1 \cdot \Delta t}{l}\,.$$

In den folgenden oberen Geschossen ist für den zweistieligen Rahmen:

$$v_t^{(2)} = \frac{\Delta h_2}{l} = \frac{1}{2} \cdot \frac{\varepsilon(h_1 + h_2)\,\Delta t}{l}\,,$$

$$v_t^{(3)} = \frac{\Delta h_3}{l} = \frac{1}{2} \cdot \frac{\varepsilon(h_1 + h_2 + h_3) \cdot \Delta t}{l} \quad \text{usw.}$$

Diese Werte sind bei der Berechnung der einzelnen Grundsysteme entsprechend der Riegelhöhe derselben über der Einspannstelle der Ständer des untersten Geschosses zu berücksichtigen. Beim schrittweisen Übergehen zu den Teilsystemen ansteigenden Grades statischer Unbestimmtheit ist dann im übrigen ebenso zu verfahren wie dies in § 25 näher entwickelt wurde.

Zur Berechnung der Momente ΔM, die an den Ständerköpfen und Fußgelenken der einzelnen aufeinanderfolgenden Grundsysteme zur Wiederherstellung des ursprünglichen Zustandes anzubringen sind, ist noch die Aufstellung der Beziehungen zwischen den Verdrehungswinkeln erforderlich. Aus Fig. 68 ist die Formänderung des Rahmenfaches bei ungleichen Höhenunterschieden Δ_o und Δ_u der beiden oberen und unteren Rahmenecken infolge von dortselbst wirkenden Momenten ersichtlich; es ergibt sich:

$$\tau_1 + \tau_2 + v_h - v_u = 0\,,$$
$$\tau_3 + \tau_4 - v_h + v_u = 0\,.$$

Hieraus folgt die Rahmengleichung:

$$\tau_1 + \tau_2 + \tau_3 + \tau_4 + v_o - v_u$$
$$= \sum \tau + \frac{\Delta_o - \Delta_u}{l} = 0\,.$$

Es ist:

$$\frac{\Delta_o - \Delta_u}{l} = v \cdot \varepsilon \cdot \frac{h_r}{l} \cdot \Delta t\,,$$

mithin:

$$\sum \tau + v \cdot \varepsilon \cdot \frac{h_r}{l} \cdot \Delta t = 0\,. \qquad\qquad (\mathrm{X})$$

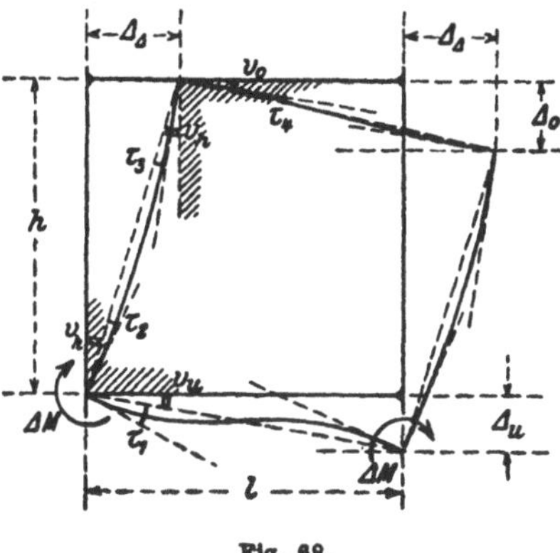

Fig. 68.

Hierin ist $v = \frac{1}{2}$ für den mehrstieligen und $v = 1$ für den Sonderfall des zweistieligen Stockwerksrahmens zu setzen.

B. Sonderfälle mehrstöckiger Rahmen.

§ 27. Der zweistielige Stockwerksrahmen.

Bei der Berechnung der Stockwerksrahmen sind außer den im I. Teil insbesondere in Betracht gezogenen vertikalen Lasten und Temperatureinflüssen auch noch wagrechte Belastungen (Windkräfte) von Bedeutung, und die daher auch im folgenden entsprechend berücksichtigt sind. Beim schrittweisen Ansteigen aus dem Grundsystem zu den statisch unbestimmten Hauptsystemen höheren Grades lassen sich beim zweistieligen symmetrischen Rahmen infolge des Wegfalles eines zweiten Teilsystems in demselben Geschosse einfache Beziehungen für den mehrere Geschosse enthaltenden Stockwerksrahmen ableiten. Obwohl zwar eine zu große rahmenartige Übereinanderlagerung in der praktischen Ausführung begrenzt ist und die Wirkung auf entferntere Geschosse rasch abnimmt, erscheint es doch von Interesse mit Rücksicht auf die im III. Teil zu behandelnden parallelen Rahmenbalkenträger auch hier für den zweistieligen Rahmen die Untersuchung für eine beliebige Geschoßzahl durchzuführen.

1. Der einfache zweistielige Rahmen als Grundsystem des mehrstöckigen Rahmens.

a) Vertikale Belastung.

Grundfall 1: Vertikale Einzellast P am Rahmen mit Fußgelenken. Zufolge § 13 a ist:

$$H = -\frac{3}{2} \cdot \frac{1}{3 + 2\psi} \cdot \frac{\mathfrak{M}_x}{h} = -\tfrac{3}{2} \cdot \omega_1 \cdot \frac{\mathfrak{M}_x}{h}\,.$$

Grundfall 2: Rahmen mit eingespannten Ständerfüßen mit zwei symmetrischen Lasten $\tfrac{1}{2}P$. Zufolge § 19 a, α ist:

$$M_0^0 = -\frac{1}{2 + \psi} \cdot \mathfrak{M}_x = -\omega_{10} \cdot \mathfrak{M}_x\,,$$

$$M_0^s = +\tfrac{1}{2}\,\omega_{10} \cdot \mathfrak{M}_x\,,$$

$$H = -\tfrac{3}{2} \cdot \omega_{10} \cdot \frac{\mathfrak{M}_x}{h}\,.$$

Grundfall 3: Rahmen mit fest eingespannten Ständern polarsymmetrisch belastet. Zufolge § 19 a, β ist:

$$\Delta M^0 = \Delta M^s = -\frac{1}{1 + 6\psi} \cdot (\tfrac{1}{2} - \xi) \cdot \mathfrak{M}_x = -\omega_9 (\tfrac{1}{2} - \xi) \cdot \mathfrak{M}_x\,.$$

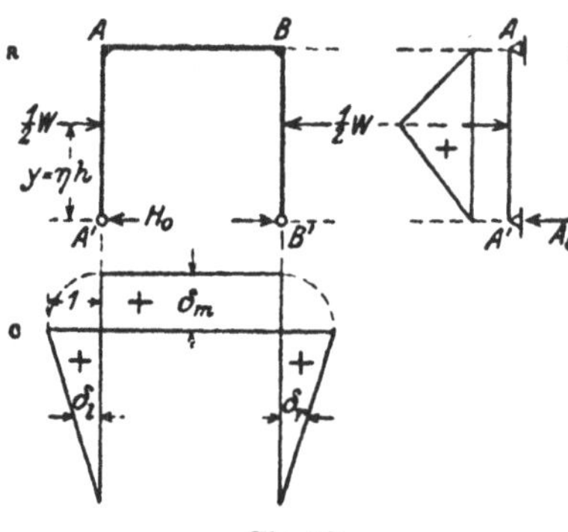

Fig. 69.

b) Wagrechte Belastung:

Grundfall 4: Gelenkig gelagerter Rahmen symmetrisch belastet (Fig. 69). Unter der Annahme von Gelenken in A und B an Stelle der steifen Ecken entsteht als statisch bestimmter Hauptfall der frei aufliegende Balkenträger AA', für welchen bei einer in der Höhe $y = \eta \cdot h$ angreifenden Last W anzuschreiben ist:

$$\mathfrak{M}_y^0 = \eta(1 - \eta) \cdot W \cdot h = (1 - \eta) \cdot \mathfrak{M}_y\,.$$

Aus Fig. 69b und c folgen die $\varkappa$- und δ-Werte:

$$\varkappa_l = \varkappa_r = \tfrac{1}{2} \cdot \tfrac{1}{2}\,, \qquad \sigma_l = \sigma_r = \tfrac{1}{2}(1 + \eta)\,;$$

$$\delta_l = \delta_r = \tfrac{1}{2}\,, \qquad \sigma_l = \sigma_r = \tfrac{2}{3}\,; \qquad \delta_m = 1\,;$$

und man erhält:

$$M_0^0 = -\frac{2 \cdot \tfrac{1}{12} \cdot (1 + \eta)\,\psi}{1 + 2 \cdot \tfrac{1}{2} \cdot \tfrac{2}{3} \cdot \psi} \cdot \mathfrak{M}_y^0 = -\frac{1}{2} \cdot \frac{\psi}{3 + 2\psi} \cdot (1 + \eta) \cdot \mathfrak{M}_y^0$$

$$= -\tfrac{1}{2}\,\psi\,\omega_1 (1 - \eta^2) \cdot \mathfrak{M}_y\,,$$

$$H = \frac{1}{h} \cdot M_0^0 = -\tfrac{1}{2}\,\psi\,\omega_1 (1 - \eta^2) \cdot \frac{\mathfrak{M}_y}{h} = -\tfrac{1}{2}\,\psi\,\omega_1 (\eta - \eta^3) \cdot W$$

und die tatsächlichen horizontalen Gegenkräfte an den Gelenken:

$$A_0 = B_0 = \tfrac{1}{2}(1 - \eta)\cdot W + H_0 = +\tfrac{1}{2}\cdot[1 - \eta - \psi\,\omega_1(\eta - \eta^3)]\cdot W \;{}^1)\;.$$

Für eine gleichmäßig verteilte wagrechte Belastung von je $\tfrac{1}{2}\,w$ kg/m auf der ganzen Ständerlänge ist an die Stelle von W zu setzen:

$$w\cdot dy = w\cdot h\cdot d\eta\,.$$

Damit erhält man durch Integration aus den obigen Ausdrücken:

$$M_0^0 = H\cdot h = -\tfrac{1}{8}\,\psi\,\omega_1\cdot w\,h\,,$$
$$A_0 = B_0 = +\tfrac{1}{2}(2 - \psi\,\omega_1)\cdot w\,h\,.$$

Grundfall 5: Gelenkig gelagerter Rahmen polarsymmetrisch belastet. Es ist: $\varDelta H = 0$; daher die horizontalen Gegenkräfte an den Gelenken:

$$\varDelta A = \varDelta \mathfrak{A} = +\tfrac{1}{2}W; \qquad \varDelta B = \varDelta \mathfrak{B} = -\varDelta A = -\tfrac{1}{2}W;$$

mithin:

$$\varDelta M^0 = \tfrac{1}{2}\cdot W\cdot y = \tfrac{1}{2}\cdot \eta\cdot W\cdot h\,.$$

Hieraus folgt für eine gleichmäßig verteilte Belastung von je $\tfrac{1}{2}\,w$ kg/m auf der ganzen Ständerlänge:

$$\varDelta A = +\tfrac{1}{2}\,w\,h\,, \qquad \varDelta B = -\tfrac{1}{2}\cdot w\,h\,, \qquad \varDelta M^0 = +\tfrac{1}{4}\,w\,h^2\,.$$

Aus den Grundfällen 4 und 5 ergibt sich durch Summierung für eine Einzellast W in der Höhe $y = \eta\cdot h$ über dem linken Fußgelenk:

$$A = A_0 + \varDelta A = +\tfrac{1}{2}[2 - \eta - \psi\,\omega_1(\eta - \eta^3)]\cdot W,$$
$$B = A_0 - \varDelta A = +\tfrac{1}{2}[\eta + \psi\,\omega_1\cdot(\eta - \eta^3)]\cdot W;$$

für eine gleichmäßig verteilte Belastung von w kg/m auf der ganzen linken Ständerlänge erhält man:

$$A = +\tfrac{1}{8}(2 - \psi\,\omega_1)\cdot w\,h + \tfrac{1}{2}\,w\,h = +\tfrac{1}{8}(6 - \psi\cdot\omega_1)\cdot w\,h\,,$$
$$B = +\tfrac{1}{8}(2 - \psi\,\omega_1)\cdot w\,h - \tfrac{1}{2}\,w\,h = -\tfrac{1}{8}(2 + \psi\cdot\omega_1)\cdot w\,h\,.$$

Grundfall 6: Rahmen mit fest eingespannten Ständern symmetrisch belastet (Fig. 70). Bezeichnet man mit M_{00}^s das Einspannungsmoment und mit H_{00} die wagrechte Gegenkraft in A' und B' für den Fall, daß man an die Stelle der steifen Verbindungen in A und B Gelenke setzt, dann ist für den Steifrahmen:

$$M_0^s = M_{00}^s + \mu_0^s\cdot M_0^0\,,$$
$$H_0 = H_{00} + \chi_0\cdot M_0^0\,.$$

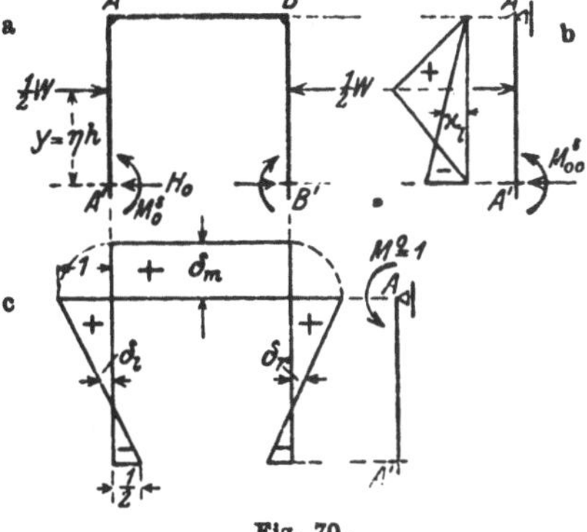

Fig. 70.

$^1)$ Entsprechend den in § 6 gegebenen Erklärungen richtet sich das Vorzeichen für die Ständerfußreaktionen immer mit Bezug auf die Symmetrieachse; von der Symmetrieachse weggerichtete Horizontalkräfte sind positiv.

Aus Fig. 70b folgt für die Bestimmung von M_{00}^S:

$$\varkappa = \tfrac{1}{2}\cdot\tfrac{1}{2}, \quad \sigma = \tfrac{1}{3}(2-\eta); \qquad \delta = \tfrac{1}{2}, \quad \sigma = \tfrac{2}{3};$$

daher:

$$M_{00}^S = -\tfrac{1}{4}(2-\eta)\cdot\mathfrak{M}_y^0 = +\tfrac{1}{4}(1-\eta)(2-\eta)\cdot\mathfrak{M}_y = +\tfrac{1}{4}(2-3\,\eta+\eta^2)\cdot\mathfrak{M}_y \,,$$

$$H_{00} = -\frac{1}{h}\cdot M_{00}^S = +\tfrac{1}{4}(2-\eta)\frac{\mathfrak{M}_y^0}{h} = +\tfrac{1}{4}\eta(1-\eta)(2-\eta)\cdot W$$

$$= +\tfrac{1}{4}\cdot(2\,\eta-3\,\eta^2+\eta^3)\cdot W\,.$$

Zufolge Fig. 70c ist (§ 19 a, α):

$$\mu_0^S = -\tfrac{1}{2}, \qquad \chi = +\frac{3}{2}\cdot\frac{1}{h}\,,$$

und es ist anzuschreiben:

$$M_0^S = -\tfrac{1}{4}\cdot(2-\eta)\cdot\mathfrak{M}_y^0 - \tfrac{1}{2}\,M_0''\,,$$

$$H_0 = +\tfrac{1}{4}(2-\eta)\cdot\frac{\mathfrak{M}_y^0}{h} + \frac{3}{2}\cdot\frac{M_0''}{h}\,.$$

Aus den Beiwerten von M_0^S und aus Fig. 70b und c folgt für die Bestimmung von M_0^0:

$$\varkappa_l = +\tfrac{1}{2}\cdot\tfrac{1}{2}; \qquad\qquad \varkappa_l' = -\tfrac{1}{2}\cdot\tfrac{1}{4}(2-\eta);$$

$$\delta_m = 1, \quad \sigma_m = \tfrac{1}{2}; \qquad \delta_l = +\tfrac{1}{4};$$

daher nach entsprechender Vereinfachung:

$$M_0^0 = -\frac{1}{2}\cdot\frac{\psi}{2+\psi}\cdot\eta\cdot\mathfrak{M}_y^0 = -\tfrac{1}{2}\psi\,\omega_{10}\cdot\eta\cdot\mathfrak{M}_y^0 = +\tfrac{1}{2}\cdot\psi\omega_{10}\cdot(\eta-\eta^2)\mathfrak{M}_y\,,$$

$$M_0^S = -\tfrac{1}{4}(2-\eta-\psi\,\omega_{10}\cdot\eta)\cdot\mathfrak{M}_y^0 = -\tfrac{1}{4}\cdot[1-(1+\psi)\,\omega_{10}\,\eta]\cdot\mathfrak{M}_y^0$$

$$= +\tfrac{1}{4}[1-\eta-(1+\psi)\,\omega_{10}(\eta-\eta^2)]\cdot\mathfrak{M}_y\,,$$

$$H_0 = +\tfrac{1}{4}(2-\eta-3\,\psi\,\omega_{10}\,\eta)\cdot\frac{\mathfrak{M}_y^0}{h} = +\tfrac{1}{4}[1-(1+2\,\psi)\,\omega_{10}\,\eta]\cdot\frac{\mathfrak{M}_y^0}{h}$$

$$= +\tfrac{1}{4}[\eta-\eta^2-(1+2\,\psi)\,\omega_{10}\cdot(\eta^2-\eta^3)]\,W\,,$$

$$A_0 = B_0 = \mathfrak{A}_0 + H_0 = \tfrac{1}{4}\cdot[1-\eta^2-(1+2\,\psi)\cdot\omega_{10}\cdot(\eta^2-\eta^3)]\cdot W\,.$$

Für eine gleichmäßig verteilte symmetrische Belastung von je $\tfrac{1}{2}\,w$ kg pro lfd. m Ständerlänge ergibt sich damit:

$$M_0^0 = -\tfrac{1}{24}\cdot\psi\cdot\omega_{10}\cdot w\,h^2\,,$$

$$M_0^S = -\tfrac{1}{24}\cdot(1+\omega_{10})\cdot w\,h^2\,,$$

$$H_0 = +\tfrac{1}{8}\cdot\omega_{10}\cdot w\,h\,,$$

$$A_0 = B_0 = +\tfrac{1}{8}(2+\omega_{10})\cdot w\,h\,.$$

Grundfall 7: Eingespannter Rahmen polarsymmetrisch belastet (Fig. 71). Wenn ΔM_0^s das Einspannungsmoment für den Fall von Zwischengelenken in A und B bedeutet, ist hier ebenso wie in Grundfall 6:

$$\Delta M^s = \Delta M_0^s + \Delta \mu^s \cdot \Delta M^0 .$$

Hierin ist zufolge Fig. 71b und c:

$$\Delta M_0^s = -\tfrac{1}{2} \cdot \eta \cdot Wh, \quad \Delta \mu^s = +1 ;$$

mithin:

$$\Delta M^s = -\tfrac{1}{2} \eta \cdot Wh + \Delta M^0 .$$

Für die Bestimmung von ΔM^0 ist dann: c

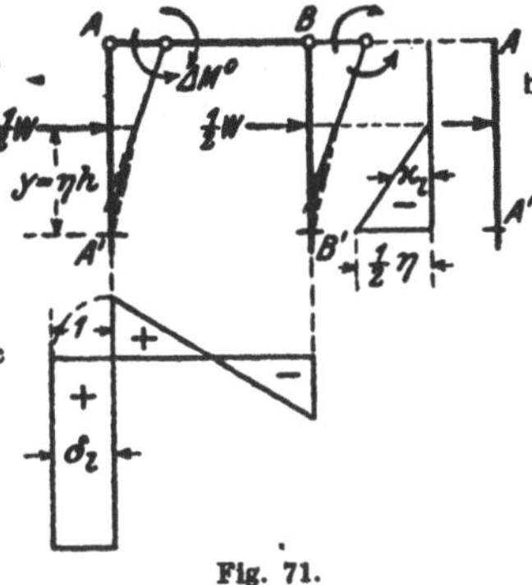

Fig. 71.

$$x_l = -\tfrac{1}{2} \cdot \tfrac{1}{2} \cdot \eta^2 ; \,^{1)}$$
$$\delta_l = +1 ;$$
$$\delta_m \sigma_m = a_4 = \tfrac{1}{3} ,$$

und man erhält:

$$\Delta M^0 = -\frac{-\tfrac{1}{2} \cdot \tfrac{1}{2} \eta^2 \psi}{\tfrac{1}{3} + \psi} \cdot Wh = +\frac{3}{2} \cdot \frac{\psi}{1 + 6\psi} \cdot \eta^2 \cdot Wh$$
$$= +\tfrac{3}{2} \psi \cdot \omega_9 \cdot \eta^2 \cdot Wh ,$$

$$\Delta M^s = -\tfrac{1}{2} (\eta - 3\psi \cdot \omega_9 \cdot \eta^2) Wh \quad \text{für} \quad \eta = 1 \ldots \Delta M^s = -\tfrac{1}{2}(1 + \omega_9) Wh ,$$

$$\Delta A = +\tfrac{1}{2}W, \quad \Delta B = -\tfrac{1}{2}W .$$

Hieraus folgt für eine gleichmäßig verteilte polarsymmetrische Belastung von je $\tfrac{1}{2}w$ kg pro lfd. m Ständerlänge:

$$\Delta M^0 = +\tfrac{1}{4} \cdot \psi \cdot \omega_9 \cdot wh^2 ,$$
$$\Delta M^s = -\tfrac{1}{4} \cdot (\tfrac{1}{2} - \psi \omega_9) \cdot wh^2 = -\tfrac{1}{8}(1 + 4\psi) \cdot \omega_9 \cdot wh^2 ,$$
$$\Delta A = +\tfrac{1}{2}wh, \quad \Delta B = -\tfrac{1}{2}wh .$$

Aus den Grundfällen 6 und 7 ergibt sich durch Summierung für eine wagrechte Einzellast W in der Höhe $y = \eta h$ über dem Ständerfuß des fest eingespannten Rahmens wirkend:

$$A = A_0 + \Delta A = +\tfrac{1}{2} \cdot [2 - \eta^2 - (1 + 2\psi) \cdot \omega_{10} \cdot (\eta^2 - \eta^3)] \cdot W ,$$
$$B = B_0 + \Delta B = -\tfrac{1}{2} \cdot [\eta^2 + (1 + 2\psi) \omega_{10} \cdot (\eta^2 - \eta^3)] \cdot W ;$$

und für eine gleichmäßig verteilte Belastung von w kg pro lfd. m auf der ganzen Länge des linken Ständers:

$$A = +\tfrac{1}{8}(6 + \omega_{10}) \cdot wh ,$$
$$B = -\tfrac{1}{8}(2 - \omega_{10}) \cdot wh .$$

$^{1)}$ Da sich die Momentenfläche hier nur auf die Länge $y = \eta h$ erstreckt, ist bei der Bildung der mittleren Ordinate noch mit η zu multiplizieren.

c) Momente an den Ständerköpfen und Fußgelenken.

Grundfall 8: Zwei symmetrische Momente M an den Ständerköpfen des Zweigelenkrahmens (Fig. 72).

Statisch bestimmter Hauptfall: Frei aufliegender Balkenträger AB durch Anordnung eines Zwischengelenkes in A oder B oder in der Ersetzung eines Fußgelenkes durch ein Gleitlager. Aus Fig. 72 folgt:

$$x_m = 1 \; ; \quad \delta_m = 1, \qquad \delta_l = \delta_r = \tfrac{1}{2}, \qquad \sigma_l = \sigma_r = \tfrac{2}{3}.$$

$$H = -\frac{1}{1+\tfrac{2}{3}\psi} \cdot \frac{M}{h} = -3 \cdot \frac{1}{3+2\psi} \cdot \frac{M}{h} = -3\,\omega_1 \cdot \frac{M}{h}.$$

Das tatsächliche am Ständerkopf wirksame Moment:

$$M_{AB} = M + Hh = (1 - 3\omega_1) \cdot M = +2\psi\omega_1 \cdot M.$$

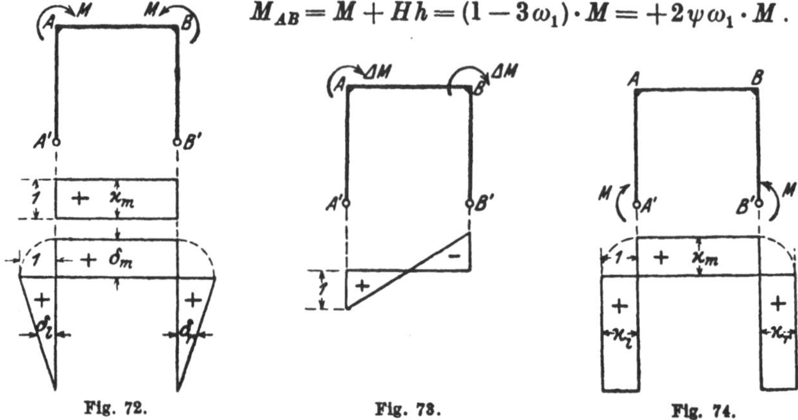

Fig. 72.　　　　　　　　　Fig. 73.　　　　　　　　　Fig. 74.

Grundfall 9: Zwei polarsymmetrische Momente ΔM an den Ständerköpfen des Zweigelenkrahmens (Fig. 73):

$$\Delta H = 0, \qquad \Delta M_{AB} = -\Delta M_{BA} = \Delta M, \qquad \Delta^{\Delta M} = \frac{1}{6} \cdot \frac{\Delta M \cdot lh}{EJ_m}.$$

Grundfall 10: Zwei symmetrische Momente an den Fußgelenken (Fig. 74). Statisch bestimmter Hauptfall im Ersatz eines Fußgelenkes durch ein Gleitlager.

mithin:
$$x_m = 1; \qquad x_l = x_r = 1, \qquad \sigma_l = \sigma_r = \tfrac{1}{2};$$

$$H = -\frac{1 + 2 \cdot \tfrac{1}{2}\psi}{1 + \tfrac{2}{3}\psi} \cdot \frac{M}{h} = -3 \cdot \frac{1+\psi}{3+2\psi} \cdot \frac{M}{h} = -3(1+\psi) \cdot \omega_1 \cdot \frac{M}{h},$$

$$M_0^0 = M_{AB} = M + H \cdot h = (1 - 3\dot\omega_1 - 3\psi\omega_1) \cdot M = -\psi \cdot \omega_1 \cdot M \,{}^{1}).$$

---

[1]) Mit Rücksicht auf die für den Stockwerksrahmen zu bildende Rahmenbedingung werden hier die von den Eckpunkten des Riegels sich ergebenden Momente angegeben. In den Ausdrücken M_{AB}, ΔM_{AB} ... bezieht sich der erste Zeiger auf das Rahmeneck, der zweite gibt die Richtung an: z. B. das Moment in A in der Richtung AB.

Grundfall 11: Zwei polarsymmetrische Momente ΔM an den Fußgelenken (Fig. 75).

$$\Delta H = 0, \qquad \Delta M_{AB} = -\Delta M_{BA} = \Delta M .$$

Grundfall 12: Zwei symmetrische Momente M an den Ständerköpfen des eingespannten Rahmens (Fig. 76).

$$\varkappa_m = 1, \qquad \sigma_m = \tfrac{1}{3} .$$

Mithin:

$$M_0^O = -\frac{\tfrac{1}{3}}{\tfrac{1}{3} + \tfrac{1}{3}\psi} \cdot M = -2 \cdot \frac{1}{2 + \psi} \cdot M = -2\,\omega_{10}\,M ,$$

$$M_0^S = -\tfrac{1}{2} M_0^O = +\omega_{10} \cdot M ,$$

$$H = -\frac{3\,M_0^S}{h} = -3\,\omega_{10} \cdot \frac{M}{h} ,$$

$$M_{AB} = M + M_0^O = (1 - 2\,\omega_{10}) \cdot M = +\psi \cdot \omega_{10} \cdot M .$$

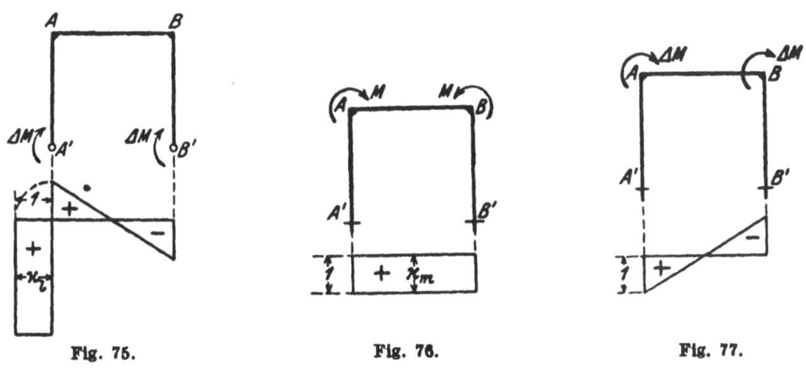

Fig. 75.　　　　Fig. 76.　　　　Fig. 77.

Grundfall 13: Zwei polarsymmetrische Momente ΔM an den Ständerköpfen des eingespannten Rahmens (Fig. 77).

$$\varkappa_m \cdot \sigma_m = \tfrac{1}{6} .$$

Mithin:

$$\Delta M^O = \Delta M^S = -\frac{\tfrac{1}{6}}{\tfrac{1}{6} + \psi} \cdot \Delta M = -\frac{1}{1 + 6\,\psi} \cdot \Delta M = -\omega_9 \cdot \Delta M ,$$

$$\Delta M_{AB} = -\Delta M_{BA} = \Delta M + \Delta M^O = (1 - \omega_9) \cdot \Delta M = +6\,\psi\,\omega_9 \cdot \Delta M .$$

d) Einfluß von Temperaturschwankungen.

Grundfall 14: Gleichmäßige symmetrische Temperaturänderung des Zweigelenkrahmens.

Temperaturänderung der Ständer: $t_0 = \tfrac{1}{2}\sum t$ und des Riegels: t_2 (§ 26 a). Zufolge § 13 d ist:

$$H_t = -3 \cdot \frac{1}{3 + 2\,\psi} \cdot \frac{\varepsilon\,E\,J_m}{h^2} \cdot t_2 = -3\,\omega_1 \cdot \frac{\varepsilon \cdot E \cdot J_m}{h^2} \cdot t_2 .$$

Grundfall 15: Ungleichmäßige (polarsymmetrische) Temperaturänderung ($\pm\tfrac{1}{2}\,\Delta t$) der Ständer des Zweigelenkrahmens.

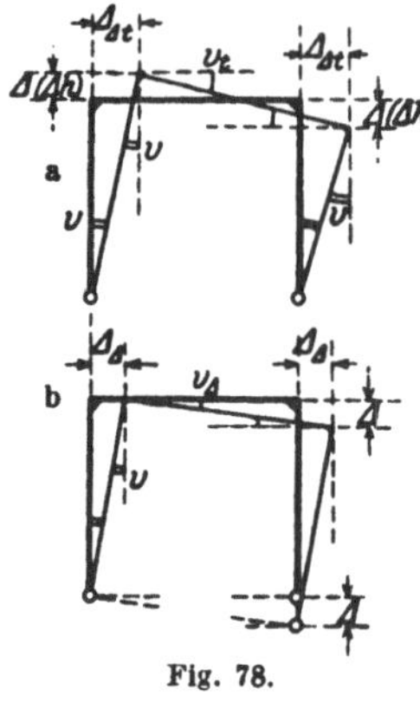

Fig. 78.

Die Längenänderung der Ständer beträgt:

$$\Delta(\Delta h) = \pm\tfrac{1}{2}\,\varepsilon \cdot h \cdot \Delta t\,.$$

Die ungleichmäßige Erwärmung der Ständer (Fig. 78) ruft im Zweigelenkrahmen keine Spannungen hervor, sondern nur eine Verschiebung um den Betrag $\Delta_{\Delta t}$ nach der Seite der geringeren Erwärmung hin (Fig. 78a); ebenso bewirkt eine Verschiebung der relativen Höhenlage der Fußgelenke um das Maß Δ (Fig. 78b) nur eine seitliche Verschiebung der Ständerköpfe um Δ_Δ (vgl. § 10). Aus Fig. 78a folgt:

$$v = \frac{\Delta'_{\Delta t}}{h} = \frac{2 \cdot \Delta(\Delta h)}{l} = \varepsilon \cdot \frac{h}{l} \cdot \Delta t\,,$$

hieraus:

$$\Delta'_{\Delta t} = \varepsilon \cdot \frac{h^2}{l} \cdot \Delta t$$

und aus Fig. 78b:

$$\Delta_\Delta = \frac{h}{l} \cdot \Delta\,.$$

Daher die gesamte wagrechte Verschiebung:

$$\Delta_{\Delta t} = \Delta'_{\Delta t} + \Delta_\Delta = \frac{h}{l}\,(\varepsilon \cdot h \cdot \Delta t + \Delta)$$

und der Ständerdrehwinkel:

$$v_r = \frac{\Delta_{\Delta t}}{h} = \varepsilon \cdot \frac{h}{l} \cdot \Delta t + \frac{\Delta}{l}\,.$$

Grundfall 16: Gleichmäßige (symmetrische) Temperaturänderung des eingespannten Rahmens.

Zufolge § 19d ist für eine Temperaturänderung t_2 des Riegels:

$$M_i^0 = -3 \cdot \frac{\psi}{2+\psi} \cdot \frac{\varepsilon \cdot E \cdot J_k}{h^2} \cdot l \cdot t_2 = -3(1 - 2\,\omega_{10}) \cdot \frac{\varepsilon \cdot E \cdot J_k}{h^2}\, l \cdot t_2\,,$$

$$M_i^s = +3 \cdot \frac{1+\psi}{2+\psi} \cdot \frac{\varepsilon \cdot E \cdot J_k}{h^2} \cdot l \cdot t_2 = +3(1 - \omega_{10}) \cdot \frac{\varepsilon \cdot E \cdot J_k}{h^2} \cdot l \cdot t_2\,,$$

$$H_t = -3 \cdot \frac{1+2\psi}{2+\psi} \cdot \frac{\varepsilon \cdot E \cdot J_k}{h^2} \cdot \frac{l}{h}\, t_2 = -3(2 - 3\,\omega_{10}) \cdot \frac{\varepsilon \cdot E \cdot J_k}{h^2} \cdot \frac{l}{h} \cdot t_2\,.$$

Grundfall 17: Ungleichmäßige (polarsymmetrische) Temperatur-
änderung $(\pm\tfrac{1}{2}\varDelta t)$ der Ständer des eingespannten Rahmens (Fig. 79).
Wie in Grundfall 15 ist hier:

$$\varDelta(\varDelta h) = \pm\tfrac{1}{2}\,\varepsilon\,h\cdot\varDelta t\,.$$

Zufolge Fig. 79 ist:

$$v_t = \frac{2\cdot\varDelta(\varDelta h)}{l} = \frac{\varepsilon\,h\cdot\varDelta t}{l}\,.$$

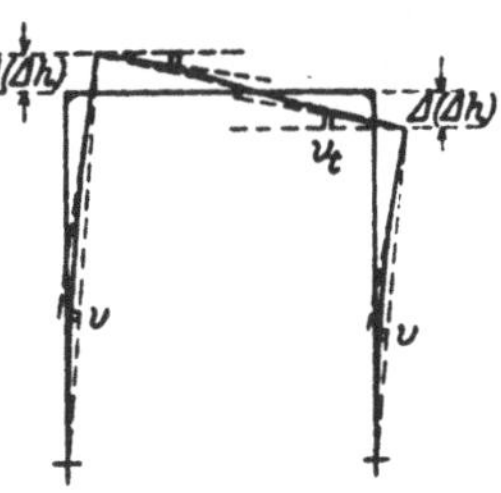

Fig. 79.

Es ist also für das Grundsystem des Sonder-
falles eines zweistieligen Stockwerksrahmens
der doppelte Wert des in § 26 erhaltenen Aus-
drucks für $\varDelta M_t^0$ anzuschreiben; mithin:

$$\varDelta M_t^0 = \varDelta M_t^S = -6\cdot\frac{1}{1+6\,\psi}\cdot\frac{\varepsilon\cdot E\cdot J_m}{l^2}\cdot h\cdot\varDelta t = -6\,\omega_9\cdot\frac{\varepsilon\cdot E\cdot J_m}{l^2}\cdot\varDelta t\,.$$

**2. Der mehrgeschossige zweistielige Rahmen unter der
Einwirkung lotrechter und wagrechter Kräfte.**

Im folgenden soll ganz allgemein der Fall eines aus n Geschossen
bestehenden Stockwerksrahmens behandelt werden, der beliebig belastet sei.

**a) Symmetrische Belastung eines mittleren Rahmen-
faches.**

Belastet sei das $k$te Rahmenfach (Fig. 80) mit zwei symmetrischen
lotrechten und zwei symmetrischen wagrechten Einzellasten $(\tfrac{1}{2}P, \tfrac{1}{2}W)$.
Nach dem im § 25 entwickelten Rechnungsverfahren bildet das $k$te Geschoß als das Grundsystem 0 den Ausgangspunkt der Berechnung. Nach
Ersetzung der steifen Ständeranschlüsse in den Rahmengeschossen (k)
und $(k+1)$ durch Gelenke und Anbringung der entsprechenden Gegenkräfte ist zufolge Gleichung (1), (§ 25) und der Grundfälle 1, 4, 8 und 10:

$$\left.\begin{aligned}
H_k &= -\tfrac{3}{2}\cdot\omega_1^k\cdot\frac{\mathfrak{M}_x}{h_k} - \tfrac{1}{2}\,\psi_k\cdot\omega_1^k\cdot(1+\eta)\cdot\frac{\mathfrak{M}_y^0}{h_k}\\[4pt]
&\quad -3\,\omega_1^k(1+\psi_k)\cdot\frac{M_k}{h_k} + 3\,\omega_1^k\cdot\frac{M_{k+1}}{h_k}
\end{aligned}\right\}\qquad (1)\,[1]$$

In dieser Gleichung sind M_k und M_{k+1}, wie in § 25 näher aus-
geführt ist, aus den entsprechenden Rahmenbedingungen zu berechnen,
und zwar M_{k+1} unter der vorläufigen Annahme, daß M_k bekannt ist
und sodann M_k. Zwischen den Ständerfußmomenten der unbelasteten

---

[1]) Zur Hintanhaltung von Verwechslungen sei hier bemerkt, daß in allen
Formeln für Stockwerksrahmen und Rahmenbalkenträger die oberen Indizes
der ω-Werte nirgends Potenzzahlen bedeuten und immer nur die Nummer des
Rahmenfaches angeben; nur der Einfachheit halber wurde ω^1, ω^2... statt $\omega^{(1)}$,
$\omega^{(2)}$... geschrieben.

Rahmenfache bestehen einfache Beziehungen, die nur von den Abmessungen der Rahmenteile abhängen, also Festwerte ähnlich jenen des durchlaufenden Trägers darstellen. Diese sollen zunächst ermittelt werden.

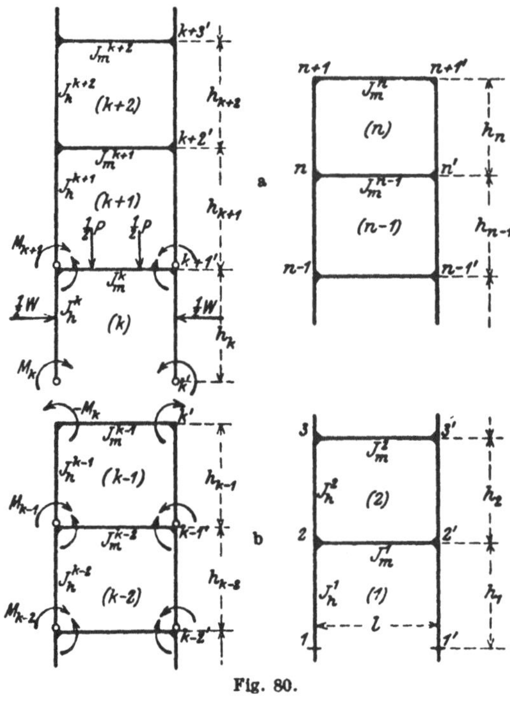

Fig. 80.

α) Beziehungen zwischen den aufeinanderfolgenden Momenten M_n, $M_{n-1} \ldots M_{k+1}$ der oberen unbelasteten Geschosse.

Schrittweise Berechnung der einzelnen Momente von oben nach unten.

Berechnung von M_n unter der Annahme, daß M_{n-1} bekannt ist. Die an den beiden obersten Rahmengeschossen anzubringenden Momente nach Ersetzung der steifen Ständeranschlüsse durch Gelenke sind:

$$\text{in } n: \quad M_n ,$$
$$\text{in } n - 1: \quad M_{n-1} , \quad -M_n .$$

Es wirken daher an der Trennungsstelle mit Rücksicht auf die Grundfälle 8 und 10:

$$\text{in } n: \quad M_n ,$$
$$H_n = -3(1 + \psi_n) \cdot \omega_1^n \cdot \frac{M_n}{h_n} ,$$
$$\text{in } n - 1: \quad M_n = -\psi_{n-1} \cdot \omega_1^{n-1} \cdot M_{n-1} - 2 \psi_{n-1} \cdot \omega_1^{n-1} \cdot M_n .$$

Hieraus ergibt sich für die Bildung der Rahmenbedingung im Fache n unter Beachtung der in § 24 angegebenen Vorzeichenregeln:

$$\varkappa_u = + \psi_{n-1} \cdot \omega_1^{n-1} ; \qquad \delta_u = + 2 \psi_{n-1} \cdot \omega_1^{n-1} ;$$
$$\delta_l = \delta_r = +1, \quad \sigma_l = \sigma_r = \tfrac{1}{2} ;$$
$$\delta_l' = \delta_r' = -\tfrac{1}{2} \cdot 3 (1 + \psi_n) \cdot \omega_1^n, \quad \sigma_l' = \sigma_r' = \tfrac{1}{3} .$$

Damit wird nach entsprechender Vereinfachung:

$$M_n = - \frac{\psi_{n-1} \cdot \omega_1^{n-1} \cdot \theta_n}{2 \psi_{n-1} \cdot \omega_1^{n-1} \theta_n + \psi_n (2 + \psi_n) \omega_1^n} \cdot M_{n-1} = -\beta_n \cdot M_{n-1} . \quad (2)$$

Berechnung von M_{n-1}. Die an den beiden folgenden Rahmengeschossen anzubringenden Momente sind:

$$\text{in } n-1: \quad M_{n-1}, \quad -M_n = +\beta_n \cdot M_{n-1};$$
$$\text{in } n-2: \quad M_{n-2}, \quad -M_{n-1}.$$

An den Rahmenecken des $(n-1)$ten Faches wirken daher:

in $n-1$: $\quad M_{n-1}$,

$$H_{n-1} = -3(1 + \psi_{n-1}) \cdot \omega_1^{n-1} \cdot \frac{M_{n-1}}{h_{n-1}} + 3\,\omega_1^{n-1} \cdot \frac{M_n}{h_{n-1}}$$
$$= -3\,\omega_1^{n-1} \cdot (1 + \psi_{n-1} + \beta_n) \cdot \frac{M_{n-1}}{h_{n-1}};$$

in $n-2$: $\quad M_u = -\psi_{n-2} \cdot \omega_1^{n-2} \cdot M_{n-2} - 2\,\psi_{n-2}\,\omega_1^{n-2} \cdot M_{n-1}$.

Hieraus ergibt sich:

$$x_u = +\psi_{n-2} \cdot \omega_1^{n-2}; \qquad \delta_u = +2\,\psi_{n-2} \cdot \omega_1^{n-2};$$
$$\delta_l = \delta_r = 1, \quad \sigma_l = \sigma_r = \tfrac{1}{2};$$
$$\delta_l' = \delta_r' = -\tfrac{1}{2} \cdot 3\,\omega_1^{n-1} \cdot (1 + \psi_{n-1} + \beta_n),$$
$$\sigma_l' = \sigma_r' = \tfrac{1}{3}.$$

Da auch die Reaktionen in den weiteren unbelasteten Geschossen die gleiche Bildungsweise haben, ist anzuschreiben:

$$\left.\begin{aligned}
M_{n-1} &= -\frac{\psi_{n-2} \cdot \omega_1^{n-2} \cdot \theta_{n-1}}{2\,\psi_{n-2} \cdot \omega_1^{n-2}\,\theta_{n-1} + \psi_{n-1}\,\omega_1^{n-1}(2 + \psi_{n-1} - \beta_n)} \cdot M_{n-2} \\
&= -\beta_{n-1} \cdot M_{n-2} \\
&\;\cdot\;\cdot\;\cdot\;\cdot\;\cdot\;\cdot\;\cdot\;\cdot\;\cdot\;\cdot\;\cdot\;\cdot\;\cdot\;\cdot\;\cdot\;\cdot\;\cdot \\
&\;\cdot\;\cdot\;\cdot\;\cdot\;\cdot\;\cdot\;\cdot\;\cdot\;\cdot\;\cdot\;\cdot\;\cdot\;\cdot\;\cdot\;\cdot\;\cdot\;\cdot \\
M_{k+2} &= -\frac{\psi_{k+1} \cdot \omega_1^{k+1} \cdot \theta_{k+2}}{2\,\psi_{k+1} \cdot \omega_1^{k+1} \cdot \theta_{k+2} + \psi_{k+2}(2 + \psi_{k+2} - \beta_{k+3})\,\omega_1^{k+2}} \cdot M_{k+1} \\
&= -\beta_{k+2} \cdot M_{k+1}
\end{aligned}\right\} \quad (2')$$

Aus den Gleichungen folgt:

$$M_n = \pm\beta_n \cdot \beta_{n-1} \cdots \beta_{k+3} \cdot \beta_{k+2} \cdot M_{k+1}. \tag{3}$$

Das $\dfrac{\text{obere}}{\text{untere}}$ Vorzeichen gilt für den Fall, daß die Zahl der innerhalb der Rahmengeschosse n und $k+1$ liegenden Zwischengeschosse $\dfrac{\text{ungerade}}{\text{gerade}}$ ist.

β) Beziehungen zwischen den aufeinanderfolgenden Momenten M_2, $M_3 \ldots M_{k-2}, M_{k-1}$ der unteren unbelasteten Geschosse. (Belastung des Stockwerksrahmens nach Hinwegdenkung der oberen Geschosse bis einschließlich des belasteten $k$ten Faches mit den beiden Ständerkopfmomenten $-M_k$ (Fig. 80b).

Gang der Untersuchung: Schrittweise Berechnung der Ständerfuß-momente von unten nach oben. Ermittlung von M_2 aus M_3 (β_2'), von M_3 aus M_4 (β_3') ... von M_{k-1} aus $M_k(\beta_{k-1}')$.

Berechnung von M_2. Es sind anzubringen die Momente:

$$\text{in } 1: \qquad -M_2 ,$$
$$\text{in } 2: \quad M_2 , \qquad -M_3 .$$

An den Trennungsstellen 2 wirken die mit Rücksicht auf die Grund-fälle 8, 10 und 12 sich ergebenden Momente:

$$\text{in } 1: \quad M_u = -\psi_1\,\omega_{10}^1 \cdot M_2 ,$$
$$\text{in } 2: \quad M_2 ,$$
$$H_2 = -3(1+\psi_2)\cdot\omega_1^2\cdot\frac{M_2}{h_2} + 3\,\omega_1^2\cdot\frac{M_3}{h_3} :$$

Hieraus ergibt sich:

$$\varkappa_l = \varkappa_r = +\tfrac{1}{2}\cdot 3\,\omega_1^2 , \qquad \sigma_l = \sigma_r = \tfrac{1}{2} ;$$
$$\delta_u = +\psi_1\,\omega_{10}^1 ; \qquad\qquad \delta_l = \delta_r = +1 , \qquad \sigma_l = \sigma_r = \tfrac{1}{2} ;$$
$$\delta_l' = \delta_r' = -\tfrac{1}{2}\cdot 3(1+\psi_2)\omega_1^2 , \qquad \sigma_l' = \sigma_r' = \tfrac{1}{2} ;$$

und man erhält:

$$M_2 = -\frac{\psi_2\cdot\omega_1^2}{\psi_1\cdot\omega_{10}^1\cdot\theta_2 + \psi_2\cdot(2+\psi_2)\cdot\omega_1^2}\cdot M_3 = -\beta_2'\cdot M_3 \qquad (4)$$

und die Ständerfußreaktionen des untersten Geschosses zufolge Grund-fall 12:

$$\begin{aligned}
M_1 = +\ \omega_{10}^1\cdot(-M_2) &= +\frac{\psi_2\cdot\omega_1^2\cdot\omega_{10}^1}{\psi_1\,\omega_{10}^1\cdot\theta_2 + \psi_2\cdot(2+\psi_2)\cdot\omega_1^2}\cdot M_3 \\
&= +\omega_{10}^1\cdot\beta_2'\cdot M_3 \\
H_1 = -3\,\omega_{10}^1\cdot\left(-\frac{M_2}{h_1}\right) &= -\frac{3\,\psi_2\,\omega_1^2\cdot\omega_{10}^1}{\psi_1\,\omega_{10}^1\cdot\theta_2 + \psi_2(2+\psi_2)\cdot\omega_1^2}\cdot\frac{M_3}{h_1} \\
&= -3\,\omega_{10}^1\cdot\beta_2'\cdot\frac{M_3}{h_1}
\end{aligned}\right\} \quad (5)$$

Berechnung von M_3. Die anzubringenden Momente sind:

$$\text{in } 2: \quad M_2 , \qquad -M_3 ,$$
$$\text{in } 3: \quad M_3 . \qquad -M_4 .$$

Es wirken daher an den Rahmenecken 3 und 3' (Grundfälle 8 und 10):

$$\text{in } 2: \quad M_u = -2\,\psi_2\,\omega_1^2\cdot M_3 - \psi_2\cdot\omega_1^2\cdot M_2 = -\psi_2\,\omega_1^2\cdot(2-\beta_2')\cdot M_3 ,$$
$$\text{in } 3: \quad M_3$$
$$H_3 = -3(1+\psi_3)\cdot\omega_1^3\frac{M_3}{h_3} + 3\,\omega_1^3\cdot\frac{M_4}{h_3} ,$$

Hieraus ergibt sich:

$$x_l = x_r = +\tfrac{1}{2} \cdot 3\,\omega_1^3 , \qquad \sigma_l = \sigma_r = \tfrac{1}{2} ;$$

$$\delta_u = +\psi_2\,\omega_1^2 \cdot (2 - \beta_2') ;$$

$$\delta_l = \delta_r = 1 , \qquad \sigma_l = \sigma_r = \tfrac{1}{2} ;$$

$$\delta_l' = \delta_r' = -\tfrac{1}{2} \cdot 3(1 + \psi_3) \cdot \omega_1^3 , \qquad \sigma_l' = \sigma_r' = \tfrac{1}{2} .$$

Damit wird:

$$\left.\begin{aligned}
M_3 &= -\frac{\psi_3 \cdot \omega_1^3}{\psi_2\,\omega_1^2 \cdot (2 - \beta_2')\,\theta_3 + \psi_3\,(2 + \psi_3) \cdot \omega_1^3} \cdot M_4 = -\beta_3' \cdot M_4 \\[4pt]
&\ \cdot \\
&\ \cdot\ , \\[4pt]
M_{k-1} &= -\frac{\psi_{k-1} \cdot \omega_1^{k-1}}{\psi_{k-2} \cdot \omega_1^{k-2} \cdot (2 - \beta_{k-2}') \cdot \theta_{k-1} + \psi_{k-1} \cdot (2 + \psi_{k-1}) \cdot \omega_1^{\,k-1}}
\end{aligned}\right\} \quad (4')$$

$$\cdot\, M_k = -\beta_{k-1}' \cdot M_k .$$

Aus den Gleichungen (4) und (5) folgt:

$$M_1 = \pm\,\omega_{10}^1 \cdot \beta_2' \cdot \beta_3' \ \cdots\ \beta_{k-1}' \cdot M_k \qquad (6)$$

Das $\dfrac{\text{obere}}{\text{untere}}$ Vorzeichen gilt für den Fall, daß k eine $\dfrac{\text{ungerade}}{\text{gerade}}$ Zahl ist.

Wir kehren nunmehr zur Ausgangsgleichung (1) zurück.

γ) Berechnung von M_{k+1} unter der vorläufigen Annahme, daß M_k bekannt ist. Bei der Aufstellung der Rahmenbedingung an der Trennungsstelle $k + 1$ des Rahmenfaches $k + 1$ sind die x-Werte getrennt für $\mathfrak{M}_x$, $\mathfrak{M}_y$ und M_k zu bilden. Belastungen:

in k: $\qquad \mathfrak{M}_x , \qquad \mathfrak{M}_y , \qquad H_k , \qquad M_k , \qquad -M_{k+1} ,$

in $k + 1$: $\quad H_{k+1} , \qquad M_{k+1} , \qquad -M_{k+2} = +\beta_{k+2} \cdot M_{k+1} .$

Es wirken an den Trennungsstellen der beiden Geschosse:

in k: $\qquad \tfrac{1}{2}\mathfrak{M}_x ,$

$$H_{k0} \cdot h_k = -\tfrac{3}{2} \cdot \omega_1^k \cdot \mathfrak{M}_x - \tfrac{1}{2} \cdot \psi_k \cdot \omega_1^k \cdot (1 + \eta) \cdot \mathfrak{M}_y^0 ,$$

$$-\psi_k \cdot \omega_1^k \cdot M_k ,$$

$$-2\,\psi_k \cdot \omega_1^k \cdot M_{k-1} ;$$

in $k + 1$: $\quad M_{k+1} ,$

$$H_{k+1} = -3\,\omega_1^{k+1} \cdot (1 + \psi_{k+1}) \cdot \frac{M_{k+1}}{h_{k+1}} + 3\,\omega_1^{k+1} \cdot \frac{M_{k+2}}{h_{k+1}}$$

$$= -3\,\omega_1^{k+1}(1 + \psi_{k+1} + \beta_{k+2}) \cdot \frac{M_{k+1}}{h_{k+1}} .$$

Hieraus folgen die x-Werte:

$$\text{für } \mathfrak{M}_x : \quad x_u = -\tfrac{1}{2} ,$$

$$x_u' = +\tfrac{3}{2}\,\omega_1^k ,$$

$$\text{für } \mathfrak{M}_y^0: \quad \varkappa_u = +\tfrac{1}{2}\,\psi_k \cdot \omega_1^k (1+\eta)\,,$$
$$\text{für } M_k: \quad \varkappa_u = +\psi_k \cdot \omega_1^k$$

und die δ-Werte:

$$\delta_u = +2\,\psi_k \cdot \omega_1^k\,; \qquad \delta_l = \delta_r = +1\,, \quad \sigma_l = \sigma_r = \tfrac{1}{2}\,;$$
$$\delta_l' = \delta_r' = -\tfrac{1}{2}\cdot 3\,\omega_1^{k+1}(1+\psi_{k+1}+\beta_{k+2})\,,$$
$$\sigma_l' = \sigma_r' = \tfrac{1}{3}\,.$$

Setzt man

$$\beta_{k+1} = \frac{\psi_k\,\omega_1^k\,\theta_{k+1}}{2\,\psi_k\,\omega_1^k\,\theta_{k+1} + \psi_{k+1}\cdot\omega_1^{k+1}(2+\psi_{k+1}-\beta_{k+2})}\,;$$

dann wird:

$$M_{k+1} = +\beta_{k+1}\cdot\mathfrak{M}_x - \tfrac{1}{2}\beta_{k+1}(1+\eta)\cdot\mathfrak{M}_y^0 - \beta_{k+1}\cdot M_k \qquad (7)$$

Durch Einsetzen dieses Wertes in Gleichung (1) erhält man:

$$\left.\begin{aligned} H_k = &-\tfrac{3}{2}\,\omega_1^k\cdot(1-2\,\beta_{k+1})\cdot\frac{\mathfrak{M}_x}{h_k} - \tfrac{1}{2}\,\omega_1^k(\psi_k+3\,\beta_{k+1})(1+\eta)\cdot\frac{\mathfrak{M}_y^0}{h_k}\\[1ex] &-3\,\omega_1^k(1+\psi_k+\beta_{k+1})\cdot\frac{M_k}{h_k} \end{aligned}\right\} \quad (8)$$

δ) Nunmehr kann die Rahmenbedingung für das $k$te Geschoß aufgestellt werden. Die Belastungen sind (Fig. 80):

$$\text{in } k-1: \quad M_{k-1}\,, \quad -M_k\,,$$
$$\text{in } k: \qquad \mathfrak{M}_x\,, \qquad \mathfrak{M}_y^0\,, \qquad M_k\,, \qquad -M_{k+1}\,.$$

Es ergeben sich daher die an den angrenzenden Rahmenstäben wirkenden Reaktionen zufolge der Grundfälle 8 und 10 und der zuletzt erhaltenen Gleichung (8):

in $k-1$:

$$M_u = -2\,\psi_{k-1}\cdot\omega_1^{k-1}\cdot M_k - \psi_{k-1}\cdot\omega_1^{k-1}\cdot M_{k-1} = -\psi_{k-1}\cdot\omega_1^{k-1}\cdot(2-\beta_{k-1}')\cdot M_k\,,$$

in k:

$$\tfrac{1}{2}\cdot\mathfrak{M}_y^0$$
$$M_k$$
$$H_k = -\tfrac{3}{2}\cdot\omega_1^k\cdot(1-2\,\beta_{k+1})\cdot\frac{\mathfrak{M}_x}{h_k} - \tfrac{1}{2}\,\omega_1^k\cdot(\psi_k+3\,\beta_{k+1})(1+\eta)\cdot\frac{\mathfrak{M}_y^0}{h}$$
$$-3\,\omega_1^k\cdot(1+\psi_k+\beta_{k+1})\cdot\frac{M_k}{h_k}\,.$$

Hieraus ergibt sich:

$$\text{für } \mathfrak{M}_x: \quad \varkappa_l = \varkappa_r = -\tfrac{1}{2}\cdot\tfrac{3}{2}\cdot\omega_1^k\cdot(1-2\,\beta_{k-1})\,, \quad \sigma_l = \sigma_r = \tfrac{1}{3}\,;$$
$$\text{für } \mathfrak{M}_y^0: \quad \varkappa_l = \varkappa_r = +\tfrac{1}{2}\cdot\tfrac{1}{2}\,, \quad \sigma_l = \sigma_r = \tfrac{1}{3}(2-\eta)\,;$$
$$\varkappa_l' = \varkappa_r' = -\tfrac{1}{2}\cdot\tfrac{1}{2}\cdot\omega_1^k(\psi_k+3\,\gamma_{k+1})(1+\eta)\,, \quad \sigma_l' = \sigma_r' = \tfrac{1}{3}\,;$$

$$\delta_u = +\psi_{k-1} \cdot \omega_1^{k-1} \cdot (2 - \beta'_{k-1}) ;$$
$$\delta_l = \delta_r = +1 , \quad \sigma_l = \sigma_r = \tfrac{1}{2} ;$$
$$\delta'_l = \delta'_r = -\tfrac{1}{2} \cdot 3 \cdot \omega_1^k \cdot (1 + \psi_k + \beta_{k+1}) ; \qquad \sigma'_l = \sigma'_r = \tfrac{1}{2} .$$

Setzt man

$$\beta_k^0 = \frac{\psi_k \cdot \omega_1^k}{\psi_{k-1} \omega_1^{k-1} \cdot (2 - \beta'_{k-1}) \theta_k + \psi_k (2 + \psi_k - \beta_{k+1}) \omega_1^k} ,$$

so erhält man schließlich:

$$\left.\begin{aligned}
M_k = {}&+ \tfrac{1}{2} \cdot (1 - 2\beta_{k+1}) \cdot \beta_k^0 \cdot \mathfrak{M}_x \\
&- \tfrac{1}{6} [(3 + 2\psi_k) \cdot (2 - \eta) - (\psi_k + 3\beta_{k+1})(1 + \eta)] \cdot \beta_k^0 \cdot \mathfrak{M}_y^0
\end{aligned}\right\} \quad (9)$$

Durch Einsetzen dieses Ausdruckes in die Gleichungen (7) und (8) folgen damit auch die übrigen an den Ständerköpfen und Fußgelenken des Rahmengeschosses k wirkenden Reaktionen M_{k+1}, H_k und H_{k+1} als Funktionen der gegebenen Belastung.

Für den Fall, daß das 2. Rahmengeschoß belastet ist ($k = 2$), ändern sich die obigen für das Fach $k - 1$ angegebenen Belastungen dahin, daß hier für das Fach 1 nur $-M_2$ als Belastung erscheint, welche zufolge Grundfall 12 das Moment

$$M_1^R = -\psi_1 \cdot \omega_{10}^1 \cdot M$$

erzeugt; es ist daher:

$$\delta_u = +\psi_1 \omega_{10}^1 ;$$

folglich wird hier:

$$\beta_2^0 = \frac{\psi_2 \omega_1^2}{\psi_1 \omega_{10}^1 \theta_2 + \psi_2 (2 + \psi_2 - \beta_3) \omega_1^2} .$$

Für den Fall der Belastung des obersten Geschosses ($k = n$) wird:

$$\beta_n^0 = \frac{\psi_n \omega_1^n}{\psi_{n-1} \cdot \omega_1^{n-1} \cdot (2 - \beta'_{n-1}) \theta_n + \psi_n (2 + \psi_n) \cdot \omega_1^n} = \beta'_n .$$

b) **Polarsymmetrische Belastung eines mittleren Rahmenfaches.**

In derselben Weise, wie dies für die symmetrische Teilbelastung entwickelt wurde, erfolgt die Berechnung der Reaktionen ΔM_k und ΔM_{k+1} aus den entsprechenden Rahmenbedingungen und den Beziehungen der aufeinanderfolgenden Momente ΔM_n, $\Delta M_{n-1} \ldots$ sowie ΔM_{k-1}, $\Delta M_{k-2} \ldots$ der unbelasteten Geschosse. Die Rechnung erfährt für lotrechte Lasten gegenüber der vorher durchgeführten Untersuchung für symmetrische Belastung eine wesentliche Vereinfachung insofern, als hier, wie schon in § 24 bemerkt, die Horizontalkräfte wegfallen ($\Delta H = 0$) und nur bei wagrechter Belastung die unterhalb des Lastangriffes sich befindlichen Rahmengeschosse durch eine in Riegelhöhe wirkende Last W beansprucht werden.

α) Beziehungen zwischen den aufeinanderfolgenden Momenten $\varDelta M_n$, $\varDelta M_{n-1} \ldots \varDelta M_{k+1}$ der oberen unbelasteten Rahmengeschosse.

Berechnung von $\varDelta M_n$. An den beiden obersten Geschossen wirken:

$$\text{in } n: \qquad \varDelta M_n,$$
$$\text{in } n-1: \varDelta M_{n-1}, \quad -\varDelta M_n.$$

Hieraus folgen die Werte:

$$\varkappa_u \cdot \sigma_u = -\tfrac{1}{8}; \qquad \delta_u \cdot \sigma_u = +\tfrac{1}{8}, \quad \delta_l = +1, \quad \delta_o \cdot \sigma_o = +\tfrac{1}{8};$$

und man erhält:

$$\varDelta M_n = + \frac{\theta_n}{1 + 6\psi_n + \theta_n} \cdot \varDelta M_{n-1} = +\varDelta \beta_n \cdot \varDelta M_{n-1}. \tag{10}$$

Berechnung von $\varDelta M_{n-1}$. Es wirken:

$$\text{in } n-1: \quad \varDelta M_{n-1}, \quad -\varDelta M_n = -\varDelta \beta_n \cdot \varDelta M_{n-1};$$
$$\text{in } n-2: \quad \varDelta M_{n-2}, \quad -\varDelta M_{n-1}.$$

Hieraus folgt:

$$\varkappa_u \cdot \sigma_u = -\tfrac{1}{8}; \qquad \delta_u \cdot \sigma_u = +\tfrac{1}{8}, \quad \delta_l = +1, \quad \delta_o \sigma_o = +\tfrac{1}{8},$$
$$\delta_o' \sigma_o' = -\tfrac{1}{8} \cdot \varDelta \beta_n;$$

daher hier, wie auch für die weiteren unbelasteten Geschosse:

$$\left.\begin{array}{l}\varDelta M_{n-1} = + \dfrac{\theta_{n-1}}{1 + 6\psi_{n-1} + \theta_{n-1} - \varDelta \beta_n} \cdot \varDelta M_{n-2} = +\varDelta \beta_{n-1} \cdot \varDelta M_{n-2} \\[6pt] \cdots\cdots\cdots\cdots\cdots\cdots\cdots\cdots\cdots\cdots\cdots\cdots \\[2pt] \cdots\cdots\cdots\cdots\cdots\cdots\cdots\cdots\cdots\cdots\cdots\cdots \\[6pt] \varDelta M_{k+2} = + \dfrac{\theta_{k+2}}{1 + 6\psi_{k+2} + \theta_{k+2} - \varDelta \beta_{k+3}} \cdot \varDelta M_{k+1} = +\varDelta \beta_{k+2} \cdot \varDelta M_{k+1}\end{array}\right\} \tag{10'}$$

Aus den Gleichungen folgt:

$$\varDelta M_n = +\beta_n \cdot \varDelta \beta_{n-1} \ldots \varDelta \beta_{k+2} \cdot \varDelta M_{k+1}. \tag{11}$$

β) Beziehungen zwischen den aufeinanderfolgenden Momenten $\varDelta M_2$, $\varDelta M_3 \ldots \varDelta M_{k-1}$ der unteren unbelasteten Rahmengeschosse.

Berechnung von $\varDelta M_2$. An den beiden untersten Rahmengeschossen sind die Belastungen anzubringen:

$$\text{in } 1: \quad -\varDelta M_2, \quad W;$$
$$\text{in } 2: \quad \varDelta M_2, \quad -\varDelta M_3, \quad W.$$

An den Rahmenecken 2—3 wirken demnach die Momente (Grundfälle 9, 11, 13, 5 und 7):

am Rahmenfach 1: $\Delta M_u = -6\,\psi_1 \cdot \omega_9^1 \cdot \Delta M_2$,

$$\Delta M_u' = +\tfrac{3}{2}\,\psi_1 \cdot \omega_9^1 \cdot W\,h_1 = +\tfrac{3}{2}\,\psi_1 \cdot \omega_9^1 \cdot \lambda_2 \cdot W\,h_2,$$

am Rahmenfach 2: ΔM_2, $\quad -\Delta M_3$, $\quad +\tfrac{1}{2}\cdot W\,h_2$.

Hieraus folgen die Werte:

für $\quad \Delta M_3$: $\varkappa_o\,\sigma_o = -\tfrac{1}{6}$; $\qquad$ für $W\,h_2$: $\varkappa_u \cdot \sigma_u = -\tfrac{1}{6}\cdot\tfrac{3}{2}\cdot\psi_1\cdot\omega_9^1\cdot\lambda_2$,

$$\varkappa_l = +\tfrac{1}{2}\cdot\tfrac{1}{2};$$
$$\varkappa_o\,\sigma_o = +\tfrac{1}{6}\cdot\tfrac{1}{2};$$
$$\delta_u \cdot \sigma_u = +\tfrac{1}{6}, \quad \delta_l = 1, \quad \delta_o\cdot\sigma_o = \tfrac{1}{6};$$
$$\delta_u'\,\sigma_u' = -\tfrac{1}{6}\cdot\omega_9^1,$$

und man erhält:

$$\left.\begin{aligned}
\Delta M_2 &= +\frac{1}{1+6\,\psi_2+6\,\psi_1\,\omega_9^1\,\theta_2}\cdot\Delta M_3 - \frac{1}{2}\cdot\frac{1+3\,\psi_2-3\,\psi_1\,\lambda_2\,\theta_2\,\omega_9^1}{1+6\,\psi_2+6\,\psi_1\,\omega_9^1\cdot\theta_2}\cdot W\,h_2\\
&= +\Delta\beta_2' \cdot \Delta M_3 - \zeta_2\,\Delta\beta_2'\cdot W\,h_2
\end{aligned}\right\} \quad (12)$$

$$\text{für } \zeta_2 = \tfrac{1}{2}(1 + 3\,\psi_2 - 3\,\psi_1\,\lambda_2\cdot\theta_2\cdot\omega_9^1) \, ..$$

Die Ständerfußreaktion des Geschosses 1 ist zufolge der Grundfälle 7 und 13:

$$\Delta M_1 = +\omega_9^1\cdot\Delta M_2 - \tfrac{1}{2}(1+\omega_9^1)\cdot W\,h_1.$$

Berechnung von ΔM_3. Die anzubringenden Belastungen sind:

$$\text{in } 2: \Delta M_2, \quad -\Delta M_3, \quad W,$$
$$\text{in } 3: \Delta M_3, \quad -\Delta M_4, \quad W.$$

An den Rahmenecken 2—3 wirken:

am Rahmenfach 2:

$$\Delta M_2 = \Delta\beta_2'\cdot\Delta M_3 - \zeta_2\,\lambda_3\,\Delta\beta_2'\cdot W\,h_3, \quad -\Delta M_3, \quad +\tfrac{1}{2}\cdot\lambda_3\cdot W\,h_3,$$

am Rahmenfach 3:

$$\Delta M_3, \quad -\Delta M_4, \quad +\tfrac{1}{2}W\,h_3.$$

Hieraus folgt:

für ΔM_4: $\varkappa_o\,\sigma_o = -\tfrac{1}{6}$; $\qquad$ für $W\,h_3$: $\varkappa_u\,\sigma_u = +\tfrac{1}{6}\,\zeta_2\cdot\Delta\beta_2'\cdot\lambda_3$,

$$\varkappa_u'\cdot\sigma_u' = -\tfrac{1}{6}\cdot\tfrac{1}{2}\cdot\lambda_3,$$
$$\varkappa_l = +\tfrac{1}{2}\cdot\tfrac{1}{2},$$
$$\varkappa_o\,\sigma_o = +\tfrac{1}{6}\cdot\tfrac{1}{2};$$
$$\delta_u\cdot\sigma_u = -\tfrac{1}{6}\cdot\Delta\beta_2', \quad \delta_l = +1, \quad \delta_o\cdot\sigma_o = +\tfrac{1}{6};$$
$$\delta_u'\,\sigma_u' = +\tfrac{1}{6},$$

daher hier, wie auch für die folgenden unbelasteten Geschosse:

$$\left.\begin{aligned}
\Delta M_3 &= + \frac{1}{1 + 6\,\psi_3 + (1 - \Delta\beta_2')\,\theta_3}\cdot\Delta M_4 \\
&\quad - \frac{1}{2}\cdot\frac{1 + 3\,\psi_3 - (1 - 2\,\zeta_2\,\Delta\beta_2')\,\lambda_3\,\theta_3}{1 + 6\,\psi_3 + (1 - \Delta\beta_2')\,\theta_3}\cdot W h_3 \\
&= + \Delta\beta_3'\cdot\Delta M_4 - \zeta_3\cdot\Delta\beta_3'\cdot W h_3 \\
&\quad\cdots\cdots\cdots\cdots\cdots\cdots\cdots\cdots\cdots\cdots \\
&\quad\cdots\cdots\cdots\cdots\cdots\cdots\cdots\cdots\cdots\cdots \\
\Delta M_{k-1} &= + \frac{1}{1 + 6\,\psi_{k-1} + (1 - \Delta\beta_{k-2}')\,\theta_{k-1}}\cdot\Delta M_k \\
&\quad - \frac{1}{2}\cdot\frac{1 + 3\,\psi_{k-1} - (1 - 2\,\zeta_{k-2}\cdot\Delta\beta_{k-2}')\,\lambda_{k-1}\,\theta_{k-1}}{1 + 6\,\psi_{k-1} + (1 - \Delta\beta_{k-2}')\cdot\theta_{k-1}}\,W h_{k-1} \\
&= + \Delta\beta_{k-1}'\cdot\Delta M_k - \zeta_{k-1}\cdot\Delta\beta_{k-1}'\cdot W h_{k-1}
\end{aligned}\right\} \quad (12')$$

Hierin ist allgemein für das Fach p:

$$\zeta_p = \tfrac{1}{2}\left[1 + 3\,\psi_p - (1 - 2\,\zeta_{p-1}\cdot\Delta\beta_{p-1}')\,\lambda_p\cdot\theta_p\right].$$

γ) Berechnung von ΔM_{k-1} unter der vorläufigen Annahme, daß ΔM_k bekannt ist. Wie in a, γ sind hier die Belastungen:

$$\text{in } k: \qquad \Delta\mathfrak{M}_x, \quad \Delta\mathfrak{M}_y, \quad \Delta M_k, \quad -\Delta M_{k+1},$$
$$\text{in } k+1: \quad \Delta M_{k+1}, \quad -\Delta M_{k+2}.$$

Aus diesen Belastungen ergeben sich die zwischen den Rahmenecken $k - (k+1)$ wirkenden Momente:

$$\begin{aligned}
\text{in } k: &\qquad (\tfrac{1}{2} - \xi)\cdot\mathfrak{M}_x, \\
&\qquad \tfrac{1}{2}\cdot\eta\cdot W\cdot h_k, \\
&\qquad \Delta M_k, \quad -\Delta M_{k+1}, \\
\text{in } k+1: &\quad \Delta M_{k+1}, \quad -\Delta M_{k+2} = -\Delta\beta_{k+2}\cdot\Delta M_{k+1}.
\end{aligned}$$

Hieraus die Werte:

für $\mathfrak{M}_x$: $\;\varkappa_u\,\sigma_u = -\tfrac{1}{6}\cdot(\tfrac{1}{2} - \xi)$;	$\delta_u\,\sigma_u = +\tfrac{1}{6}$;
für $\mathfrak{M}_y$: $\;\varkappa_u\,\sigma_u = -\tfrac{1}{6}\cdot\tfrac{1}{2}\eta$;	$\delta_l = +1$;
für ΔM_k: $\;\varkappa_u\,\sigma_u = -\tfrac{1}{6}$;	$\delta_o\cdot\sigma_o = +\tfrac{1}{6}, \quad \delta_o'\sigma_o' = -\tfrac{1}{6}\cdot\Delta\beta_{k+2},$

und man erhält nach entsprechender Vereinfachung, wenn man

$$\Delta\beta_{k+1} = \frac{\theta_{k+1}}{1 + \theta_{k+1} + 6\,\psi_{k+1} - \Delta\beta_{k+2}}$$

setzt:

$$\Delta M_{k+1} = + \Delta\beta_{k+1}\cdot(\tfrac{1}{2} - \xi)\cdot\mathfrak{M}_x + \tfrac{1}{2}\cdot\Delta\beta_{k+1}\cdot\eta\cdot W\cdot h_k + \Delta\beta_{k+1}\cdot\Delta M_k. \quad (13)$$

δ) Berechnung von $\varDelta M_k$. Die Belastungen sind:

$$\text{in } k-1: \quad \varDelta M_{k-1}, \quad -\varDelta M_k, \quad W;$$
$$\text{in } k: \quad \varDelta \mathfrak{M}_x, \quad \varDelta \mathfrak{M}_y, \quad \varDelta M_k, \quad -\varDelta M_{k+1}.$$

An den Rahmenecken $k - (k+1)$ wirken daher:

am Rahmenfach $k-1$:
$$+\tfrac{1}{2} \cdot \eta \cdot \lambda_k W h_k,$$
$$-\varDelta M_k,$$
$$\varDelta M_{k-1} = \varDelta \beta'_{k-1} \cdot \varDelta M_k - \zeta_{k-1} \cdot \varDelta \beta'_{k-1} \cdot \lambda_k W \cdot h_k;$$

am Rahmenfach k:
$$(\tfrac{1}{2} - \xi) \cdot \mathfrak{M}_x,$$
$$+\tfrac{1}{2} \cdot \eta \cdot W h_k,$$
$$\varDelta M_k,$$
$$-\varDelta M_{k+1} = -\varDelta \beta_{k+1} \cdot (\tfrac{1}{2} - \xi) \cdot \mathfrak{M}_x$$
$$\qquad - \tfrac{1}{2} \varDelta \beta_{k+1} \cdot \eta \cdot W h_k - \varDelta \beta_{k+1} \cdot \varDelta M_k.$$

Hieraus folgt:

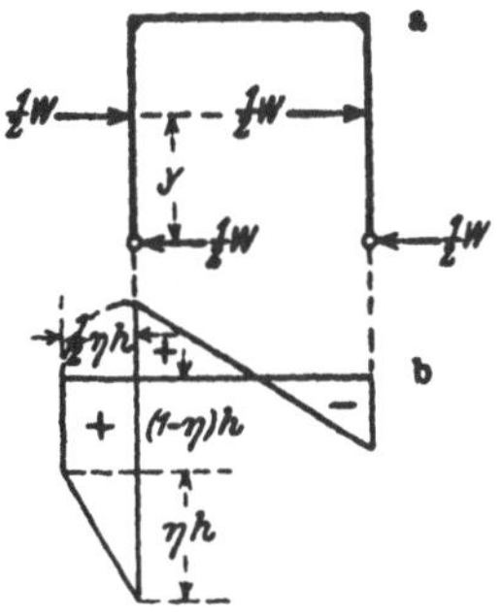

für $\mathfrak{M}_x$:
$$\varkappa_o \sigma_o = +\tfrac{1}{8} \cdot (\tfrac{1}{2} - \xi),$$
$$\varkappa'_o \sigma'_o = -\tfrac{1}{8} \varDelta \beta_{k+1} \cdot (\tfrac{1}{2} - \xi);$$

für $W h_k$:
$$\varkappa_u \sigma_u = +\tfrac{1}{8} \cdot \zeta_{k-1} \cdot \varDelta \beta'_{k-1} \lambda_k,$$
$$\varkappa'_u \sigma'_u = -\tfrac{1}{8} \cdot \tfrac{1}{2} \eta \cdot \lambda_k,$$
$$\left. \begin{aligned} \varkappa_l &= +\tfrac{1}{2} \cdot \eta \cdot \tfrac{1}{2}(2 - \eta) \\ \varkappa_o \sigma_o &= +\tfrac{1}{8} \cdot \tfrac{1}{2} \cdot \eta \end{aligned} \right\} \quad \text{(Fig. 81 b)}$$
$$\varkappa'_o \sigma'_o = -\tfrac{1}{8} \cdot \tfrac{1}{2} \cdot \varDelta \beta_{k+1} \eta;$$
$$\delta_u \sigma_u = +\tfrac{1}{8}, \qquad \delta_l = +1, \qquad \delta_o \cdot \sigma_o = +\tfrac{1}{8},$$
$$\delta'_u \sigma'_u = -\tfrac{1}{8} \cdot \varDelta \beta'_{k-1}, \qquad \delta'_o \cdot \sigma'_o = -\tfrac{1}{8} \cdot \varDelta \beta_{k+1}.$$

Setzt man
$$\varDelta \beta_k^0 = \frac{1}{1 + 6 \psi_k - \varDelta \beta_{k+1} + (1 - \varDelta \beta'_{k-1}) \theta_k},$$

so ergibt sich schließlich:

$$\left. \begin{aligned} \varDelta M_k = {}& -(1 - \varDelta \beta_{k+1}) \cdot \varDelta \beta_k^0 \cdot \left(\tfrac{1}{2} - \xi\right) \cdot \mathfrak{M}_x \\ & - \varDelta \beta_k^0 \theta_k \zeta_{k-1} \cdot \varDelta \beta'_{k-1} \cdot W h_{k-1} \\ & - \tfrac{1}{2}[1 - \lambda_k \theta_k - \varDelta \beta_{k+1} + 3 \psi_k (2 - \eta)] \cdot \varDelta \beta_k^0 \cdot \mathfrak{M}_y \end{aligned} \right\} \quad (14)$$

und damit ist auch die Aufgabe für polarsymmetrische Belastung
gelöst. Durch Einsetzen des erhaltenen Wertes in Gleichung (13) erhält
man auch $\varDelta M_{k+1}$ als bloße Funktion der gegebenen Belastung und da-

mit auch die übrigen Ständerfußmomente der unbelasteten Rahmengeschosse.

Für den besonderen Fall der Belastung des 2. Geschosses ($k = 2$) wird:

$$\varDelta M_2 = -(1 - \varDelta \beta_3) \cdot \varDelta \beta_2^0 \cdot (\tfrac{1}{2} - \xi) \cdot \mathfrak{M}_x + \tfrac{3}{2} \psi_1 \omega_9^1 \cdot \theta_2 \cdot \varDelta \beta_2^0 \cdot W h_1 \left. \right\} \tag{14,2}$$
$$+ \tfrac{1}{2}[1 - \varDelta \beta_2 + 3 \psi_2'(2 - \eta)] \cdot \varDelta \beta_2^0 \cdot \mathfrak{M}_y$$

Hierin ist:

$$\varDelta \beta_2^0 = \frac{1}{1 + 6 \psi_2' - \varDelta \beta_3 + 6 \psi_1 \theta_2 \omega_9^1} \cdot$$

Für den Fall der Belastung des obersten Geschosses ($k = n$) ist wie in a:

$$\varDelta \beta_n^0 = \varDelta \beta_n' = \frac{1}{1 + 6 \psi_n' + (1 - \varDelta \beta_{n-1}') \theta_n}$$

zu setzen, und es wird:

$$\varDelta M_n = -\varDelta \beta_n'(\tfrac{1}{2} - \xi) \cdot \mathfrak{M}_x - \theta_n \cdot \zeta_{n-1} \cdot \varDelta \beta_{n-1}' \cdot \varDelta \beta_n' \cdot W h_{n-1} \left. \right\} \tag{14,n}$$
$$+ \tfrac{1}{2}[1 - \lambda_n \theta_n + 3 \psi_n'(2 - \eta)] \varDelta \beta_n' \cdot \mathfrak{M}_y$$

Für $\mathfrak{M}_y$ ist in den Gleichungen (14) ebenso wie in den folgenden Gleichungen (16) bei einer Belastung des untersten Geschosses der Wert $-\eta W h_k$ des Momentes für den Kragträger von der Länge h_k einzusetzen:

    c) **Symmetrische Belastung des untersten Rahmenfaches.**

Für das Rahmenfach 1 ist zufolge der Grundfälle 2, 6 und 12:

$$M_1 = +\tfrac{1}{2} \omega_{10}^1 \cdot \mathfrak{M}_x - \tfrac{1}{2} \cdot [1 - (1 + \psi_1) \cdot \omega_{10}^1 \cdot \eta] \cdot \mathfrak{M}_y^0 - \omega_{10}^1 \cdot M_2 ,$$

$$H_1 = -\tfrac{3}{2} \omega_{10}^1 \cdot \frac{\mathfrak{M}_x}{h_1} + \tfrac{1}{2} \cdot [1 - (1 + 2 \psi) \cdot \omega_{10}^1 \cdot \eta] \cdot \frac{\mathfrak{M}_y^0}{h_1} + 3 \omega_{10}^1 \cdot \frac{M_2}{h_1} \cdot$$

Belastungen in 1 : $\mathfrak{M}_x$, $\mathfrak{M}_y$, $-M_2$,

        in 2 : M_2, $-M_3 = +\beta_3 \cdot M_2$.

Hieraus ergeben sich die an den Rahmenecken 2—2′ wirkenden Momente und Gegenkräfte:

im Rahmenfach 1 : $\tfrac{1}{2} \mathfrak{M}_x$,

$$M_u = -\omega_{10}^1 \cdot \mathfrak{M}_x - \tfrac{1}{2} \psi_1 \omega_{10}^1 \cdot \eta \mathfrak{M}_y^0 - \psi_1 \omega_{10}^1 \cdot M_2 ,$$

im Rahmenfach 2 : M_2 ,

$$H_2 = -3(1 + \psi_2) \cdot \omega_1^2 \cdot \frac{M_2}{h_2} + 3 \omega_1^2 \cdot \frac{M_3}{h_2} = -3 \omega_1^2 (1 + \psi_2' + \beta_3) \cdot \frac{M_2}{h_2} \cdot$$

Hieraus folgt:

    für $\mathfrak{M}_x$: $\varkappa_u = \tfrac{1}{2}$,   für $\mathfrak{M}_y^0$: $\varkappa_u = +\tfrac{1}{2} \psi_1 \omega_{10}^1 \cdot \eta$;

             $\varkappa_u' = +\omega_{10}^1$;

$\delta_u = +\psi_1 \omega_{10}^1$; $\delta_l = \delta_r = +1$, $\sigma_l = \sigma_r = \tfrac{1}{2}$;

         $\delta_l' = \delta_r' = -\tfrac{1}{2} \cdot 3 \omega_1^2 \cdot (1 + \psi_2' + \beta_3)$, $\sigma_l' = \sigma_r' = \tfrac{1}{2}$;

und man erhält:

$$M_2 = + \frac{1}{2} \cdot \frac{\psi_1\, \omega_{10}^1 \cdot \theta_2}{\psi_1\, \omega_{10}^1 \cdot \theta_2 + \psi_2\,(2 + \psi_2 - \beta_3) \cdot \omega_1^2} \cdot \mathfrak{M}_x$$
$$\left. - \frac{1}{2} \cdot \frac{\psi_1\, \omega_{10}^1 \cdot \theta_2}{\psi_1\, \omega_{10}^1 \cdot \theta_2 + \psi_2 \cdot (2 + \psi_2 - \beta_3)\, \omega_1^2}\, \eta \cdot \mathfrak{M}_y^0 \right\} \quad (15)$$
$$= + \tfrac{1}{2} \cdot \gamma \cdot \mathfrak{M}_x + \tfrac{1}{2}\gamma \cdot (\eta - \eta^2) \cdot \mathfrak{M}_y$$

und die Ständerfußreaktionen des Geschosses 1:

$$M_1 = + \tfrac{1}{2} \cdot \omega_{10}^1 \cdot (1 - \gamma) \cdot \mathfrak{M}_x$$
$$+ \tfrac{1}{2} \cdot [1 - \eta - \omega_{10}^1(1 + \psi_1 + \gamma)\,(\eta - \eta^2)] \cdot \mathfrak{M}_y$$
$$\left. H_1 = - \tfrac{3}{2} \cdot \omega_{10}^1 \cdot (1 - \gamma) \cdot \frac{\mathfrak{M}_x}{h_1} \right\} \quad (16)$$
$$- \tfrac{1}{2}[1 - \eta - (1 + 2\,\psi_1 + 3\,\gamma) \cdot \omega_{10}^1 \cdot (\eta - \eta^2)] \cdot \frac{\mathfrak{M}_y}{h_1}$$

d) Polarsymmetrische Belastung des untersten Geschosses.

Zufolge der Grundfälle 3, 7 und 13 ist:

$$\varDelta M_1 = -\omega_9^1 \cdot (\tfrac{1}{2} - \xi) \cdot \mathfrak{M}_x - \tfrac{1}{2}(\eta - 3\,\psi_1\,\omega_9^1 \cdot \eta^2) \cdot W h_1 + \omega_9^1 \cdot \varDelta M_2 \,.$$

Aus den Belastungen der Geschosse:

$$1: \quad \varDelta \mathfrak{M}_x, \quad \varDelta \mathfrak{M}_y, \quad -\varDelta M_2,$$
$$2: \quad \varDelta M_2, \quad -\varDelta M_3,$$

ergeben sich die an den Rahmenecken wirkenden Momente und Gegenkräfte:

im Rahmenfach 1: $(\tfrac{1}{2} - \xi) \cdot \mathfrak{M}_x$,

$$\varDelta M_u = -\omega_9^1(\tfrac{1}{2} - \xi) \cdot \mathfrak{M}_x + \tfrac{3}{2}\,\psi_1\,\omega_9^1 \cdot \eta^2 \cdot W h_1 - 6\,\psi_1\,\omega_9^1 \cdot \varDelta M_2 \,,$$

im Rahmenfach 2: $\varDelta M_2$,

$$-\varDelta M_3 = -\varDelta \beta_3 \cdot \varDelta M_2 \,.$$

Aus denselben folgt:

$$\text{für } \mathfrak{M}_x: \quad \varkappa_u \cdot \sigma_u = -\tfrac{1}{8} \cdot (\tfrac{1}{2} - \xi)\,,$$
$$\varkappa_u' \cdot \sigma_u' = +\tfrac{1}{8} \cdot \omega_9^1(\tfrac{1}{2} - \xi)\,,$$
$$\text{für } W h_1: \quad \varkappa_u\,\sigma_u = -\tfrac{1}{8} \cdot \tfrac{3}{2} \cdot \psi_1\,\omega_9^1 \cdot \eta^2 \,;$$
$$\delta_u\,\sigma_u = +\tfrac{1}{8} \cdot 6\,\psi_1\,\omega_9^1 \,; \qquad \delta_l = +1 \,; \qquad \delta_o\,\sigma_o = +\tfrac{1}{8}\,, \quad \delta_o'\,\sigma_o' = -\tfrac{1}{8}\,\varDelta \beta_3 \,;$$

und man erhält:

$$\varDelta M_2 = + \frac{6\,\psi_1\,\omega_9^1\,\theta_2}{1 + 6\,\psi_2 + 6\,\psi_1\,\omega_9^1\,\theta_2 - \varDelta \beta_3} \cdot (\tfrac{1}{2} - \xi) \cdot \mathfrak{M}_x$$
$$\left. + \frac{1}{4} \cdot \frac{6\psi_1\,\omega_9^1\,\theta_2}{1 + 6\,\psi_2 + 6\,\psi_1\,\omega_9^1\,\theta_2 - \varDelta \beta_3} \cdot \eta^2 \cdot W h_1 \right\} \quad (17)$$
$$= + \varDelta \gamma \cdot (\tfrac{1}{2} - \xi) \cdot \mathfrak{M}_x + \tfrac{1}{4} \cdot \varDelta \gamma \cdot \eta^2 \cdot W h_1$$

$$\left. \varDelta M_1 = -\omega_9^1 \cdot (1 - \varDelta \gamma) \cdot (\tfrac{1}{2} - \xi) \cdot \mathfrak{M}_x \right.$$
$$\left. - \tfrac{1}{2}[\eta - 3\,\omega_9^1 \cdot (\psi_1 + \tfrac{1}{2} \cdot \varDelta \gamma) \cdot \eta^2] \cdot W h_1 \right\} \quad (18)$$

3. Der mehrgeschossige zweistielige Rahmen unter dem Einfluß von Temperaturschwankungen.

Die Temperaturänderung betrage im linken Ständer t_1, im rechten t_2, wobei $t_1 > t_2$ ist und in den einzelnen Riegeln t_3. Entsprechend dem in § 26 näher Erörterten erfolgt die Untersuchung für die folgenden Fälle:

a) Symmetrische Temperaturänderung des Stockwerksrahmens: Riegel t_3, Ständer $\frac{1}{2}(t_1 + t_2)$. Für die Formänderungen und Temperaturkräfte ist nur erstere von Einfluß. Für die Ständerfußreaktionen des Geschosses 1 sind mit Rücksicht auf die Grundfälle 12 und 16 die Gleichungen anzuschreiben:

$$M_1 = +3(1 + \psi_1) \cdot \omega_{10}^1 \cdot \frac{\varepsilon E J_h^1}{h_1^2} \cdot l \cdot t_3 - \omega_{10}^1 \cdot M_2 \,,$$

$$H_1 = -3(1 + 2\psi_1) \omega_{10}^1 \cdot \frac{\varepsilon E J_h^1}{h_1^3} \cdot l \cdot t_3 + 3\,\omega_{10}^1 \cdot \frac{M_2}{h_1} \,.$$

Aus den Belastungen der Geschoße:

$$\begin{aligned}
1:&\quad t_3 \quad\ -M_2\,, \\
2:&\quad M_2\,, \quad -M_3
\end{aligned}$$

ergeben sich die an den Rahmenecken 2—2′ wirkenden Momente und Gegenkräfte:

im Rahmenfach 1:

$$M_u = -3\,\psi_1\,\omega_{10}^1 \cdot \frac{\varepsilon E J_h^1}{h_1^2} \cdot l \cdot t_3 - \psi_1\,\omega_{10}^1 \cdot M_2 \,,$$

im Rahmenfach 2: M_2 ,

$$H_2 = -3 \cdot (1 + \psi_2)\,\omega_1^2 \cdot \frac{M_2}{h_2} + 3\,\omega_1^2 \cdot \frac{M_3}{h_2} = -3(1 + \psi_2 + \beta_3) \cdot \omega_1^2 \cdot \frac{M_2}{h_2} \,.$$

Hieraus folgt:

$$\varkappa_u = +3\,\psi_1\,\omega_{10}^1 \,; \quad \delta_u = +\,\psi_1\,\omega_{10}^1 \,;$$

$$\begin{aligned}
\delta_l = \delta_r &= +1\,, & \sigma_l = \sigma_r &= \tfrac{1}{2}\,, \\
\delta_l' = \delta_r' &= -\tfrac{1}{2} \cdot 3\,\omega_1^2(1 + \psi_2 + \beta_3)\,, & \sigma_l' = \sigma_r' &= \tfrac{1}{3}\,;
\end{aligned}$$

und man erhält:

$$\left.\begin{aligned}
M_2 &= -\frac{3\psi_1\,\omega_{10}^1 \cdot \theta_2}{\psi_1\,\omega_{10}^1 \cdot \theta_2 + \psi_2(2 + \psi_2 - \beta_3)\,\omega_1^2} \cdot \frac{\varepsilon E J_h^1}{h_1^2} \cdot l\,t_3 \\[2mm]
&= -3\,\gamma \cdot \frac{\varepsilon E J_h^1}{h_1^2} \cdot l \cdot t_3
\end{aligned}\right\} \quad (19)$$

$$\left.\begin{aligned}
M_1 &= +3(1 + \psi_1 + \gamma) \cdot \omega_{10}^1 \cdot \frac{\varepsilon E J_h^1}{h_1^2} \cdot l\,t_3 \\[2mm]
H_1 &= -3(1 + 2\psi_1 + 3\gamma) \cdot \omega_{10}^1 \cdot \frac{\varepsilon E J_h^1}{h_1^3} \cdot l\,t_3
\end{aligned}\right\} \quad (20)$$

β_3 und die Momente M_3, M_4 ... sind mit Hilfe der in 2, a, α entwickelten Beziehungen zu berechnen.

b) Temperaturänderung des linken Ständers:

$$+\tfrac{1}{2}\varDelta t = +\tfrac{1}{2}(t_1 - t_2)$$

und des rechten Ständers:

$$-\tfrac{1}{2}\varDelta t = -\tfrac{1}{2}(t_1 - t_2)$$

bei ungeänderter Temperatur der Riegel. Die Längenänderungen der Ständer betragen für die jeweilige Geschoßhöhe:

$$\varDelta(\varDelta_h) = \pm\tfrac{1}{2}\cdot\varepsilon\,h_k\,\varDelta t \, .$$

Die Formänderung erfolgt polarsymmetrisch. Die Berechnung der Ständerfußmomente der einzelnen Rahmenfache des n-geschossigen Rahmen erfolgt mit Hilfe der Gleichung (X) durch Aufstellung von $n-1$ Rahmenbedingungen, so daß sich hier wie für lotrechte und wagrechte Belastung unmittelbare Beziehungen zwischen den aufeinanderfolgenden Reaktionen ergeben.

Wendet man die Rahmengleichung (X) auf das Fach k an, so erhält man eine Beziehung zwischen den an den Ständern h_k wirkenden Fußmomenten $\varDelta M_k$ und den vom Geschoß $k-1$ auf den unteren Balken J_m^{k-1} übertragenen als bekannt angenommenen Momenten $\varDelta M_{k-1}$. Die als Gegenkräfte an den Ständerköpfen des Faches k anzubringenden Momente $\varDelta M_{k+1}$ erscheinen als Funktionen von $\varDelta M_k$ und der Temperaturbelastung $\varDelta t$, d. i. des Temperaturmomentes

$$\frac{\varepsilon\cdot E\cdot J_m^{k+1}}{l^2}\cdot h_{k+1}$$

des Rahmenfaches $k+1$. Gleichung (X) wird demnach hier die allgemeine Form haben:

$$\varkappa_u\sigma_u\cdot\frac{\varDelta M_{k-1}\cdot l}{E J_m^{k-1}}+\sum\delta_u\cdot\sigma_u\cdot\frac{\varDelta M_k l}{E J_m^{k-1}}+\sum\delta_l\cdot\frac{\varDelta M_k\cdot h_k}{E J_h^k}+\sum\delta_o\cdot\sigma_o\cdot\frac{\varDelta M_k\cdot l}{E J_m^k}$$

$$+\varkappa_o\sigma_o\cdot\frac{\varepsilon E J_m^{k+1}}{l^2}\cdot h_{k+1}\cdot\varDelta t\cdot\frac{l}{E J_m^k}+\varepsilon\cdot\frac{h_k}{l}\cdot\varDelta t = \emptyset \, .$$

Setzt man:

$$\lambda'_{k+1} = \frac{h_{k+1}}{h_k} \, ,$$

so erhält man aus ihr:

$$\varDelta M_k = -\frac{\theta_k\cdot\sum\varkappa_u\sigma_u}{\sum\delta_u\sigma_u\cdot\theta_k+\psi_k\cdot\sum\delta_l+\sum\delta_o\sigma_o}\cdot\varDelta M_{k-1} \left.\begin{array}{c} \\ \\ \end{array}\right\}$$
$$-\frac{1+\theta_{k+1}\cdot\lambda'_{k+1}\cdot\varkappa_o\sigma_o}{\sum\delta_u\cdot\sigma_u\cdot\theta_k+\psi_k\cdot\sum\delta_l+\sum\delta_o\sigma_o}\cdot\frac{\varepsilon E\dot J_m^k}{l^2}\cdot h_k\cdot\varDelta t \quad\text{(X*)}$$

Mit Hilfe dieser Formel sind für die aufeinanderfolgenden Rahmengeschosse von oben nach unten die Ständerfußreaktionen zu berechnen, um für das unterste Geschoß, für welches zufolge der Grundfälle 13 und 17

$$\Delta M_1 = -6\,\omega_9^1 \cdot \frac{\varepsilon\,E\,J_m^1}{l^2} \cdot h_1 \cdot \Delta t + \omega_9^1 \cdot \Delta M_2$$

anzuschreiben ist, ΔM_2 als Funktion der Temperaturbelastung ermitteln zu können.

Zufolge Grundfall 15 haben die Längenänderungen der Ständer und die gegenseitigen lotrechten Verschiebungen der Stützpunkte an sich keinen Einfluß auf die Spannungen der übereinanderliegenden gelenkig angeschlossenen Rahmengeschosse. Der Einfluß der Temperaturänderung kommt in der Anwendung der Rahmengleichung (X) in der Berechnung der Momente ΔM zum Ausdruck, die zur Wiederherstellung des ursprünglichen Zustandes in den Rahmenecken erforderlich sind.

Von oben beginnend sind die Belastungen der beiden Rahmengeschosse

$$n: \quad \Delta M_n,$$
$$n-1: \quad \Delta M_{n-1}, \quad -\Delta M_n.$$

Hieraus folgt für die Rahmenbedingung im $n$ten Fach:

$$\varkappa_u\,\sigma_u = -\tfrac{1}{8}; \quad \delta_u\,\sigma_u = +\tfrac{1}{8}, \quad \delta_l = +1, \quad \delta_0 \cdot \sigma_0 = +\tfrac{1}{8};$$

und man erhält zufolge Gleichung (X*):

$$\Delta M_n = +\frac{\theta_n}{1+6\,\psi_n+\theta_n}\cdot \Delta M_{n-1} - \frac{6}{1+6\,\psi_n+\theta_n}\cdot\frac{\varepsilon\cdot E\cdot J_m^n}{l^2}\cdot h_n\cdot \Delta t$$

$$= +\Delta\beta_n\cdot \Delta M_{n-1} - \Delta\beta_n^l\cdot\frac{\varepsilon\cdot E\cdot J_m^n}{l^2}\cdot h_n\cdot \Delta t .$$

Zwecks Aufstellung der Rahmenbedingung im $(n-1)$ten Fach sind die Belastungen:

in $n-1$: $\Delta M_{n-1}, \quad -\Delta M_n = -\Delta\beta_n\cdot \Delta M_{n-1} + \Delta\beta_n^l\cdot\dfrac{\varepsilon\,E\,J_m^n}{l^2}\,h_n\,\Delta t$

in $n-2$: $\Delta M_{n-2}, \quad -\Delta M_{n-1}.$

Aus denselben ergibt sich:

für ΔM_{n-2}: $\varkappa_u\cdot\sigma_u = -\tfrac{1}{8},$ $\quad\big|\quad$ $\delta_u\sigma_u = +\tfrac{1}{8},\ \delta_l = +1,\ \delta_0\cdot\sigma_0 = +\tfrac{1}{8},$

für Δt: $\quad \varkappa_0\cdot\sigma_0 = +\tfrac{1}{8}\cdot\Delta\beta_n^l;$ $\quad\big|\quad$ $\delta_0'\cdot\sigma_0' = -\tfrac{1}{8}\cdot\Delta\beta_n;$

und man erhält:

$$\Delta M_{n-1} = +\frac{\theta_{n-1}}{1+6\,\psi_{n-1}+\theta_{n-1}-\Delta\beta_n}\cdot \Delta M_{n-2}$$

$$-\frac{6+\theta_n\cdot\lambda_n\cdot\Delta\beta_n^l}{1+6\,\psi_{n-1}+\theta_{n-1}-\Delta\beta_n}\cdot\frac{\varepsilon\,E\,J_m^{n-1}}{l^2}\cdot h_{n-1}\cdot \Delta t$$

$$= +\Delta\beta_{n-1}\cdot \Delta M_{n-2} - \Delta\beta_{n-1}^l\cdot\frac{\varepsilon\,E\,J_m^{n-1}}{l^2}\cdot h_{n-1}\cdot \Delta t .$$

Damit ist die Bildungsweise der folgenden Momente bis einschließlich ΔM_3 gegeben; es ist als allgemeine Form anzuschreiben:

$$\left.\begin{aligned}
\Delta M_k &= + \frac{\theta_k}{1 + 6\,\psi_k + \theta_k - \Delta\beta_{k+1}} \cdot \Delta M_{k+1} \\
&\quad - \frac{6 + \theta_{k+1} \cdot \lambda_{k+1} \cdot \Delta\beta'_{k+1}}{1 + 6\,\psi_k + \theta_k - \Delta\beta_{k+1}} \cdot \frac{\varepsilon\,E\,J_m^k}{l^2} \cdot h_k\,\Delta t \\
&= + \Delta\beta_k \cdot \Delta M_{k-1} - \Delta\beta'_k \cdot \frac{\varepsilon\,E\,J_m^k}{l^2} \cdot h_k \cdot \Delta t
\end{aligned}\right\} \tag{21}$$

Mit Hilfe der Gleichungen für ΔM_n, $\Delta M_{n-1}\ldots$ lassen sich die Beziehungen zwischen den Ständerfußmomenten verschieden entfernt liegender Rahmengeschosse ableiten, indem man je zwei unmittelbar aufeinanderfolgende Gleichungen vereinigt und mit den dadurch erhaltenen neuen Ausdrücken immer in der gleichen Weise verfährt. Die nähere Rechnung ist im III. Teil (§ 33) durchgeführt.

Ermittlung von ΔM_2

Belastungen in 2: $\quad \Delta M_2$, $\quad -\Delta M_3$,

in 1: $\quad -\Delta M_2$, Temperaturbelastung $\pm\frac{1}{2}\Delta t$.

An den Rahmenecken 2—3 des Geschosses 2 ergeben sich daraus die Momente:

im Rahmenfach 2: ΔM_3

$$-\Delta M_3 = -\Delta\beta_3 \cdot \Delta M_2 + \Delta\beta'_3 \cdot \frac{\varepsilon\,E\,J_m^3}{l^2} \cdot h_3 \cdot \Delta t$$

$$= -\Delta\beta_3\,\Delta M_2 + \theta_3\,\theta_2 \cdot \lambda_3\,\lambda_2 \cdot \Delta\beta'_3 \cdot \frac{\varepsilon\,E\,J_m^1}{l^2} \cdot h_1\,\Delta t,$$

im Rahmenfach 1: $-\Delta M_2$

$$\Delta M_1 = -6\,\omega_9^1 \cdot \frac{\varepsilon\,E\,J_m^1}{l^2} \cdot h_1\,\Delta t + \omega_9^1 \cdot \Delta M_2.$$

Hieraus folgt:

$$\begin{aligned}
&\varkappa_u\sigma_u = +\tfrac{1}{2}\cdot 6\,\omega_9^1, & &\delta_u\sigma_u = +\tfrac{1}{2}, & &\delta_l = +1;\ \ \delta_o\cdot\sigma_o = +\tfrac{1}{2}, \\
&\varkappa_o\sigma_o = +\tfrac{1}{2}\cdot\theta_3\,\theta_2\,\lambda_3\,\lambda_2\,\Delta\beta'_3; & &\delta'_u\sigma'_u = -\tfrac{1}{2}\omega_9^1; & &\delta'_o\cdot\sigma_o = -\tfrac{1}{2}\Delta\beta_3;
\end{aligned}$$

und man erhält:

$$\left.\begin{aligned}
\Delta M_2 &= -\frac{6\,\theta_2 \cdot (\lambda_2 + \omega_9^1) + \theta_3\,\theta_2\,\lambda_3\,\lambda_2 \cdot \Delta\beta'_3}{1 + 6\,\psi_2 + 6\,\psi_1\,\omega_9^1\,\theta_2 - \Delta\beta_3} \cdot \frac{\varepsilon\,E\,J_m^1}{l^2} \cdot h_1 \cdot \Delta t \\
&= -\Delta\beta'_2 \cdot \frac{\varepsilon\,E\,J_m^1}{l^2} \cdot h_1 \cdot \Delta t
\end{aligned}\right\} \tag{22}$$

$$\Delta M_1 = -\omega_9^1 \cdot (6 + \Delta\beta'_2) \cdot \frac{\varepsilon\,E\,J_m^1}{l_2} \cdot h_1 \cdot \Delta t. \tag{23}$$

4. Zahlenbeispiel. Berechnung eines vierstöckigen Rahmens[1]).

Belastungsannahmen:

a) Lotrechte Belastung:

Balken l_1 bis l_3: Ständige Last: $g = 1,5$ t/m.

Zufällige Last: $p = 3,0$ t/m.

Balken l_4: $g = 1,0$ t/m; $p = 0,8$ t/m.

b) Wagrechte Belastung:

Winddruck als gleichmäßig verteilte Belastung von $w = 0,5$ t/m.

Die Abmessungen des Tragwerkes sind aus Fig. 82 (S. 133) ersichtlich. Dieselben ergeben für die einzelnen Rahmengeschosse die Verhältniswerte:

$$\psi_1 = \frac{4,5}{6,0} \cdot \frac{1920}{360} = 4,0, \quad \omega_{10}^1 = \frac{1}{2+4,0} = 0,16\dot6, \quad \omega_9^1 = \frac{1}{1+6\cdot4,0} = 0,04 \cdot$$

$$\psi_2 = \frac{4,5}{6,0} \cdot \frac{1920}{320} = 4,5, \quad \omega_1^2 = \frac{1}{3+2\cdot4,5} = 0,08\dot3, \quad \theta_2 = 1,0 ;$$

$$\psi_3 = \frac{4,5}{6,0} \cdot \frac{1920}{320} = 4,5, \quad \omega_1^3 = \frac{1}{3+2\cdot4,5} = 0,08\dot3, \quad \theta_3 = 1,0 ;$$

$$\psi_4 = \frac{4,0}{6,0} \cdot \frac{960}{256} = 2,5, \quad \omega_1^4 = \frac{1}{3+2\cdot2,5} = 0,125, \quad \theta_4 = \frac{960}{1920} = 0,5 .$$

Hieraus folgen die weiteren unter 2 a und b abgeleiteten Beiwerte:

$$\beta_4 = \frac{4,5 \cdot 0,08\dot3 \cdot 0,5}{2 \cdot 4,5 \cdot 0,08\dot3 \cdot 0,5 + 2,5 \cdot (2+2,5) \cdot 0,125} = 0,105 ,$$

$$\Delta\beta_4 = \frac{0,5}{1+6\cdot2,5+0,5} = 0,0303 ;$$

$$\beta_3 = \frac{4,5 \cdot 0,08\dot3 \cdot 1,0}{2 \cdot 4,5 \cdot 0,08\dot3 \cdot 1,0 + 4,5(2+4,5-0,105) \cdot 0,08\dot3} = 0,119$$

$$\Delta\beta_3 = \frac{1,0}{1+6\cdot4,5+1,0-0,030} = 0,0345 ;$$

$$\beta_2' = \frac{4,5 \cdot 0,08\dot3}{4,0 \cdot 0,167 \cdot 1,0 + 4,5(2+4,5) \cdot 0,08\dot3} = 0,121 ,$$

$$\Delta\beta_2' = \frac{1}{1+6\cdot4,5+6\cdot4,0\cdot0,04\cdot1,0} = 0,0345 ;$$

---

[1]) In Anlehnung an das Rechnungsbeispiel eines dreistöckigen Rahmens aus Strassner, Neuere Methoden zur Statik der Rahmentragwerke usw., S. 126 ff. Berlin 1917, Verlag von W. Ernst & Sohn.

$$\beta_3' = \frac{4.5 \cdot 0.08\dot{3}}{4.5(2 - 0.121) \cdot 0.08\dot{3} \cdot 1.0 + 4.5(2 + 4.5) \cdot 0.083} = 0.119 ,$$

$$\Delta \beta_3' = \frac{1}{1 + 6 \cdot 4.5 + (1 - 0.035) \cdot 1.0} = 0.0345 ;$$

$$\beta_4' = \frac{2.5 \cdot 0.125}{4.5 \cdot (2 - 0.119) \cdot 0.08\dot{3} \cdot 0.5 + 2.5(2 + 2.5) \cdot 0.125} = 0.178 ,$$

$$\Delta \beta_4' = \frac{1}{1 + 6 \cdot 2.5 + (1 - 0.035) \cdot 0.5} = 0.0607 ;$$

$$\beta_2^0 = \frac{4.5 \cdot 0.08\dot{3}}{4.0 \cdot 0.16\dot{6} \cdot 1.0 + 4.5(2 + 4.5 - 0.119) \cdot 0.08\dot{3}} = 0.123 ,$$

$$\Delta \beta_2^0 = \frac{1}{1 + 6 \cdot 4.5 - 0.0345 + 6 \cdot 4.0 \cdot 1.0 \cdot 0.04} = 0.0346 ;$$

$$\beta_3^0 = \frac{4.5 \cdot 0.08\dot{3}}{4.5(2 - 0.125) \cdot 0.08\dot{3} \cdot 1.0 + 4.5(2 + 4.5 - 0.105) \cdot 0.08\dot{3}} = 0.121 ,$$

$$\Delta \beta_3^0 = \frac{1}{1 + 6 \cdot 4.5 - 0.0303 + (1 - 0.0345) \cdot 1.0} = 0.0346 ;$$

$$\gamma = \frac{4.0 \cdot 0.16\dot{6} \cdot 1.0}{4.0 \cdot 0.16\dot{6} \cdot 1.0 + 4.5(2 + 4.5 - 0.119) \cdot 0.08\dot{3}} = 0.219 ,$$

$$\Delta \gamma = \frac{6 \cdot 4.0 \cdot 0.14 \cdot 1.0}{1 + 6 \cdot 4.5 + 6 \cdot 4.0 \cdot 1.0 \cdot 0.04 - 0.0345} = 0.0332 ;$$

$$\zeta_2 = \tfrac{1}{2}(1 + 3 \cdot 4.5 - 3 \cdot 4.0 \cdot 1.0 \cdot 1.0 \cdot 0.04) = 7.01 ,$$

$$\zeta_3 = \tfrac{1}{2}[1 + 3 \cdot 4.5 - (1 - 2 \cdot 7.01 \cdot 0.0345) \cdot 1.0 \cdot 1.0] = 6.99 .$$

Aus den vorhergehenden unter 2 a entwickelten Berechnungen sind die Ständerfußmomente und die Horizontalkräfte in den einzelnen Rahmengeschossen unmittelbar zu entnehmen. Für die praktische Untersuchung sind aber insbesondere die Eckmomente von Interesse. Die unmittelbaren Ausdrücke für die Momente am oberen Ende der Ständer in den oberhalb des von den äußeren Kräften ergriffenen Rahmengeschosses liegenden Tragwerksteilen ergeben sich zufolge der Formeln (2) aus den Grundfällen 8 und 10 mit:

$$M_s^0 = -\psi_s \cdot \omega_1^s \cdot M_s + 3\omega_1^s \cdot M_{s+1} = -\omega_1^s \cdot (\psi_s + 3\beta_{s+1}) \cdot M_s = -\Gamma_s \cdot M_s \quad (24)$$

und ebenso auf Grund der Formeln (4) in den unteren unbelasteten Geschossen mit:

$$\left. \begin{aligned} M_p^0 &= -\psi_p \cdot \omega_1^p \cdot M_p + 3 \omega_1^p \cdot M_{p+1} = +\omega_1^p (3 + \psi_p \cdot \beta_p') \cdot M_{p+1} \\ &= +\Gamma_p' \cdot M_{p+1} \end{aligned} \right\} \quad (25)$$

Im vorliegenden Fall erhält man für die Beiwerte Γ und Γ':

$$\Gamma_2 = \omega_1^2(\psi_2 + 3\,\beta_3) = 0{,}083\,(4{,}5 + 3\cdot0{,}119) = 0{,}405\;,$$

$$\Gamma_3 = \omega_1^3\cdot(\psi_3 + 3\,\beta_4) = 0{,}08\dot{3}\cdot(4{,}5 + 3\cdot0{,}105) = 0{,}401\;,$$

$$\Gamma_4 = \omega_1^4\cdot\psi_4 = 0{,}125\cdot2{,}5 = 0{,}3125\;,$$

$$\Gamma_2' = \omega_1^2(3 + \psi_2\,\beta_2') = 0{,}083\,(3 + 4{,}5\cdot0{,}121) = 0{,}295\;,$$

$$\Gamma_3' = \omega_1^3(3 + \psi_3\,\beta_3') = 0{,}08\dot{3}\,(3 + 4{,}5\cdot0{,}119) = 0{,}294\;.$$

a) Lotrechte Belastung.

Die Größtmomente für eine gleichmäßig verteilte Belastung der statisch bestimmt gelagerten Balken der Rahmengeschosse 1 bis 3 sind:

$$\mathfrak{M}_g = \tfrac{1}{8}\cdot1{,}5\cdot6{,}0^2 = 6{,}75\,\text{tm}\;,$$

$$\mathfrak{M}_p = \tfrac{1}{8}\cdot3{,}0\cdot6{,}0^2 = 13{,}50\,\text{tm}$$

und im Rahmengeschoß 4:

$$\mathfrak{M}_g' = \tfrac{1}{8}\cdot1{,}0\cdot6{,}0^2 = 4{,}50\,\text{tm},$$

$$\mathfrak{M}_p' = \tfrac{1}{8}\cdot0{,}8\cdot6{,}0^2 = 3{,}60\,\text{tm}.$$

Es ist daher das Maximalmoment für das statisch bestimmte Hauptnetz:

$$\mathfrak{M}_{\text{max}} = \mathfrak{M} = 6{,}75 + 13{,}50 = 20{,}25\,\text{tm}.$$

Für den obersten Balken ist:

$$\mathfrak{M}_q' = 4{,}50 + 3{,}60 = 8{,}10\,\text{tm} = \frac{8{,}10}{20{,}25}\,\mathfrak{M}_{\text{max}} = 0{,}4\,\mathfrak{M}_{\text{max}}\;.$$

Bei einer gleichmäßig verteilten Belastung $q = g + p$ ist in den unter 2, a entwickelten Ausdrücken in dem Faktor $\mathfrak{M}_x = \xi\,(1-\xi)\cdot Pl$ an Stelle von P der Wert $p\,dx = p\cdot l\cdot d\xi$ einzusetzen. Damit wird:

$$\int_0^l \mathfrak{M}_x\,dx = q\,l^2\cdot\int_0^1 (\xi - \xi^2)\cdot d\xi = \tfrac{1}{6}\,q\,l^2 = \tfrac{1}{3}\cdot\mathfrak{M}_{\text{max}}\;.$$

Es folgt daher für eine gleichmäßig verteilte Belastung q aus Gleichung (9) für das unmittelbar belastete $k$te Rahmengeschoß:

$$M_k^S = +\tfrac{1}{2}(1 - 2\,\beta_{k+1})\cdot\beta_k^0\cdot\int_0^l \mathfrak{M}_x\,dx = +\tfrac{2}{3}(1 - 2\,\beta_{k+1})\cdot\beta_k^0\cdot\mathfrak{M}_{\text{max}}\;. \qquad (26)$$

Aus Gleichung (7) ergibt sich:

$$M_{k+1}^S = +\beta_{k+1}\int_0^l \mathfrak{M}_x\cdot dx - \beta_{k+1}\cdot M_k = +\tfrac{1}{3}\beta_{k+1}\,\mathfrak{M}_{\text{max}} - \beta_{k+1}\cdot M_k\;, \qquad (27)$$

und damit wird zufolge Grundfall 1 das Moment am oberen Ende des Ständers:

$$\left.\begin{aligned}
M_k^O &= -\tfrac{2}{3}\,\omega_1^k \cdot \tfrac{4}{3} \cdot \mathfrak{M}_{\max} - \psi_k \omega_1^k \cdot M_k + 3\,\omega_1^k \cdot M_{k+1} \\
\cdot\ \ &= -2\,\omega_1^k \cdot \mathfrak{M}_{\max} - \psi'_k \omega_1^k \cdot M_k^S + 4\,\omega_1^k \cdot \beta_{k+1}\mathfrak{M}_{\max} - 3\,\omega_1^k \cdot \beta_{k+1} \cdot M_k^S \\
&= -2\,\omega_1^k(1 - 2\,\beta_{k+1}) \cdot \mathfrak{M}_{\max} - I'_k \cdot M_k^S
\end{aligned}\right\} \quad (28)$$

Bei einer Belastung des untersten Rahmengeschosses folgt aus den Gleichungen (15) und (16):

$$M_1^S = +\tfrac{1}{2}\,\omega_{10}^1(1 - \gamma)\int_0^l \mathfrak{M}_z\,dx = +\tfrac{2}{3}\,\omega_{10}^1 \cdot (1 - \gamma) \cdot \mathfrak{M}_{\max}, \qquad (29)$$

$$M_2^S = +\tfrac{1}{2} \cdot \gamma \int_0^l \mathfrak{M}_z\,dx = +\tfrac{2}{3} \cdot \gamma \cdot \mathfrak{M}_{\max}. \qquad (30)$$

Infolge der festen Einspannung des untersten Ständerfußes ist:

$$M_1^O = -2\,M_1^S.$$

Somit erhält man für die Eckmomente M_k^S und M_k^O am unteren und oberen Ende der Ständer sowie für die Momente an den Balkenendpunkten $M_k^R = M_k^O - M_{k+1}^S$ in den einzelnen Belastungsfällen:

1. Belastung des Rahmengeschosses 1.

$$M_1^S = +\tfrac{2}{3} \cdot 0{,}167\,(1 - 0{,}219)\,\mathfrak{M} = +0{,}087\,\mathfrak{M},$$
$$M_1^O = -2 \cdot 0{,}087\,\mathfrak{M} = -0{,}174\,\mathfrak{M},$$
$$M_2^S = +\tfrac{2}{3} \cdot 0{,}219 \cdot \mathfrak{M} = +0{,}146\,\mathfrak{M},$$
$$M_2^O = -0{,}405 \cdot 0{,}146\,\mathfrak{M} = -0{,}059\,\mathfrak{M},$$
$$M_3^S = -0{,}119 \cdot M_2^S = -0{,}119 \cdot 0{,}146\,\mathfrak{M} = -0{,}017_4\,\mathfrak{M},$$
$$M_3^O = -0{,}401 \cdot M_3^S = +0{,}401 \cdot 0{,}017\,\mathfrak{M} = +0{,}007\,\mathfrak{M},$$
$$M_4^S = -0{,}105 \cdot M_3^S = +0{,}105 \cdot 0{,}017\,\mathfrak{M} = +0{,}002\,\mathfrak{M},$$
$$M_4^O = -0{,}3125\,M_4^S = -0{,}3125 \cdot 0{,}002\,\mathfrak{M} = -0{,}000\,\mathfrak{M},$$
$$M_1^R = (-0{,}174 - 0{,}146)\,\mathfrak{M} = -0{,}320\,\mathfrak{M},$$
$$M_2^R = (-0{,}059 + 0{,}017)\,\mathfrak{M} = -0{,}042\,\mathfrak{M},$$
$$M_3^R = (+0{,}007 - 0{,}002)\,\mathfrak{M} = +0{,}005\,\mathfrak{M},$$
$$M_4^R = -0{,}001\,\mathfrak{M}.$$

2. Belastung des Rahmengeschosses 2.

$$M_2^S = +\tfrac{2}{3}(1 - 2 \cdot 0{,}119) \cdot 0{,}123\,\mathfrak{M} = +0{,}0625\,\mathfrak{M},$$
$$M_2^O = -2 \cdot 0{,}083\,(1 - 2 \cdot 0{,}119)\,\mathfrak{M} - 0{,}405 \cdot 0{,}0625\,\mathfrak{M} = -0{,}152\,\mathfrak{M},$$
$$M_3^S = +\tfrac{1}{2} \cdot 0{,}119\,\mathfrak{M} - 0{,}119 \cdot 0{,}0625\,\mathfrak{M} = +0{,}151\,\mathfrak{M},$$
$$M_3^O = -0{,}401 \cdot M_3^S = -0{,}401 \cdot 0{,}151\,\mathfrak{M} = -0{,}061\,\mathfrak{M}.$$
$$M_4^S = -0{,}105 \cdot 0{,}151 \cdot \mathfrak{M} = -0{,}016\,\mathfrak{M},$$
$$M_4^O = +0{,}3125 \cdot 0{,}016\,\mathfrak{M} = +0{,}005\,\mathfrak{M},$$

$$M_1^S = -0{,}167 \cdot 0{,}0625 \, \mathfrak{M} = -0{,}010_4 \, \mathfrak{M} \,,$$

$$M_1^O = +2 \cdot 0{,}0104 \, \mathfrak{M} = +0{,}021 \, \mathfrak{M} \,,$$

$$M_1^R = (+0{,}021 - 0{,}063) \, \mathfrak{M} = -0{,}042 \, \mathfrak{M} \,,$$

$$M_2^R = (-0{,}152 - 0{,}151) \, \mathfrak{M} = -0{,}303 \, \mathfrak{M} \,,$$

$$M_3^R = (-0{,}061 + 0{,}016) \, \mathfrak{M} = -0{,}045 \, \mathfrak{M} \,.$$

3. Belastung des Geschosses 3.

$$M_3^S = +\tfrac{2}{3}(1 - 2 \cdot 0{,}105) \cdot 0{,}121 \, \mathfrak{M} = +0{,}064 \, \mathfrak{M} \,,$$

$$M_3^O = -2 \cdot 0{,}083 \cdot (1 - 2 \cdot 0{,}105) \, \mathfrak{M} - 0{,}401 \cdot 0{,}064 \, \mathfrak{M} = -0{,}156 \, \mathfrak{M} \,,$$

$$M_4^S = +\tfrac{1}{3} \cdot 0{,}105 \, \mathfrak{M} - 0{,}105 \cdot 0{,}064 \, \mathfrak{M} = +0{,}133 \, \mathfrak{M} \,,$$

$$M_4^O = -0{,}3125 \cdot 0{,}133 \, \mathfrak{M} = -0{,}042 \, \mathfrak{M} \,,$$

$$M_2^S = -0{,}121 \cdot 0{,}064 \, \mathfrak{M} = -0{,}008 \, \mathfrak{M} \,,$$

$$M_2^O = +0{,}295 \cdot 0{,}064 \, \mathfrak{M} = +0{,}019 \, \mathfrak{M} \,,$$

$$M_1^S = +0{,}167 \cdot 0{,}008 \, \mathfrak{M} = +0{,}001_3 \, \mathfrak{M} \,,$$

$$M_1^O = -2 \cdot 0{,}001_3 \, \mathfrak{M} = -0{,}003 \, \mathfrak{M} \,,$$

$$M_1^R = (-0{,}003 + 0{,}008) \, \mathfrak{M} = +0{,}005 \, \mathfrak{M} \,,$$

$$M_2^R = (+0{,}019 - 0{,}064) \, \mathfrak{M} = -0{,}045 \, \mathfrak{M} \,,$$

$$M_3^R = (-0{,}156 - 0{,}133) \, \mathfrak{M} = -0{,}289 \, \mathfrak{M} \,.$$

4. Belastung des Geschosses 4.

$$M_4^S = +\tfrac{2}{3} \cdot 0{,}178 \, \mathfrak{M}' = +0{,}119 \, \mathfrak{M}' = +0{,}048 \, \mathfrak{M} \,,$$

$$M_4^O = -2 \cdot 0{,}125 \, \mathfrak{M}' - 0{,}3125 \cdot 0{,}119 \, \mathfrak{M}' = -0{,}287 \, \mathfrak{M}' = -0{,}115 \, \mathfrak{M}$$

$$M_3^S = -0{,}119 \cdot 0{,}119 \, \mathfrak{M}' = -0{,}014 \, \mathfrak{M}' = -0{,}006 \, \mathfrak{M} \,,$$

$$M_3^O = +0{,}294 \cdot 0{,}119 \, \mathfrak{M}' = +0{,}035 \, \mathfrak{M}' = +0{,}014 \, \mathfrak{M} \,,$$

$$M_2^S = +0{,}121 \cdot 0{,}014 \, \mathfrak{M}' = +0{,}002 \, \mathfrak{M}' = +0{,}001 \, \mathfrak{M} \,,$$

$$M_2^O = -0{,}295 \cdot 0{,}014 \, \mathfrak{M}' = -0{,}004 \, \mathfrak{M}' = -0{,}002 \, \mathfrak{M} \,,$$

$$M_1^S = -0{,}167 \cdot 0{,}002 \, \mathfrak{M}' = -0{,}000_3 \, \mathfrak{M}' = -0{,}000_1 \, \mathfrak{M} \,,$$

$$M_1^O = +2 \cdot 0{,}0003 \, \mathfrak{M}' = +0{,}000_6 \, \mathfrak{M}' = +0{,}000_2 \, \mathfrak{M} \,,$$

$$M_1^R = (+0{,}001 - 0{,}002) \, \mathfrak{M}' = -0{,}001 \, \mathfrak{M}' = -0{,}000 \, \mathfrak{M} \,,$$

$$M_2^R = (-0{,}004 + 0{,}014) \, \mathfrak{M}' = +0{,}010 \, \mathfrak{M}' = +0{,}004 \, \mathfrak{M} \,,$$

$$M_3^R = (+0{,}035 - 0{,}119) \, \mathfrak{M}' = -0{,}084 \, \mathfrak{M}' = -0{,}034 \, \mathfrak{M} \,.$$

Hieraus ergeben sich die größten Balkenmomente des Stockwerksrahmens infolge Eigen- und Nutzlast in den einzelnen Geschossen:

$$M^{(1)} = (1 - 0{,}320 - \tfrac{1}{3} \cdot 0{,}042 + 0{,}005 - 0{,}22 \cdot 0{,}001) \, \mathfrak{M}_{\max}$$

$$= 0{,}671 \, \mathfrak{M}_{\max} = 13{,}6 \, \text{tm} \,,$$

$$M^{(2)} = (1 - \tfrac{1}{3} \cdot 0{,}042 - 0{,}303 - \tfrac{1}{3} \cdot 0{,}045 + 0{,}4 \cdot 0{,}010) \cdot \mathfrak{M}_{\max}$$

$$= 0{,}672 \, \mathfrak{M}_{\max} = 13{,}6 \, \text{tm} \,,$$

$$M^{(3)} = (1 + 0{,}005 - \tfrac{1}{3}0{,}045 - 0{,}289 - 0{,}22 \cdot 0{,}084) \cdot \mathfrak{M}_{\max}$$
$$= 0{,}682\,\mathfrak{M}_{\max} = 13{,}8\,\mathrm{tm},$$
$$M^{(4)} = (0{,}4 - \tfrac{1}{3} \cdot 0{,}000_6 + 0{,}005 - \tfrac{1}{3} \cdot 0{,}042 - 0{,}4 \cdot 0{,}287) \cdot \mathfrak{M}_{\max}$$
$$= 0{,}276\,\mathfrak{M}_{\max} = 5{,}6\,\mathrm{tm}.$$

b) Wagrechte Belastung.

Das Größtmoment für den statisch bestimmten Hauptfall des Kragträgers bei einer gleichmäßig verteilten Belastung w ist:

$$\mathfrak{M} = -\tfrac{1}{2}\,w\,h^2 .$$

Es ergibt in den Rahmengeschossen 1 bis 3:

$$\mathfrak{M} = -\tfrac{1}{2} \cdot 0{,}5 \cdot 4{,}5^2 = -5{,}06 \text{ tm},$$

und im obersten Stockwerk:

$$\mathfrak{M}' = -\tfrac{1}{2} \cdot 0{,}5 \cdot 4{,}0^2 = -4{,}00 \text{ tm} \,(= 0{,}79\,\mathfrak{M}) .$$

α) Symmetrische Teilbelastung:

In Gleichung (9) ist für $\mathfrak{M}_y^0 = \eta(1 - \eta)W h$ der Wert

$$\eta(1 - \eta) \cdot w\,h^2\,d\eta$$

zu setzen. Damit folgt für das unmittelbar belastete $k$te Rahmenfach:

$$\left.\begin{aligned}
M_k^S &= -\tfrac{1}{6}(3 + 2\,\psi_k)\,\beta_k^0 \int_0^1 (2 - \eta)\,(\eta - \eta^2) \cdot w\,h_k^2 \cdot d\eta \\
&\quad + \tfrac{1}{6}(\psi_k + 3\,\beta_{k+1})\,\beta_k^0 \int_0^1 (\eta - \eta^3)\,w\,h_k^2 \cdot d\eta \\
&= -\tfrac{1}{24}(3 + \psi_k - 3\,\beta_{k+1}) \cdot \beta_k^0 \cdot w\,h_k^2 \\
&= +\tfrac{1}{12} \cdot (3 + \psi_k - 3\,\beta_{k+1}) \cdot \beta_k^0 \cdot \mathfrak{M}_k
\end{aligned}\right\} \tag{31}$$

Aus Gleichung (7) folgt:

$$\left.\begin{aligned}
M_{k+1}^S &= -\tfrac{1}{2}\,\beta_{k+1} \cdot w\,h_k^2 \int_0^1 (\eta - \eta^3)\,d\eta - \beta_{k+1} \cdot M_k \\
&= -\tfrac{1}{8} \cdot \beta_{k+1} \cdot w\,h_k^2 - \beta_{k+1} M_k = +\tfrac{1}{4}\,\beta_{k+1} \cdot \mathfrak{M}_k - \beta_{k+1} \cdot M_k
\end{aligned}\right\} \tag{32}$$

Damit wird zufolge Grundfall 4 das Moment am oberen Ende des Ständers:

$$\left.\begin{aligned}
M_k^0 &= -\tfrac{1}{2}\,\psi_k\,\omega_1^k \cdot w\,h_k^2 \int_0^1 (\eta - \eta^3) \cdot d\eta - \psi_k \cdot \omega_1^k\,M_k + 3\,\omega_1^k \cdot M_{k+1} \\
&= +\tfrac{1}{4}\,\omega_1^k \cdot (\psi_k + 3\,\beta_{k+1})\,\mathfrak{M}_k - \omega_1^k \cdot (\psi_k + 3\,\beta_{k+1})\,M_k \\
&= +\tfrac{1}{4}\,\Gamma_k \cdot \mathfrak{M}_k - \Gamma_k \cdot M_k
\end{aligned}\right\} \tag{33}$$

Aus den Gleichungen (15) und (16) erhält man:

$$\left.\begin{aligned}
M_1^S &= -\tfrac{1}{2}\, w\, h_1^2 \int_0^1 (\eta - \eta^2)\cdot d\eta + \tfrac{1}{2}(1+\psi_1+\gamma)\,\omega_{10}^1\cdot w\, h_1^2 \int_0^1 (\eta^2 - \eta^3)\, d\eta \\
&= +\tfrac{1}{12}\cdot(1+\omega_{10}^1-\gamma\,\omega_{10}^1)\cdot \mathfrak{M} \\
M_2^S &= -\tfrac{1}{2}\,\gamma\cdot w\, h_1^2 \int_0^1 (\eta^2-\eta^3)\, d\eta = +\tfrac{1}{12}\,\gamma\cdot\mathfrak{M}
\end{aligned}\right\} \quad (34)$$

Damit wird zufolge der Grundfälle 6 und 12:

$$M_1^O = -\tfrac{1}{24}\cdot\psi_1\,\omega_{10}^1\cdot w\, h_1^2 + 2\,\omega_{10}^1\cdot M_2^S = +\tfrac{1}{12}\cdot(\psi_1 + 2\,\gamma)\cdot\omega_{10}^1\cdot\mathfrak{M} \quad (35)$$

Somit erhält man in den einzelnen Belastungsfällen:

1. Belastung des Geschosses 1.

$$M_1^S = +\tfrac{1}{12}(1+0{,}167-0{,}219\cdot0{,}167)\,\mathfrak{M} = +0{,}094\,\mathfrak{M}\,,$$
$$M_1^O = +\tfrac{1}{12}(4{,}0+2\cdot0{,}219)\cdot0{,}167\,\mathfrak{M} = +0{,}062\,\mathfrak{M}\,,$$
$$M_2^S = +\tfrac{1}{12}\cdot0{,}219\,\mathfrak{M} = +0{,}018\,\mathfrak{M}\,,$$
$$M_2^O = -0{,}405\cdot0{,}018\,\mathfrak{M} = -0{,}007\,\mathfrak{M}\,,$$
$$M_3^S = -0{,}119\cdot0{,}018\,\mathfrak{M} = -0{,}002\,\mathfrak{M}\,,$$
$$M_3^O = +0{,}401\cdot0{,}002\,\mathfrak{M} = +0{,}001\,\mathfrak{M}\,,$$
$$M_4^S = +0{,}105\cdot0{,}002\,\mathfrak{M} = +0{,}000\,\mathfrak{M}\,,$$
$$M_4^O = -0{,}312\cdot0{,}000\,\mathfrak{M} = -0{,}000\,\mathfrak{M}\,.$$

2. Belastung des Geschosses 2.

$$M_2^S = +\tfrac{1}{12}(3+4{,}5-3\cdot0{,}119)\cdot0{,}123\,\mathfrak{M} = +0{,}073\,\mathfrak{M}\,,$$
$$M_2^O = +0{,}405(0{,}250-0{,}073)\,\mathfrak{M} = +0{,}072\,\mathfrak{M}\,,$$
$$M_3^S = +0{,}119(0{,}250-0{,}073)\,\mathfrak{M} = +0{,}021\,\mathfrak{M}\,,$$
$$M_3^O = -0{,}401\cdot0{,}021\,\mathfrak{M} = -0{,}008\,\mathfrak{M}\,,$$
$$M_4^S = -0{,}105\cdot0{,}021\,\mathfrak{M} = -0{,}002\,\mathfrak{M}\,,$$
$$M_4^O = +0{,}313\cdot0{,}002\,\mathfrak{M} = +0{,}000_6\,\mathfrak{M}\,,$$
$$M_1^S = -0{,}167\cdot0{,}073\,\mathfrak{M} = -0{,}012\,\mathfrak{M}\,,$$
$$M_1^O = +2\cdot0{,}012\,\mathfrak{M} = +0{,}024\,\mathfrak{M}\,.$$

3. Belastung des Geschosses 3.

$$M_3^S = +\tfrac{1}{12}(3+4{,}5-3\cdot0{,}105)\cdot0{,}121\,\mathfrak{M} = +0{,}072\,\mathfrak{M}\,,$$
$$M_3^O = +0{,}401(0{,}250-0{,}072)\,\mathfrak{M} = +0{,}071\,\mathfrak{M}\,,$$
$$M_4^S = +0{,}105(0{,}250-0{,}072)\,\mathfrak{M} = +0{,}019\,\mathfrak{M}\,,$$
$$M_4^O = -0{,}313\cdot0{,}019\,\mathfrak{M} = -0{,}006\,\mathfrak{M}\,,$$
$$M_2^S = -0{,}121\cdot0{,}072\,\mathfrak{M} = -0{,}009\,\mathfrak{M}\,,$$
$$M_2^O = +0{,}295\cdot0{,}072\,\mathfrak{M} = +0{,}021\,\mathfrak{M}\,,$$
$$M_1^S = +0{,}167\cdot0{,}009\,\mathfrak{M} = +0{,}000_7\,\mathfrak{M}\,,$$
$$M_1^O = -2\cdot0{,}0007\,\mathfrak{M} = -0{,}001\,\mathfrak{M}\,.$$

4. Belastung des Geschosses 4.

$$M_4^S = +\tfrac{1}{12}\,(3+2,5)\cdot 0,178\,\mathfrak{M}' = +0,082\,\mathfrak{M}' = +0,065\,\mathfrak{M}\,,$$

$$M_4^O = +0,313\,(0,250-0,082)\,\mathfrak{M}' = +0,052\,\mathfrak{M}' = +0,042\,\mathfrak{M}\,,$$

$$M_3^S = -0,119\cdot 0,082\,\mathfrak{M}' = -0,010\,\mathfrak{M}' = -0,008\,\mathfrak{M}\,,$$

$$M_3^O = +0,294\cdot 0,082\,\mathfrak{M}' = +0,024\,\mathfrak{M}' = +0,019\,\mathfrak{M}\,,$$

$$M_2^S = +0,121\cdot 0,010\,\mathfrak{M}' = +0,001\,\mathfrak{M}' = +0,000_8\,\mathfrak{M}\,,$$

$$M_2^O = -0,295\cdot 0,010\,\mathfrak{M}' = -0,003\,\mathfrak{M}' = -0,002\,\mathfrak{M}\,,$$

$$M_1^S = -0,167\cdot 0,001\,\mathfrak{M}' = -0,000_2\,\mathfrak{M}' = -0,000\,\mathfrak{M}\,.$$

β) **Polarsymmetrische Teilbelastung.**

Bei der Auswertung der Gleichungen (14), (17) und (18) für eine gleichmäßig verteilte Belastung ist:

$$\int_0^h \mathfrak{M}_y\cdot dy = -w\,h^2\int_0^1 \eta\,d\eta = -\tfrac{1}{2}\,w\,h^2 = +\mathfrak{M}\,,$$

$$\int_0^h \mathfrak{M}_y\cdot \eta\cdot dy = -w\,h^2\int_0^1 \eta^2\,d\eta = -\tfrac{1}{3}\,w\,h^2 = +\tfrac{2}{3}\,\mathfrak{M}\,,$$

$$\int_0^h \mathfrak{M}_y\cdot (2-\eta)\,dy = -w\,h^2\int_0^1 (2\eta-\eta^2)\,d\eta = -\tfrac{2}{3}\,w\,h^2 = +\tfrac{4}{3}\,\mathfrak{M}$$

Damit erhält man für das unmittelbar belastete Rahmenfach:

$$\left.\begin{aligned}
\varDelta M_k^S &= +\tfrac{1}{2}[1-\varDelta\beta_{k+1}+4\,\psi_k-2\,\theta_k\cdot\lambda_k(1-2\,\zeta_{k-1}\cdot\varDelta\beta'_{k-1})]\cdot\varDelta\beta_k^0\cdot\mathfrak{M}_k\\
\varDelta M_2^S &= +\tfrac{1}{2}(1+4\,\psi_2-\varDelta\beta_2-6\,\psi_1\,\lambda_2\,\theta_2\cdot\omega_9^1)\cdot\varDelta\beta_2^0\cdot\mathfrak{M}_2\\
\varDelta M_n^S &= +\tfrac{1}{2}[1+4\,\psi_n-2\,\lambda_n\,\theta_n(1-2\,\zeta_{n-1}\cdot\varDelta\beta'_{n-1})]\cdot\varDelta\beta_n'\cdot\mathfrak{M}_n\\
\varDelta M_1^S &= +\tfrac{1}{6}[3-(6\,\psi_1+\varDelta\gamma)\cdot\omega_9^1]\,\mathfrak{M}_1
\end{aligned}\right\}\quad (36)$$

Aus den Gleichungen (13) und (17) folgt:

$$\left.\begin{aligned}
\varDelta M_{k+1}^S &= -\tfrac{1}{2}\,\varDelta\beta_{k+1}\cdot\mathfrak{M}_k + \varDelta\beta_{k+1}\cdot\varDelta M_k^S\\
\varDelta M_2^S &= -\tfrac{1}{6}\cdot\varDelta\gamma\cdot\mathfrak{M}_1
\end{aligned}\right\}\quad (37)$$

Die Ständerkopfmomente $\varDelta M^O$ sind oberhalb des polarsymmetrisch belasteten Geschosses die gleichen wie die betreffenden Fußmomente $\varDelta M^S$. In den übrigen Geschossen tritt noch das aus der wagrechten Belastung sich ergebende Moment hinzu; zufolge der Grundfälle 5 und 7 ist für das unmittelbar belastete Rahmenfach:

$$\varDelta M_k^O = \varDelta M_k^S + \tfrac{1}{4}\,w\,h_k^2 = \varDelta M_k^S - \tfrac{1}{2}\,\mathfrak{M}_k \tag{38}$$

und für die darunter befindlichen Teile:

$$\varDelta M_{k-p}^O = \varDelta M_{k-p}^S + \tfrac{1}{2}\,w\,h_k\cdot h_{k-p} = \varDelta M_{k-p}^S - \frac{h_{k-p}}{h_k}\,\mathfrak{M}_k\,. \tag{39}$$

Auf Grund der Gleichungen (10) bis (12) und (36) bis (39) ergibt sich wieder in den einzelnen Belastungsfällen:

1. Belastung des Geschosses 1.

$$\Delta M_1^S = +\tfrac{1}{8}[3 - (6 \cdot 4{,}0 + 0{,}333) \cdot 0{,}04]\,\mathfrak{M} = +0{,}340\,\mathfrak{M}\,,$$

$$\Delta M_1^O = +(0{,}340 - 0{,}500)\,\mathfrak{M} = -0{,}160\,\mathfrak{M}\,,$$

$$\Delta M_2^S = \Delta M_2^O = -\tfrac{1}{8} \cdot 0{,}033\,\mathfrak{M} = -0{,}005\,\mathfrak{M}\,,$$

$$\Delta M_3^S = \Delta M_3^O = -0{,}0346 \cdot 0{,}005\,\mathfrak{M} = -0{,}000_2\,\mathfrak{M}\,.$$

2. Belastung des Geschosses 2.

$$\Delta M_2^S = +\tfrac{1}{2}(1 + 4 \cdot 4{,}5 - 0{,}035 - 6 \cdot 4{,}0 \cdot 1{,}0 \cdot 1{,}0 \cdot 0{,}04) \cdot 0{,}0346\,\mathfrak{M}$$
$$= +0{,}311\,\mathfrak{M}\,,$$

$$\Delta M_2^O = +(0{,}311 - 0{,}500)\,\mathfrak{M} = -0{,}189\,\mathfrak{M}\,,$$

$$\Delta M_3^S = \Delta M_3^O = -0{,}0345\,(0{,}500 - 0{,}311)\,\mathfrak{M} = -0{,}006_5\,\mathfrak{M}\,,$$

$$\Delta M_4^S = \Delta M_4^O = -0{,}032 \cdot 0{,}007\,\mathfrak{M} = -0{,}000_2\,\mathfrak{M}\,,$$

$$\Delta M_1^S = +(0{,}04 \cdot 0{,}311 + 0{,}5 \cdot 1{,}04 \cdot 1{,}0)\,\mathfrak{M} = +0{,}532\,\mathfrak{M}\,,$$

$$\Delta M_1^O = +(0{,}532 - 1{,}000)\,\mathfrak{M} = -0{,}468\,\mathfrak{M}\,.$$

3. Belastung des Geschosses 3.

$$\Delta M_3^S = +0{,}5\,(1 - 0{,}030 + 4 \cdot 4{,}5 - 2 \cdot 1{,}0\,(1 - 2 \cdot 7{,}01 \cdot 0{,}0345)] \cdot 0{,}0345\,\mathfrak{M}$$
$$= +0{,}310\,\mathfrak{M}\,,$$

$$\Delta M_3^O = +(0{,}309 - 0{,}500)\,\mathfrak{M} = -0{,}190\,\mathfrak{M}\,,$$

$$\Delta M_4^S = -0{,}030\,(0{,}500 - 0{,}309)\,\mathfrak{M} = -0{,}006\,\mathfrak{M}\,,$$

$$\Delta M_2^S = +0{,}0345 \cdot (0{,}309 + 2 \cdot 1{,}0 \cdot 7{,}01)\,\mathfrak{M} = +0{,}495\,\mathfrak{M}\,,$$

$$\Delta M_2^O = +(0{,}495 - 1{,}000)\,\mathfrak{M} = -0{,}505\,\mathfrak{M}\,,$$

$$\Delta M_1^S = +(0{,}04 \cdot 0{,}495 + 0{,}5 \cdot 1{,}04 \cdot 1{,}0)\,\mathfrak{M} = +0{,}540\,\mathfrak{M}\,,$$

$$\Delta M_1^O = +(0{,}540 - 1{,}000)\,\mathfrak{M} = -0{,}460\,\mathfrak{M}\,.$$

4. Belastung des Geschosses 4.

$$\Delta M_4^S = +0{,}5 \cdot [1 + 4 \cdot 2{,}5 - 2 \cdot 1{,}125 \cdot 0{,}5 \cdot (1 - 2 \cdot 6{,}992 \cdot 0{,}0345)]$$
$$\cdot 0{,}0607\,\mathfrak{M}' = +0{,}316\,\mathfrak{M}' = +0{,}250\,\mathfrak{M}\,,$$

$$\Delta M_4^O = +(0{,}316 - 0{,}500)\,\mathfrak{M}' = -0{,}184\,\mathfrak{M}' = -0{,}145\,\mathfrak{M}\,,$$

$$\Delta M_3^S = +0{,}0345 \cdot (0{,}316 + 2 \cdot 1{,}125 \cdot 6{,}992) \cdot \mathfrak{M}' = +0{,}5525\,\mathfrak{M}'$$
$$= +0{,}436\,\mathfrak{M}\,,$$

$$\Delta M_3^O = +(0{,}552_5 - 1{,}125) \cdot \mathfrak{M}' = -0{,}5725\,\mathfrak{M}' = -0{,}453\,\mathfrak{M}\,,$$

$$\Delta M_2^S = +0{,}0345 \cdot (0{,}552_5 + 2 \cdot 1{,}0 \cdot 1{,}125 \cdot 7{,}01)\,\mathfrak{M}' = +0{,}564\,\mathfrak{M}'$$
$$= +0{,}445\,\mathfrak{M}\,,$$

$$\Delta M_2^O = +(0{,}564 - 1{,}125)\,\mathfrak{M}' = 0{,}561\,\mathfrak{M}' = -0{,}443_5\,\mathfrak{M}\,,$$

$$\Delta M_1^S = +(0{,}04 \cdot 0{,}564 + 0{,}5 \cdot 1{,}125 \cdot 1{,}04)\,\mathfrak{M}' = +0{,}607_5\,\mathfrak{M}' = +0{,}480\,\mathfrak{M}\,,$$

$$\Delta M_1^O = +(0{,}608 - 1{,}125)\,\mathfrak{M}' = -0{,}5175\,\mathfrak{M}' = -0{,}409\,\mathfrak{M}\,.$$

Durch Summierung der entsprechenden Werte erhält man die durch die gegebene Belastung hervorgerufenen Momente. Es ergibt sich, bezogen auf das Vergleichsmoment $\mathfrak{M} = -\tfrac{1}{2}\,w\,h_1^2$:

M_1^s	M_1^o	M_1^R	M_2^s	M_2^o	M_2^R	M_3^s	M_3^o	M_3^R	M_4^s	M_4^o
+0,082	+0,085	+0,002	+0,083	+0,084	+0,001	+0,083	+0,083	+0,001	+0,082	+0,037
ΔM_1^s	ΔM_1^o	ΔM_1^R	ΔM_2^s	ΔM_2^o	ΔM_2^R	ΔM_3^s	ΔM_3^o	ΔM_3^R	ΔM_4^s	ΔM_4^o
+1,892	−1,497	−2,743	+1,246	−1,143	−1,882	+0,739	−0,650	−0,894	+0,244	−0,151

Der Verlauf der Momentenlinien kann dann aus den einzelnen Belastungsfällen der beiden Teilbelastungen in einfachster Weise ermittelt werden. In Fig. 82 sind die Momente für die wagrechte Belastung zur Darstellung gebracht und die Beiwerte der Vergleichsmomentes $w\,h_1^2$ eingetragen. Zu den durch geradlinige Verbindung der Eckmomente gebildeten Momentenlinien sind auf der linken Seite des Stockwerksrahmens die Momentenparabeln für wagrechte Belastung aus der Summierung der beiden Teilbelastungen mit dem Pfeil $+\tfrac{1}{8}\,w\,h_k^2$ für gleichmäßig verteilte wagrechte Belastung hinzuzufügen; die mittleren Ordinaten derselben sind: $+\tfrac{2}{3}\cdot\tfrac{1}{8} = +0,083\,(w\,h_k^2)$. Die Kontrolle für die Richtigkeit der Rechnung muß für jede der beiden Teilbelastungen nach den entsprechenden Rahmengleichungen getrennt durchgeführt werden; die mittleren Ordinatenwerte sind dabei mit den entsprechenden Reduktionsbeiwerten (ψ, θ, 1) zu multiplizieren. Es ergibt sich in den einzelnen Rahmenfachen:

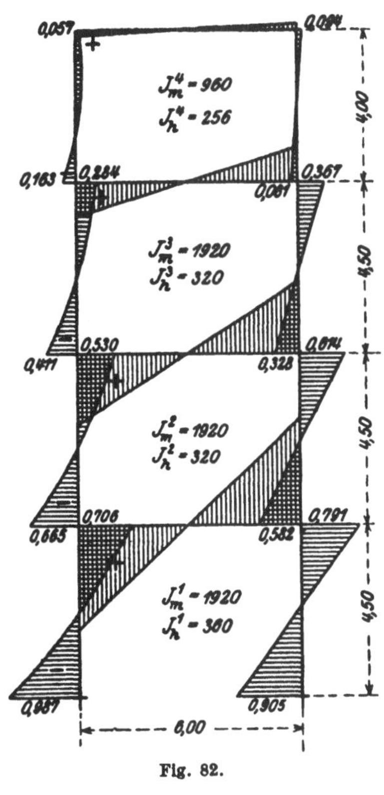

Fig. 82.

Geschoß 4, Teilbelastung I:

$$-\tfrac{1}{2}\{[\tfrac{1}{2}(0,082 + 0,037) - 0,083 \cdot 0,79]\cdot 2,5 + \tfrac{1}{2}\cdot 0,037 - \tfrac{1}{2}\cdot 0,001 \cdot 0,5\}$$
$$= +0,008 - 0,009 + 0,000 = -0,001\,.$$

Geschoß 4, Teilbelastung II:

$$-\tfrac{1}{2}\{[\tfrac{1}{2}(0{,}244 - 0{,}151) - 0{,}083 \cdot 0{,}79] \cdot 2{,}5 - \tfrac{1}{4} \cdot 0{,}151 + \tfrac{1}{4} \cdot 0{,}894 \cdot 0{,}5\}$$
$$= +0{,}0255 + 0{,}0126 - 0{,}0373 = +0{,}001$$

Geschoß 3, Teilbelastung I:

$$-\tfrac{1}{2}\{[\tfrac{1}{2}(0{,}083 + 0{,}083) - 0{,}083] \cdot 4{,}5 + \tfrac{1}{4} \cdot 0{,}001 - \tfrac{1}{4} \cdot 0{,}001\} = 0{,}000$$

u. s. w.

§ 28. Der dreistielige Stockwerksrahmen.

1. Der eingeschossige dreistielige Rahmen.

a) Vertikale Belastung.

Grundfall 1. Zwei symmetrische Lasten $\tfrac{1}{2}P$ am gelenkig gelagerten Rahmen. Zufolge § 15 ist:

$$H_0 = -\frac{3}{2} \cdot \frac{1}{3 + 4\psi} \cdot (1 - \xi) \cdot \frac{\mathfrak{M}_x}{h} = -\tfrac{3}{2}\,\omega_3(1 - \xi) \cdot \frac{\mathfrak{M}_x}{h}.$$

Grundfall 2. Zwei polarsymmetrische Lasten $\tfrac{1}{2}P$ am gelenkig gelagerten Rahmen. Zufolge § 15 ist:

$$\Delta H = -\frac{1}{4} \cdot \frac{1}{1 + \psi} \cdot \frac{\mathfrak{M}_x}{h} = -\tfrac{1}{4}\,\omega_4 \cdot \frac{\mathfrak{M}_x}{h}.$$

Grundfall 3. Zwei symmetrische Lasten $\tfrac{1}{2}P$ am eingespannten Rahmen. Zufolge § 21 ist:

$$M_a^0 = -\frac{1}{2} \cdot \frac{1}{1 + \psi'} \cdot (1 - \xi) \cdot \mathfrak{M}_x = -\tfrac{1}{2}\,\omega_4 \cdot (1 - \xi) \cdot \mathfrak{M}_x,$$

$$M_a^S = +\frac{1}{4} \cdot \frac{1}{1 + \psi} \cdot (1 - \xi) \cdot \mathfrak{M}_x = +\tfrac{1}{4}\,\omega_4 \cdot (1 - \xi) \cdot \mathfrak{M}_x,$$

$$M_b^l(M_{BA}) = -\tfrac{1}{4}(1 + \xi) \cdot \mathfrak{M}_x + \tfrac{1}{2} \cdot \tfrac{1}{2} \cdot \omega_4 \cdot (1 - \xi) \cdot \mathfrak{M}_x$$
$$= -\tfrac{1}{4} \cdot [1 + \xi - \omega_4(1 - \xi)] \cdot \mathfrak{M}_x,$$

$$H_0 = -\frac{3}{4} \cdot \frac{1}{1 + \psi} \cdot (1 - \xi) \cdot \frac{\mathfrak{M}_x}{h} = -\tfrac{3}{4} \cdot \omega_4 \cdot (1 - \xi) \cdot \frac{\mathfrak{M}_x}{h}.$$

Grundfall 4. Zwei polarsymmetrische Lasten $\tfrac{1}{2}P$ am eingespannten Rahmen. Zufolge § 21 ist[1]):

$$\Delta M_a^S = +\frac{1}{1 + 2\psi + 4\psi\,\omega_{13}} \cdot \{\tfrac{1}{4}(1 + 2\psi)\,\omega_{13} \cdot (1 + \xi) - \tfrac{1}{4}\,\omega_{13}(1 - \xi)\} \cdot \mathfrak{M}_x,$$

$$\Delta M_b^S = \Delta M_a^0 = -\frac{1}{1 + 2\psi + 4\psi\,\omega_{13}} \{\psi\,\omega_{13} \cdot (1 + \xi) + \tfrac{1}{4}(1 - \xi)\} \cdot \mathfrak{M}_x,$$

---

[1]) Aus den δ-Werten (§ 21) ergibt sich der Nennerausdruck $\tfrac{1}{4}(1 + 2\psi + 4\psi\,\omega_{13})$.

$$\varDelta M_b^L (\varDelta M_{BA}) = -\tfrac{1}{2}\varDelta M_b^S + \varDelta H \cdot h = -\frac{1}{4}\cdot\frac{\omega_{13}}{1+2\,\psi+4\,\psi\cdot\omega_{13}}$$

$$\cdot\{(1+4\,\psi)(1+\xi)+(3\,\psi-1)(1-\xi)\}\cdot\mathfrak{M}_x ,$$

$$\varDelta H = -\frac{\omega_{13}}{1+2\,\psi+4\,\psi\,\omega_{13}}\cdot\{\tfrac{1}{4}(1+6\,\psi)(1+\xi)+\tfrac{1}{2}\,\psi\cdot(1-\xi)\}\cdot\frac{\mathfrak{M}_x}{h} .$$

b) Wagrechte Belastung.

Grundfall 5. Symmetrische Belastungsgruppe am gelenkig gelagerten Rahmen (Fig. 83).

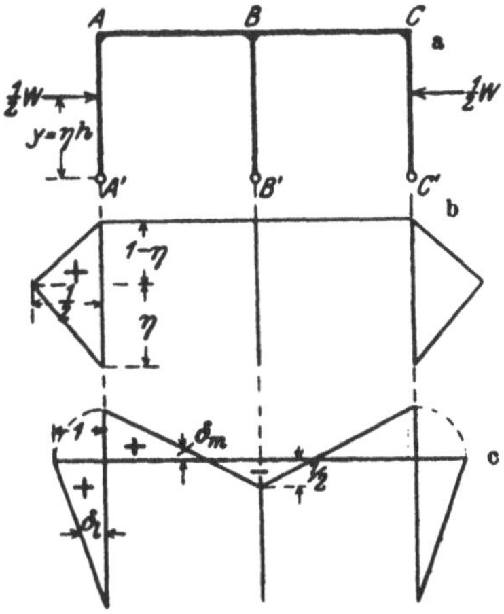

Durch Ersetzung der steifen Ecken in A und C entsteht der statisch bestimmte Hauptfall des frei aufliegenden Balkenträgers $\overline{A'A}$, für welchen für eine wagrechte Last W im Abstande $y=\eta\,h$ anzuschreiben ist:

$$\mathfrak{M}_y^0 = \eta(1-\eta)\cdot Wh .$$

Aus Fig. 83 b und c folgt:

$$x_l = +\tfrac{1}{2}\cdot\tfrac{1}{2},\quad \sigma_l = \tfrac{1}{2}(1+\eta) ;$$
$$\delta_m = +\tfrac{1}{4},$$
$$\delta_l = \tfrac{1}{2},\quad \sigma_l = \tfrac{2}{3} .$$

Fig. 83.

Damit wird:

$$H_0 = -\frac{\psi}{3+4\,\psi}\cdot(1+\eta)\cdot\frac{\mathfrak{M}_y^0}{h} = -\psi\,\omega_3\cdot(1+\eta)\cdot\frac{\mathfrak{M}_y^0}{h}$$

$$= -\psi\,\omega_{13}\cdot(\eta-\eta^3)\cdot W,$$

$$A_0 = \tfrac{1}{2}(1-\eta)W + H_0 = +\tfrac{1}{2}[1-\eta-2\,\psi\,\omega_3\cdot(\eta-\eta^3)]\cdot W.$$

Für eine gleichmäßig verteilte Belastung $\tfrac{1}{2}\,w\,h$ auf der ganzen Ständerlänge ($W\ldots w\,dy = w\,h\cdot d\eta$) ergibt die Integration:

$$H_0 = -\tfrac{1}{4}\psi\,\omega_3\cdot wh ,$$
$$A_0 = +\tfrac{1}{4}(1-\tfrac{1}{3}\psi\,\omega_3)\cdot wh .$$

Grundfall 6. Polarsymmetrische Belastungsgruppe am gelenkig gelagerten Rahmen (Fig. 84).

Grundsystem wie in Grundfall 5. Durch die gelenkige Verbindung der Ständer mit dem Balken wirkt auf letzteren eine horizontale Belastung ηW. Aus Fig. 84 c und d folgt für die Belastung W:

$$x_m = -\tfrac{1}{2}\cdot\tfrac{1}{2}\eta ;\qquad x_l = +\tfrac{1}{2}\cdot\tfrac{1}{2}\eta(1-\eta),\qquad \sigma_l = \tfrac{1}{2}(1+\eta) ;$$
$$x_r = -\tfrac{1}{2}\cdot 1\cdot\eta ,\qquad\qquad \sigma_r = \tfrac{2}{3} ;$$
$$\delta_m = 1 ;\qquad \delta_l = \tfrac{1}{2},\quad \sigma_l = \tfrac{2}{3} ;\qquad \delta_r = 1 ,\quad \sigma_r = \tfrac{2}{3}$$

Damit wird:

$$\Delta H = + \frac{1}{12} \cdot \frac{3(1 + \psi)\eta + \psi \eta^3}{1 + \psi} W = + \tfrac{1}{12} \cdot (3\eta + \psi \omega_4 \cdot \eta^3) \cdot W$$

und die tatsächlichen, an den Fußgelenken wirkenden Horizontalkräfte:

$$\Delta A' = + \tfrac{1}{2}(1 - \eta) \cdot W + \tfrac{1}{12} \cdot (3\eta + \psi \omega_4 \cdot \eta^3) \cdot W,$$

$$\Delta B' = - \eta \cdot W + \tfrac{1}{6}(3\eta + \psi \omega_4 \cdot \eta^3) \cdot W = - \tfrac{1}{6}(3\eta - \psi \omega_4 \eta^3) \cdot W.$$

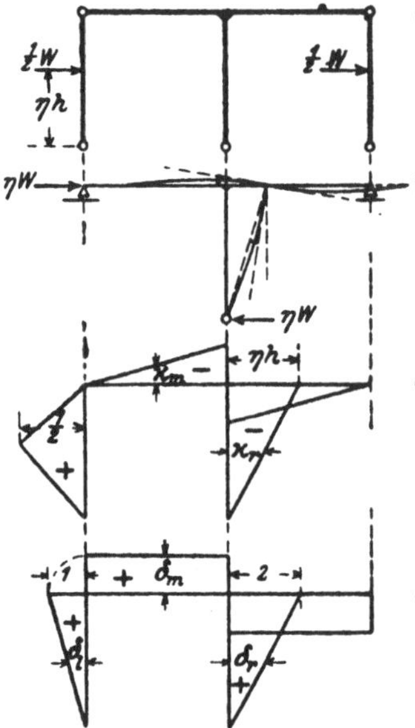

Für den besonderen Fall $\eta = 1$ folgt:

$$\Delta H = + \tfrac{1}{12} \cdot (3 + \psi \omega_4) W,$$

$$\Delta H_{A'} = + \tfrac{1}{12} \cdot (3 + \psi \omega_4) W,$$

$$\Delta H_{B'} = - \tfrac{1}{6}(3 - \psi \omega_4) W.$$

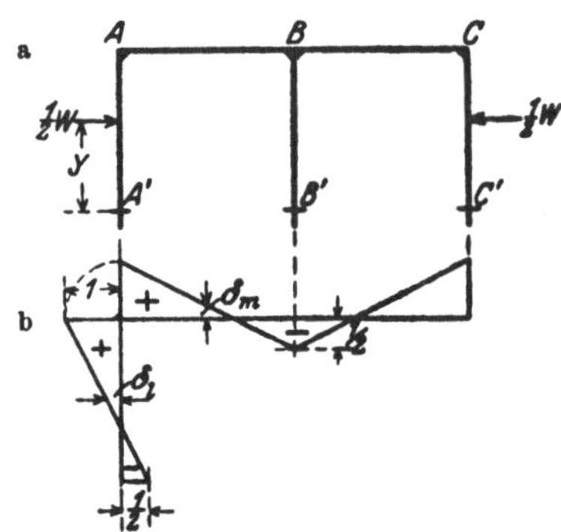

Fig. 84.   Fig. 85.

Grundfall 7. Symmetrische Belastungsgruppe am eingespannten Rahmen (Fig. 85).

Wie in Grundfall 6 für den zweistieligen Rahmen ist hier:

$$H_0 = H_{00} + \frac{3}{2} \cdot \frac{M_0^O}{h} = + \tfrac{1}{4}(2 - \eta) \cdot \frac{\mathfrak{M}_y^0}{h} + \frac{3}{2} \cdot \frac{M_0^O}{h},$$

$$M_0^S = M_{00}^S - \tfrac{1}{2} M_0^O = - \tfrac{1}{4}(2 - \eta) \cdot \mathfrak{M}_y^0 - \tfrac{1}{2} M_0^O.$$

Für die Bestimmung von M_0^O ist hier (Fig. 85b) $\delta_m = + \tfrac{1}{4}$; im übrigen gelten dieselben $\varkappa$- und δ-Werte wie beim zweistieligen Rahmen; damit wird nach entsprechender Vereinfachung:

$$M_0^O = - \frac{1}{2} \cdot \frac{\psi}{1 + \psi} \cdot \eta \cdot \mathfrak{M}_y^0 = - \tfrac{1}{2} \psi \omega_4 \cdot \eta \, \mathfrak{M}_y^0,$$

und man erhält für die Ständerfußreaktionen:

$$M_0^S = -[\tfrac{1}{4}(2-\eta) - \tfrac{1}{4}\,\psi\,\omega_4\cdot\eta]\,\mathfrak{M}_y^0 = -\tfrac{1}{4}[2-(1+2\,\psi)\,\omega_4\cdot\eta]\cdot\mathfrak{M}_y^0,$$

$$H_0 = +[\tfrac{1}{4}(2-\eta) - \tfrac{3}{4}\,\psi\,\omega_4\cdot\eta]\cdot\frac{\mathfrak{M}_y^0}{h} = +\tfrac{1}{4}[2-(1+4\,\psi)\,\omega_4\cdot\eta]\cdot\frac{\mathfrak{M}_y^0}{h},$$

$$A_0 = B_0 = \mathfrak{A}_0 + H_0 = \tfrac{1}{2}(1-\eta)W + \tfrac{1}{4}[2-(1+4\,\psi)\,\omega_4\cdot\eta]\,\eta(1-\eta)W$$
$$= +\tfrac{1}{2}[1-\eta^2 - \tfrac{1}{2}(1+2\,\psi)(\eta^2-\eta^3)]W$$

Grundfall 8. Polarsymmetrische Belastungsgruppe am eingespannten Rahmen (Fig. 86).

Wie in § 21 ist hier anzuschreiben:

$$\varDelta M_b^S = -2\cdot\tfrac{1}{2}\cdot(1+\omega_9)\cdot\varDelta X_H\cdot h + 2\cdot\tfrac{1}{2}\,\omega_9\cdot\varDelta X_M,$$

$$\varDelta X_H = \varDelta X_{H0} - 3\,\psi\,\omega_{13}\cdot\frac{\varDelta X_M}{h}.$$

Für die Bestimmung von $\varDelta X_{H0}$ ist zunächst aus Fig. 86c, d:

$$\varDelta_0 = \eta\cdot h\cdot v + (1-\eta)\,h(\tau+v)$$
$$= \frac{1}{EJ_h}[\eta\,h\cdot\tfrac{1}{4}\,\eta\cdot\tfrac{2}{3}\eta + (1-\eta)\,h\cdot\tfrac{1}{4}\,\eta\cdot\eta]W\cdot h^2$$
$$= \tfrac{1}{12}(3-\eta)\,\eta^2\cdot\frac{W\,h^3}{EJ_h}.$$

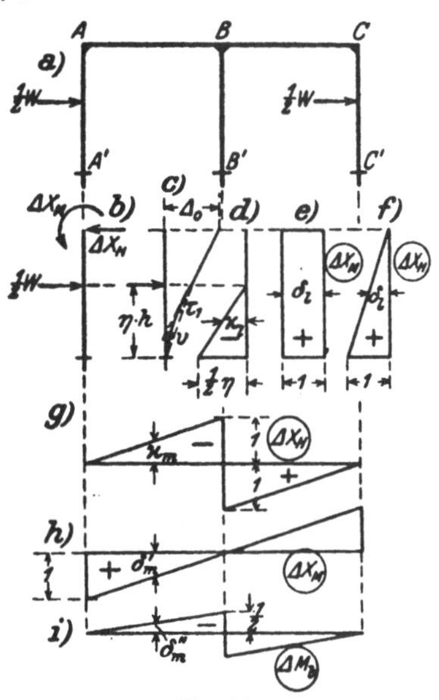

Fig. 86.

Damit erhält man:

$$-\tfrac{1}{12}\cdot\eta^2(3-\eta)\cdot\frac{W\,h^3}{EJ_h} + 2\cdot\tfrac{1}{12}\cdot(1+3\,\omega_9)\cdot\frac{\varDelta X_{H0}\cdot h^3}{EJ_h} + \frac{1}{3}\cdot\frac{\varDelta X_{H0}\cdot h^3}{EJ_h} = 0,$$

$$\varDelta X_{H0} = +\frac{1}{6}\cdot\frac{1}{1+\omega_9}\cdot\eta^2(3-\eta)\cdot W.$$

$$\varDelta X_H = +\frac{1}{6}\cdot\frac{1}{1+\omega_9}\cdot\eta^2\cdot(3-\eta)W - 3\,\psi\,\omega_{13}\cdot\frac{\varDelta X_M}{h},$$

$$\varDelta M_b = -(1+\omega_9)\cdot\varDelta X_H\cdot h + \omega_9\cdot\varDelta X_M = -\tfrac{1}{6}\eta^2(3-\eta)\cdot W\,h + \varDelta X_M.$$

Die $\varkappa$-Werte sind (Fig. 86d, f, g, i):

$$\varkappa_l = -\tfrac{1}{2}\cdot\tfrac{1}{2}\cdot\eta\cdot\eta, \qquad \varkappa_m = -\tfrac{1}{4}\cdot-\tfrac{1}{6}\eta^2\cdot(3-\eta), \qquad \sigma_m = \tfrac{1}{3},$$

$$\varkappa_l' = +\frac{1}{2}\cdot\frac{1}{6}\cdot\frac{1}{1+\omega_9}\cdot\eta^2\cdot(3-\eta), \quad \varkappa_m' = -\frac{1}{2}\cdot\frac{1}{6}\frac{1}{1+\omega_9}\cdot\eta^2(3-\eta), \quad \sigma_m' = \tfrac{1}{3}.$$

Damit wird nach entsprechender Vereinfachung:

$$\varDelta X_M = +\frac{\psi[\eta^2-\psi\,\omega_{13}\cdot\eta^2(3-\eta)]}{1+2\,\psi+4\,\psi\,\omega_{13}}\cdot W\,h = +K_1[\eta^2-\psi\,\omega_{13}\,\eta^2(3-\eta)]\cdot W\,h,$$

$$\varDelta X_H = +\{[K_2 + 3(\psi\,\omega_{13})^2\cdot K_1]\,\eta^2(3-\eta) - 3\,\psi\,\omega_{13}\,K_1\,\eta^2\}\cdot W$$

und die Ständerfußreaktionen:

$$\Delta H = -\Delta X_H = -\{[K_2 + 3(\psi\,\omega_{13})^2 \cdot K_1]\,\eta^2(3-\eta) - 3\,\psi\,\omega_{13}\,K_1\,\eta^3\} \cdot W\,,$$

$$\Delta M_a = \Delta X_M + \Delta X_H \cdot h - \tfrac{1}{2}\eta \cdot W\,h$$

$$= -\{\tfrac{1}{2}\eta - \omega_{13} \cdot K_1 \cdot \eta^2 + [(\psi\,\omega_{13})^2 \cdot K_1 - K_2]\,\eta^2(3-\eta)\} \cdot W\,h\,,$$

$$\Delta M_b = -\{\tfrac{1}{6}(1 + 6\,\psi\,\omega_{13}\,K_1)\,\eta^2 \cdot (3-\eta) - K_1 \cdot \eta^3\}\,W\,h\,.$$

In den obigen Ausdrücken ist:

$$K_1 = \frac{\psi}{1 + 2\,\psi + 4\,\psi\,\omega_{13}}\,, \qquad K_2 = \frac{1}{6} \cdot \frac{1}{1 + \omega_9}\,.$$

Für den Sonderfall $\eta = 1$ wird:

$$\Delta H = -\{2[K_2 + 3(\psi\,\omega_{13})^2 \cdot K_1] - 3\,\psi\,\omega_{13} \cdot K_1\} \cdot W\,,$$

$$\Delta M_a = -\{\tfrac{1}{2} - \omega_{13}\,K_1 + 2 \cdot [(\psi\,\omega_{13})^2 \cdot K_1 - K_2]\} \cdot W\,h\,,$$

$$\Delta M_b = -\{\tfrac{1}{3}(1 + 6\,\psi\,\omega_{13}\,K_1) - K_1\}\,W\,h\,.$$

c) Momente an den Ständerköpfen und Fußgelenken.

Grundfall 9. Zwei symmetrische Momente an den äußeren Balkenköpfen des gelenkig gelagerten Rahmens (Fig. 87).

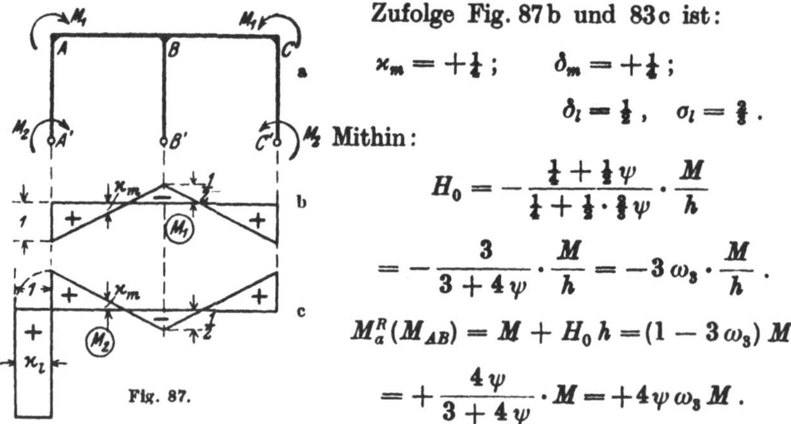

Fig. 87.

Zufolge Fig. 87b und 83c ist:

$$\varkappa_m = +\tfrac{1}{4}\,; \qquad \delta_m = +\tfrac{1}{4}\,;$$

$$\delta_l = \tfrac{1}{2}\,, \qquad \sigma_l = \tfrac{2}{3}\,.$$

Mithin:

$$H_0 = -\frac{\tfrac{1}{4} + \tfrac{1}{4}\psi}{\tfrac{1}{4} + \tfrac{1}{2} \cdot \tfrac{2}{3}\psi} \cdot \frac{M}{h}$$

$$= -\frac{3}{3 + 4\,\psi} \cdot \frac{M}{h} = -3\,\omega_3 \cdot \frac{M}{h}\,.$$

$$M_a^R(M_{AB}) = M + H_0\,h = (1 - 3\,\omega_3)\,M$$

$$= +\frac{4\,\psi}{3 + 4\,\psi} \cdot M = +4\,\psi\,\omega_3\,M\,.$$

Grundfall 10. Zwei symmetrische Momente an den Fußgelenken der Endständer.

Bildung des Hauptsystems in der Ersetzung der beiden äußeren Fußgelenke durch Gleitlager. Aus Fig. 87c folgt:

$$\varkappa_m = +\tfrac{1}{4}\,; \qquad \varkappa_l = 1\,, \qquad \sigma_l = +\tfrac{1}{2}\,.$$

Mithin:

$$H_0 = -\frac{3 + 6\,\psi}{3 + 4\,\psi} \cdot \frac{M}{h} = -(1 + 2\,\psi\,\omega_3) \cdot \frac{M}{h}\,,$$

$$M_a^R = M - (1 + 2\,\psi\,\omega_3)\,M = -2\,\psi\,\omega_3 \cdot M\,.$$

Grundfall 11. Ein Moment am mittleren Balkenkopf des gelenkig gelagerten Rahmens.

Das Moment kann als Summe zweier polarsymmetrischer Momente an der linken und rechten Seite des mittleren Balkenkopfes aufgefaßt werden. Aus Fig. 88b folgt dann:

$$\varkappa_m = -\tfrac{1}{4}\,.$$

Mithin:

$$\Delta H = +\frac{1}{2} \cdot \frac{1}{1+\psi} \cdot \frac{\Delta M}{h}$$

$$= +\tfrac{1}{2} \cdot \omega_4 \cdot \frac{\Delta M}{h}\,.$$

Grundfall 12. Zwei polarsymmetrische Momente an den äußeren Balkenköpfen des Gelenkrahmens (Fig. 88c):

$$\varkappa_m = +\tfrac{1}{2}$$

$$\Delta H = -\frac{1}{4} \cdot \frac{1}{1+\psi} \cdot \frac{\Delta M}{h}$$

$$= -\tfrac{1}{2}\,\omega_4 \cdot \frac{\Delta M}{h}\,,$$

$$\Delta M_a^R = \Delta M - \tfrac{1}{2}\,\omega_4 \cdot \Delta M$$

$$= +(1 + \psi\,\omega_4) \cdot \Delta M\,.$$

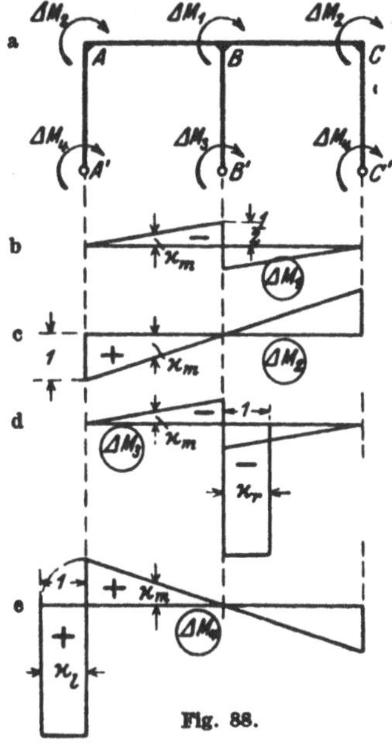

Fig. 88.

Grundfall 13. Ein Moment am Fußgelenk des Mittelständers (Fig. 88d):

$$\varkappa_m = -\tfrac{1}{4}\,; \qquad \varkappa_r = -1\,, \quad \sigma_r = \tfrac{1}{2}\,.$$

$$\Delta H = +\frac{1}{4} \cdot \frac{1+2\psi}{1+\psi} \cdot \frac{\Delta M}{h} = +\tfrac{1}{4}(1+2\,\psi) \cdot \omega_4 \cdot \frac{\Delta M}{h}\,.$$

$$\Delta M_a^R = +\tfrac{1}{4} \cdot (1+2\,\psi)\,\omega_4 \cdot \Delta M\,,$$

$$\Delta M_b^L = -\tfrac{1}{2}\,\Delta M + \tfrac{1}{4}(1+2\,\psi)\,\omega_4 \cdot \Delta M = -\tfrac{1}{4} \cdot \omega_4 \cdot \Delta M\,.$$

Grundfall 14. Zwei polarsymmetrische Momente an den Fußgelenken der Endständer (Fig. 88e).

Bildung des Hauptsystems: Ersetzung des festen Anschlusses des Mittelständers durch ein Gleitlager.

$$\varkappa_m = +\tfrac{1}{2}\,; \qquad \varkappa_l = +1\,, \quad \sigma_l = \tfrac{1}{2}\,.$$

$$\Delta H = -\frac{\tfrac{1}{4}+\tfrac{1}{2}\psi}{1+\psi} \cdot \frac{\Delta M}{h} = -\frac{1}{2} \cdot \frac{\Delta M}{h}\,,$$

$$\Delta M_a^R = \Delta M - \tfrac{1}{2}\,\Delta M = +\tfrac{1}{2}\,\Delta M\,,$$

$$\Delta M_b^L = \Delta H \cdot h = -\tfrac{1}{2} \cdot \Delta M\,.$$

Grundfall 15. Zwei symmetrische Momente an den äußeren Balkenköpfen des eingespannten Rahmens. Momentenfiguren der $\varkappa$- und δ-Werte Fig. 87 b bzw. 85 b.

Infolge
$$\varkappa_m = +\tfrac{1}{4}, \qquad \sigma_m = 1$$

wird:
$$M_a^0 = -\frac{\tfrac{1}{4}}{\tfrac{1}{4} + \tfrac{1}{4}\,\psi} \cdot M = -\frac{1}{1+\psi} \cdot M = -\omega_4 \cdot M,$$

$$M_a^S = -\tfrac{1}{2} M_a^0 = +\tfrac{1}{2}\,\omega_4\,M,$$

$$H_0 = +\frac{3}{2} \cdot \frac{M_a^0}{h} = -\tfrac{3}{2}\,\omega_4 \cdot \frac{M}{h},$$

$$M_a^R = M - M_a^0 = (1 - \omega_4)\,M = +\psi\,\omega_4 \cdot M.$$

Grundfall 16. Zwei polarsymmetrische Momente an den äußeren Balkenköpfen des eingespannten Rahmens.

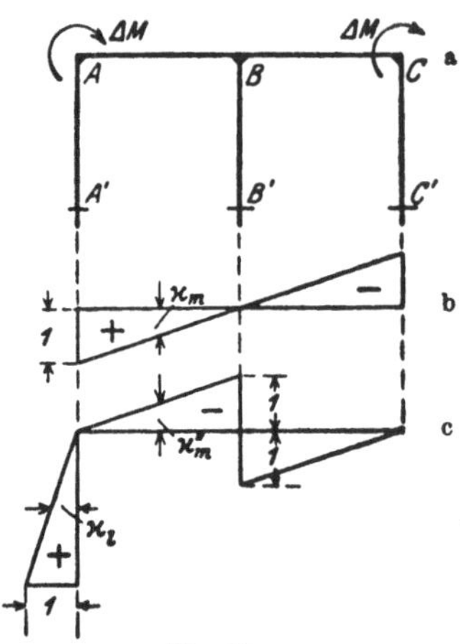

Wie in § 21 ist hier:
$$\Delta M_b^S = \Delta M_{b0}^S - (1 + \omega_9) \cdot \Delta X_H \cdot h$$
$$+ \omega_9 \cdot \Delta X_M,$$

$$\Delta X_H = \Delta X_{H0} - 3\,\psi\,\omega_{13} \cdot \frac{\Delta X_M}{h}.$$

Zur Bestimmung von ΔM_{b0}^S folgt aus Fig. 89 b:
$$\varkappa_m = +\tfrac{1}{2}, \qquad \sigma_m = \tfrac{1}{3}.$$

Daher:
$$\Delta M_{b0} = +\frac{\tfrac{1}{2} \cdot \tfrac{1}{3}}{\tfrac{1}{3} + \psi} \cdot \Delta M$$

$$= +\frac{1}{1 + 6\,\psi} \cdot \Delta M = +\omega_9 \cdot \Delta M. \;{}^{1})$$

Infolge:
$$\Delta^{\Delta M} = h v = -\frac{1}{2} \cdot \frac{\Delta M_{b0}^S \cdot h^2}{EJ_h} = -\tfrac{1}{2}\,\omega_9 \cdot \frac{\Delta M \cdot h^2}{EJ_h}$$

wird:
$$\Delta X_{H0} = -\frac{-\tfrac{1}{2}\,\omega_9}{2 \cdot \tfrac{1}{12} \cdot (1 + 3\omega_9) + \tfrac{1}{3}} \cdot \frac{\Delta M}{h} = +\frac{\omega_9}{1 + \omega_9} \cdot \frac{\Delta M}{h}$$

$$= +\frac{1}{2} \cdot \frac{1}{1 + 3\,\psi} \cdot \frac{\Delta M}{h} = +\tfrac{1}{2}\,\omega_{13} \cdot \frac{\Delta M}{h},$$

folglich:
$$\Delta X_H = +\tfrac{1}{2}\,\omega_{13} \cdot \frac{\Delta M}{h} - 3\,\psi\,\omega_{13} \cdot \frac{\Delta X_M}{h},$$

$$\Delta M_b = +\omega_9 \cdot \Delta M - \tfrac{1}{2}(1 + \omega_9) \cdot \omega_{13} \cdot \Delta M + 3(1 + \omega_9)\,\psi\,\omega_{13} \cdot \Delta X_M$$
$$+ \omega_9 \cdot \Delta M = +\Delta X_M.$$

${}^{1})$ Bezüglich des Vorzeichens s. § 18.

Die $\varkappa$-Werte sind (Fig. 89 b und c):

$$\varkappa_m = +\tfrac{1}{3}, \qquad \sigma_m = \tfrac{2}{3}; \qquad \varkappa_l = +\tfrac{1}{2}\cdot+\tfrac{1}{2}\,\omega_{13};$$

$$\varkappa'_m = -\tfrac{1}{2}\cdot+\tfrac{1}{2}\cdot\omega_{13}, \quad \sigma'_m = \tfrac{1}{3}.$$

Damit erhält man:

$$\varDelta X_M = -\,\frac{1+2\,\psi\,\omega_{13}}{1+2\,\psi+4\,\psi\,\omega_{13}}\cdot\varDelta M,$$

$$\varDelta X_H = +\tfrac{1}{2}\cdot\omega_{13}\cdot\frac{1+12\,\psi}{1+2\,\psi+4\,\psi\,\omega_{13}}\cdot\frac{\varDelta M}{h},$$

$$\varDelta M_a^s = +\varDelta X_H\cdot h + \varDelta X_M = +\frac{1}{2}\cdot\frac{(2\,\psi-1)\,\omega_{13}}{1+2\,\psi+4\,\psi\,\omega_{13}}\cdot\varDelta M,$$

$$\varDelta M_b^s = \varDelta X_M = -\,\frac{1+2\,\psi\,\omega_{13}}{1+2\,\psi+4\,\psi\,\omega_{13}}\cdot\varDelta M,$$

$$\varDelta H = -\varDelta X_H = -\tfrac{1}{2}\,\omega_{13}\cdot\frac{1+12\,\psi}{1+2\,\psi+4\,\psi\,\omega_{13}}\cdot\frac{\varDelta M}{h}$$

und ebenso hieraus die weiteren Eckmomente:

$$\varDelta M_a^0 = \varDelta M_a^s + \varDelta H\cdot h = \varDelta X_M, \quad \varDelta M_a^R = \varDelta M + \varDelta X_M,$$

$$\varDelta M_b^0 = \varDelta M_b^s - 2\cdot\varDelta H\cdot h, \qquad \varDelta M_b^l = -\tfrac{1}{2}\varDelta M_b^s + \varDelta H\cdot h.$$

Grundfall 17. Ein Moment am inneren Balkenkopf des eingespannten Rahmens (Fig. 90).

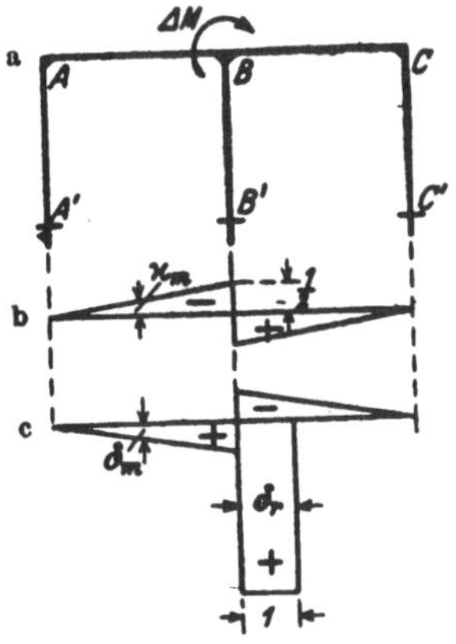

Aus Fig. 90 b und c folgt zur Bestimmung von $\varDelta M_{b0}^s$ und $\varDelta X_{H0}$:

$$\varkappa_m = -\tfrac{1}{2}\cdot\tfrac{1}{2}, \quad \sigma_m = \tfrac{2}{3}.$$

$$\varDelta M_{b0}^s = -\,\frac{-\tfrac{1}{2}\cdot\tfrac{1}{2}\cdot\tfrac{2}{3}}{\tfrac{1}{3}+\psi}\cdot\varDelta M$$

$$= -\,\frac{1}{1+6\,\psi}\cdot\varDelta M = -\omega_9\cdot\varDelta M,$$

$$\varDelta^{\varDelta M} = h\cdot\tau = -\frac{1}{2}\cdot\frac{\varDelta M_{b0}^s\cdot h^2}{EJ_h}$$

$$= +\tfrac{1}{2}\,\omega_9\cdot\frac{\varDelta M\cdot h^2}{EJ_h},$$

Fig. 90.

$$\varDelta X_{H0} = -\,\frac{\tfrac{1}{2}\,\omega_9}{2\cdot\tfrac{1}{12}\cdot(1+3\cdot\omega_9)+\tfrac{1}{3}}\cdot\frac{\varDelta M}{h} = -\frac{1}{2}\cdot\frac{1}{1+3\,\psi}\cdot\frac{\varDelta M}{h}$$

$$= -\tfrac{1}{2}\,\omega_{13}\cdot\frac{\varDelta M}{h};$$

folglich:

$$\varDelta X_H = -\tfrac{1}{2}\,\omega_{13}\cdot\frac{\varDelta M}{h} - 3\,\psi\,\omega_{13}\cdot\frac{\varDelta X_M}{h}\,,$$

$$\varDelta M_b = -\omega_9\cdot\varDelta M + 2\cdot\tfrac{1}{2}\cdot(1+\omega_9)\cdot(\tfrac{1}{2}\,\omega_{13}\cdot\varDelta M + 3\,\psi\,\omega_{13}\,\varDelta X_M)$$
$$+\ \omega_9\cdot\varDelta X_M = +\varDelta X_M\,.$$

Hieraus ergibt sich:

$$\varkappa_m = -\tfrac{1}{2}\cdot\tfrac{1}{2}\,, \qquad \sigma_m = \tfrac{1}{3}\,; \qquad \varkappa_l = +\tfrac{1}{2}\cdot-\tfrac{1}{2}\,\omega_{13}\,;$$
$$\varkappa_m' = -\tfrac{1}{2}\cdot-\tfrac{1}{2}\,\omega_{13}\,, \quad \sigma_m' = \tfrac{1}{3}\,;$$

und es wird:

$$\varDelta X_M = -\frac{-\tfrac{1}{12}+\tfrac{1}{12}\,\omega_{13}-\tfrac{1}{4}\,\psi\,\omega_{13}}{\tfrac{1}{4}(1+2\,\psi+4\,\psi\,\omega_{13})}\cdot\varDelta M = +\frac{2\,\psi\,\omega_{13}}{1+2\,\psi+4\,\psi\,\omega_{13}}\cdot\varDelta M\,,$$

$$\varDelta X_H = -\frac{1}{2}\cdot\frac{1+3\,\psi\,\omega_{13}}{1+2\,\psi+4\,\psi\,\omega_{13}}\cdot\frac{\varDelta M}{h}\,,$$

$$\varDelta M_a^S = \varDelta X_M + \varDelta X_H\cdot h = -\tfrac{1}{2}\cdot\omega_{13}\cdot\frac{1+2\,\psi}{1+2\,\psi+4\,\psi\,\omega_{13}}\cdot\varDelta M\,;$$

$$\varDelta M_b^S = \varDelta X_M$$

d) Einfluß von Temperaturschwankungen.

Grundfall 18. Gleichmäßige Temperaturänderung des gelenkig gelagerten Rahmens. Zufolge § 15 ist:

$$H_t = -12\,\omega_3\cdot\frac{\varepsilon\,E\,J_m}{h^2}\cdot t\,.$$

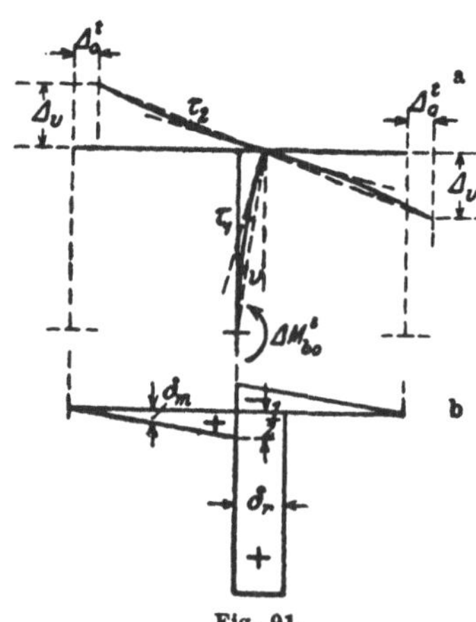

Fig. 91.

Grundfall 19. Gleichmäßige Temperaturänderung des eingespannten Rahmens. Zufolge § 21 ist:

$$M_t^O = -6\,\psi\,\omega_4\cdot\frac{\varepsilon\,E\,J_h}{h^2}\cdot l\,t\,,$$

$$M_t^S = +3(1+\psi\,\omega_4)\cdot\frac{\varepsilon\,E\,J_h}{h^2}\cdot l\,t\,,$$

$$H_t = -3(1+3\,\psi\,\omega_4)\cdot\frac{\varepsilon\,E\,J_h}{h^2}\cdot\frac{l}{h}\,t\,.$$

Grundfall 20. Polarsymmetrische Temperaturänderung ($\pm\tfrac{1}{2}\varDelta t$) der Endständer bei gleichbleibender Länge des Mittelständers und des Balkens am eingespannten Rahmen (Fig. 91).

Für die Grundform des einstieligen Rahmens besteht bei der lotrechten Verschiebung der seitlichen Auflager um die entgegengesetzt gleichen Beträge $\pm \frac{1}{2} \varDelta t$ zufolge Fig. 91a die Beziehung:

$$\tau_1 + \tau_2 + v - \frac{\varDelta_v}{h} = 0$$

oder:

$$(\delta_m \sigma_m + \psi \delta_l) \cdot \varDelta M - \frac{\varDelta_v}{h} = 0,$$

daher:

$$\varDelta M = - \frac{1}{\delta_m \sigma_m + \psi \delta_l} \cdot \frac{1}{2} \cdot \frac{\varepsilon E J_m}{l^2} \cdot h \cdot \varDelta t. \quad [1]$$

Aus Fig. 91b folgt:

$$\delta_m = +\tfrac{1}{4}, \quad \sigma_m = \tfrac{2}{3}; \qquad \delta_l = 1;$$

und damit:

$$\varDelta M_{b0} = - \frac{3}{1+6\psi} \cdot \frac{\varepsilon E J_m}{l^2} \cdot h \cdot \varDelta t = -3\,\omega_9 \cdot \frac{\varepsilon E J_m}{l^2} \cdot h \cdot \varDelta t,$$

$$\varDelta_0^t = h \cdot \tau_1 = - \frac{1}{2} \cdot \frac{\varDelta M_{b0} \cdot h^2}{E J_h} = +\tfrac{3}{2} \cdot \psi \, \omega_9 \cdot \frac{h}{l} \cdot \varepsilon h \cdot \varDelta t,$$

$$\varDelta X_{H0} = - \frac{\tfrac{3}{2} \psi \, \omega_9}{2 \cdot \tfrac{1}{12}(1+3\,\omega_9)+\tfrac{1}{3}} \cdot \frac{\varepsilon \cdot E \cdot J_h}{h^2} \cdot \frac{h}{l} \cdot \varDelta t = -\tfrac{3}{2} \cdot \omega_{13} \cdot \frac{\varepsilon E J_m}{l^2} \cdot \varDelta t.$$

Hieraus folgen die Bestimmungsgleichungen:

$$\varDelta X_H = -\tfrac{3}{2}\,\omega_{13} \cdot \frac{\varepsilon \cdot E \cdot J_m}{l^2} \cdot \varDelta t - 3\,\psi\,\omega_{13} \cdot \frac{\varDelta X_M}{h},$$

$$\varDelta M_b = -3\,\omega_9 \cdot \frac{\varepsilon \cdot E \cdot J_m}{l^2} \cdot h \cdot \varDelta t$$

$$+ 2 \cdot \tfrac{1}{2}(1+\omega_9)\left(\tfrac{3}{2} \cdot \omega_{13} \cdot \frac{\varepsilon \cdot E \cdot J_m}{l^2} h \varDelta t + 3\,\psi\,\omega_{13} \cdot \varDelta X_M\right)$$

$$+ \omega_9 \varDelta X_M = +\varDelta X_M,$$

und es ergeben sich die Werte:

$$x_m = +\tfrac{1}{2} \cdot \tfrac{3}{2} \cdot \omega_9, \qquad \sigma_m = \tfrac{1}{3}; \qquad x_l = +\tfrac{1}{2} \cdot -\tfrac{3}{2}\,\omega_{13};$$

$$x_m' = -\tfrac{1}{2} \cdot -\tfrac{3}{2}\,\omega_{13}, \quad \sigma_m' = \tfrac{1}{3};$$

damit wird nach entsprechender Vereinfachung:

$$\varDelta X_M = + \frac{1-\omega_9-2\,\omega_{13}}{1+2\psi+4\psi\,\omega_{13}} \cdot \frac{\varepsilon E J_m}{l^2} \cdot h \cdot \varDelta t, \cdot$$

$$\varDelta X_H = -\tfrac{3}{2} \cdot \omega_{13} \cdot \frac{1+4\psi-2\psi\,\omega_9}{1+2\psi+4\psi\,\omega_{13}} \cdot \frac{\varepsilon E J_m}{l^2} \cdot \varDelta t,$$

$$\varDelta M_a^s = +\frac{1}{2} \cdot \frac{1-3(\omega_9+\omega_{13})}{1+2\psi+4\psi\,\omega_{13}} \cdot \frac{\varepsilon E J_m}{l^2} \cdot h \cdot \varDelta t, \quad \varDelta M_b = \varDelta X_M, \quad \varDelta H = -\varDelta X_H.$$

[1] Das negative Vorzeichen mit Rücksicht auf den Wechsel des Vorzeichens im angrenzenden Rahmenfach; s. § 6 und § 18.

Grundfall 21. Temperaturänderung des Mittelständers um $-\tfrac{1}{2}\varDelta t$ bei gleichbleibender Länge der übrigen Tragglieder des eingespannten Rahmens (Fig. 92).

Der Balken ABC des Grundsystems verhält sich bei der Temperaturänderung der Mittelstütze wie ein frei gelagerter Balken, der in der Mitte eine Einzellast trägt. Aus Fig. 92b folgt:

$$\tau = \frac{2}{3}\cdot\frac{1}{2}\cdot\frac{M_{b0}\cdot l}{EJ_m} = \frac{\varDelta_v}{l} = \tfrac{1}{2}\cdot\varepsilon\,\frac{h}{l}\,\varDelta t\,,$$

hieraus:

$$M_{b0} = +\frac{3}{2}\cdot\frac{\varepsilon\cdot E\cdot J_m}{l^2}\cdot h\,\varDelta t\,,$$

daher:

$$M_b = M_{b0} + \mu_{ba}\cdot M_a^0 = +\frac{3}{2}\frac{\varepsilon\,EJ_m}{l^2}\cdot h\cdot\varDelta t - \tfrac{1}{2}M_a^0\,.$$

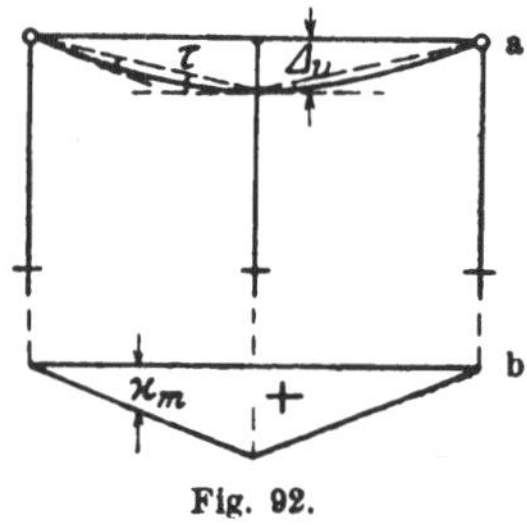

Fig. 92.

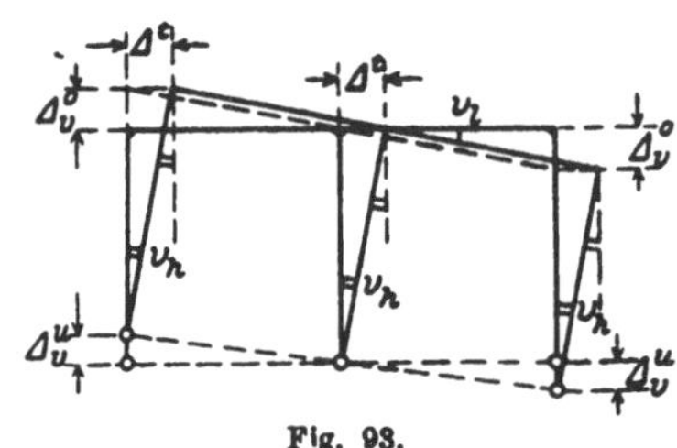

Fig. 93.

Zur Bestimmung von M_a^0 folgt aus Fig. 92b und 85b:

$$\varkappa_m = +\tfrac{1}{2}\cdot\tfrac{3}{2}\,;\qquad \delta_m = \tfrac{1}{4}\,;\quad \delta_l = \tfrac{1}{4}\,,\quad \sigma_l = 1\,.$$

Damit wird:

$$M_a^0 = -\frac{3}{1+\psi}\cdot\frac{\varepsilon\,EJ_m}{l^2}\cdot h\cdot\varDelta t = -3\,\omega_4\cdot\frac{\varepsilon\,EJ_m}{l^2}\cdot h\cdot\varDelta t\,,$$

$$M_a^s = +\tfrac{3}{2}\,\omega_4\cdot\frac{\varepsilon\,EJ_m}{l^2}\cdot h\cdot\varDelta t\,,$$

$$H = -\tfrac{9}{2}\cdot\omega_4\cdot\frac{\varepsilon\,EJ_m}{l^2}\cdot\varDelta t\,.$$

Grundfall 22. Polarsymmetrische Längenänderung der Endständer bei entgegengesetzt gleicher vertikaler Verschiebung ihrer Fußgelenke.

Die Verschiebung des Fußpunktes beträgt im $k$ten Geschoß:

$$\pm\tfrac{1}{2}\,\varepsilon\left(\sum_1^{k-1}h\right)\cdot\varDelta t$$

und die des Ständerkopfes:

$$\pm\tfrac{1}{2}\cdot\varepsilon\left(\sum_1^{k}h\right)\cdot\varDelta t\,.$$

Spannungen werden durch diese Änderungen nicht hervorgerufen. Es wird nur eine seitliche Verschiebung des Rahmens nach der Seite des verkürzten und gesenkten Ständers hin eintreten. Es muß sein:

$$v_h = \frac{\varDelta_0^t}{h} = v_l = \frac{\varDelta_v}{l} = \tfrac{1}{2}\varepsilon \cdot \frac{1}{l} \cdot \left(\sum_1^k h\right) \cdot \varDelta t\,,$$

folglich:

$$\varDelta_0^t = \frac{1}{2} \cdot \frac{h}{l} \cdot \varepsilon \left(\sum_1^k h\right) \cdot \varDelta t\,.$$

Zur Aufstellung der Rahmenbedingung infolge der polarsymmetrischen Momente an den Anschlußstellen A und C mit Hilfe der Gleichung (X) ist $\nu = \tfrac{1}{2}$ einzusetzen.

Grundfall 23. Temperaturänderung des Mittelständers am eingespannten Rahmen bei gleichzeitiger Senkung des Fußpunktes (Fig. 94).

Die Senkung des Fußpunktes beträgt:

$$\varDelta_o^u = \tfrac{1}{2}\varepsilon \left(\sum_1^{k-1} h\right) \cdot \varDelta t$$

und diejenige des Kopfpunktes:

$$\varDelta_o^0 = \tfrac{1}{2}\varepsilon \left(\sum_1^k h\right) \cdot \varDelta t\,.$$

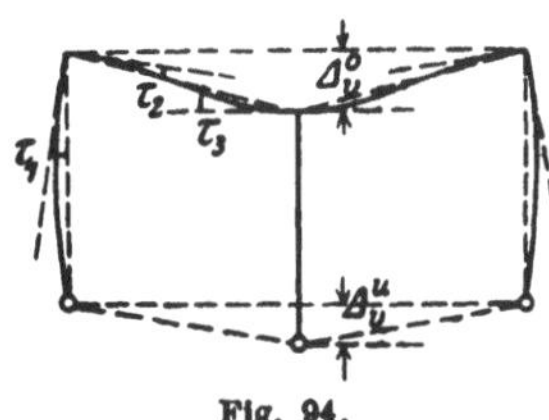
Fig. 94.

Das Grundsystem ist das gleiche wie in Grundfall 21. Das Moment M_a^0 ergibt sich aus der aus Fig. 94 folgenden Beziehung

$$\tau_1 + \tau_2 + \tau_3 = \emptyset$$

mit:

$$M_a^0 = - \frac{\varkappa_m}{\delta_m + \psi\,\delta_l\sigma_l} \cdot \frac{\varepsilon \cdot E \cdot J_m}{l^2} \cdot \left(\sum_1^k h\right) \cdot \varDelta t\,.$$

2. Der zweigeschossige Stockwerksrahmen.

Als Sonderfall zur Anwendung des Verfahrens möge im nachfolgenden kurz die Berechnung des dreistieligen Rahmens mit zwei Stockwerken, welcher in der Höhe des ersten Geschosses eine vertikale Einzellast trägt, vorgeführt werden (Fig. 95).

a) Symmetrische Belastungsgruppe.

Entsprechend den Gleichungen (8) in § 25 und zufolge der Grundfälle 3 und 15 erhält man für das Grundsystem des eingeschossigen Rahmens mit fest eingespannten Stützen:

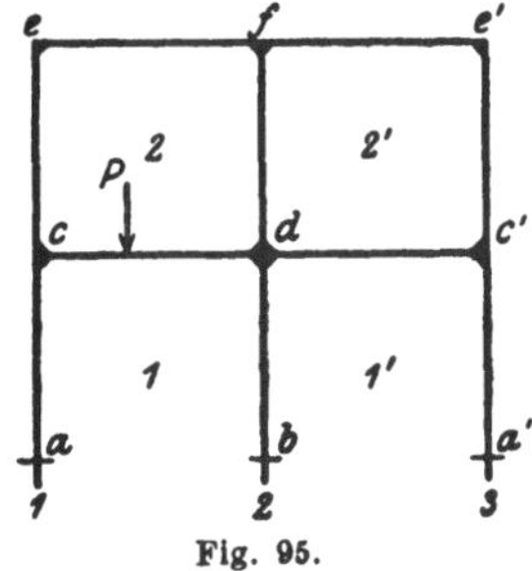
Fig. 95.

$$M_a = M_a^{(0)} + \mu_{ae}^0 \cdot M_c^{\mathrm{I}} = +\tfrac{1}{4}\,\omega_4 \cdot (1-\xi) \cdot \mathfrak{M}_x - \tfrac{1}{4}\,\omega_4 \cdot M_c^{\mathrm{I}}\,,$$

$$H_1 = H_1^{(0)} + \chi_{1c}^0 \cdot M_c^{\mathrm{I}} = -\tfrac{3}{4} \cdot \omega_4 \cdot (1-\xi) \cdot \frac{\mathfrak{M}_x}{h_1} + \tfrac{3}{2} \cdot \omega_4 \cdot \frac{M_c^{\mathrm{I}}}{h_1}\,.$$

Zur Berechnung von M_c^{I} erhält man aus den Belastungen der Rahmengeschosse:

$$1: \quad \tfrac{1}{2}\,\mathfrak{M}_x, \quad -M_c^{\mathrm{I}};$$
$$2: \quad M_c^{\mathrm{I}}$$

und zufolge der Grundfälle 3, 10 und 15 die zur Aufstellung der Rahmenbedingung im Fache 2 an den Trennungsstellen c und d anzubringenden Momente und Kräfte:

im Rahmenfach 1: $\tfrac{1}{2}\,\mathfrak{M}_x$,

$$M_c = -\tfrac{1}{2}\cdot\omega_4^1\cdot(1-\xi)\cdot\mathfrak{M}_x - \psi\,\omega_4^1\cdot M_c^{\mathrm{I}},$$
$$M_d = -\tfrac{1}{4}[1+\xi-\omega_4^1(1-\xi)]\mathfrak{M}_x + \tfrac{1}{2}\,\psi\,\omega_4^1\cdot M_c^{\mathrm{I}};$$

im Rahmenfach 2: M_c^{I},

$$H_2 = -(1+2\,\psi_2\,\omega_3^2)\cdot\frac{M_c^{\mathrm{I}}}{h_2}\,.$$

Hieraus ergeben sich die Werte:

$$\varkappa_u = -\tfrac{1}{2}\cdot\tfrac{1}{2},$$
$$\varkappa_u' = +\tfrac{1}{2}\cdot\tfrac{1}{2}\,\omega_4^1(1-\xi),\qquad\qquad \delta_u' = +\tfrac{1}{2}\,\psi_1\,\omega_4^1,$$
$$\varkappa_u'' = +\tfrac{1}{2}\cdot\tfrac{1}{4}\cdot[(1+\xi)-\omega_4^1(1-\xi)];\qquad \delta_u'' = -\tfrac{1}{4}\,\psi_1\,\omega_4^1;$$
$$\delta_l = +1,\qquad\qquad \sigma_l = \tfrac{1}{2};$$
$$\delta_l' = -\tfrac{1}{2}(1+2\,\psi_2\,\omega_3^2),\qquad \sigma_l' = \tfrac{1}{2};$$

und man erhält nach entsprechender Vereinfachung:

$$M_c^{\mathrm{I}} = +\frac{\psi_1\,\omega_4^1\cdot\theta_2}{2\,\psi_1\,\omega_4^1\,\theta_2 + 8\,\psi_2(1+\psi_2)\,\omega_3^2}\cdot(1-\xi)\cdot\mathfrak{M}_x,$$

womit die Eckmomente als Funktionen der gegebenen Belastung ausgewertet werden können.

b) **Polarsymmetrische Belastungsgruppe.**

Wie in a) ist hier entsprechend dem in § 25 entwickelten Rechnungsgang für die Ständerfußreaktionen anzuschreiben:

$$\varDelta M_a = \varDelta M_a^{(0)} - \varDelta\mu_{ad}^0\cdot\varDelta M_d^{\mathrm{II}} - \varDelta\mu_{ac}^0\cdot\varDelta M_c^{\mathrm{II}}$$
$$= \varDelta M_a^0 - \varDelta\mu_{ad}^0\cdot\varDelta M_d^{\mathrm{I}} - (\varDelta\mu_{ac}^0 + \varDelta\mu_{ad}^0\cdot\varDelta\mu_{dc}^{\mathrm{I}})\cdot\varDelta M_c^{\mathrm{II}},$$
$$\varDelta M_b = \varDelta M_b^{(0)} - \varDelta\mu_{bd}^0\cdot\varDelta M_d^{\mathrm{II}} - \varDelta\mu_{bc}^0\cdot\varDelta M_c^{\mathrm{II}}$$
$$= \varDelta M_b^0 - \varDelta\mu_{bd}^0\cdot\varDelta M_d^{\mathrm{I}} - (\varDelta\mu_{bc}^0 + \varDelta\mu_{bd}^0\cdot\varDelta\mu_{dc}^{\mathrm{I}})\cdot\varDelta M_c^{\mathrm{II}},$$
$$\varDelta H_1 = \varDelta H_1^{(0)} - \varDelta\chi_{1d}^0\cdot\frac{\varDelta M_d^{\mathrm{II}}}{h_1} - \varDelta\chi_{1c}^0\cdot\frac{\varDelta M_c^{\mathrm{II}}}{h_1}$$
$$= \varDelta H_1^0 - \varDelta\chi_{1d}^0\cdot\frac{\varDelta M_d^{\mathrm{I}}}{h_1} - (\varDelta\chi_{1c}^0 + \varDelta\chi_{1d}^0\cdot\varDelta\mu_{1c}^{\mathrm{I}})\cdot\frac{\varDelta M_c^{\mathrm{II}}}{h_1}\,.$$

$\Delta M_d^{\mathrm{I}}(\Delta \mu_{d0}^{\mathrm{I}})$ und $\Delta \mu_{dc}^{\mathrm{I}}$ sind aus der Rahmenbedingung an der Trennungsstelle d des Systems I zu berechnen. $\Delta \mu_{ad}^0$, $\Delta \mu_{bd}^0$, $\Delta \chi_{1d}^0$ sowie $\Delta \mu_{ac}^0$, $\Delta \mu_{bc}^0$, $\Delta \chi_{1c}^0$ sind aus den entsprechenden Beiwerten der Grundfälle 17 bzw. 16 zu entnehmen.

Berechnung von ΔM_d^{I}.

Belastungen, Geschoß 1: $\quad \frac{1}{2}\mathfrak{M}_x$, $\quad -\Delta M_d^{\mathrm{I}}$;

$\qquad\qquad$ Geschoß 2: $\quad \Delta M_d^{\mathrm{I}}$.

Die an den Trennungsstellen anzubringenden Momente und Kräfte:

im Geschoß 1: $\quad \frac{1}{2}\mathfrak{M}_x$,

$$\Delta M_c = \Delta \mu_{c0}^0 \cdot \mathfrak{M}_x - \Delta \mu_{cd}^0 \cdot \Delta M_d^{\mathrm{I}},$$

$$\cdot \Delta M_d = \Delta \mu_{d0}^0 \cdot \mathfrak{M}_x - \Delta \mu_{dd}^0 \cdot \Delta M_d^{\mathrm{I}};$$

im Geschoß 2: $\quad \Delta M_d^{\mathrm{I}}$,

$$\Delta H_2 = \Delta \chi_{2d}^0 \cdot \frac{\Delta M_d^{\mathrm{I}}}{h_2}.$$

Es folgen hieraus die Werte:

$$\varkappa_u = -\tfrac{1}{2}\cdot\tfrac{1}{2}, \qquad \sigma_u = \tfrac{1}{2}(1 + \xi);$$

$$\varkappa_u' = -\tfrac{1}{2}\cdot\Delta \mu_{c0}^0, \qquad \sigma_u' = \tfrac{1}{2}; \qquad\qquad \delta_u' = +\tfrac{1}{2}\cdot\Delta \mu_{cd}^0, \qquad \sigma_u' = \tfrac{1}{2};$$

$$\varkappa_u'' = -\tfrac{1}{2}\cdot\Delta \mu_{d0}^0, \qquad \sigma_u'' = \tfrac{2}{3}; \qquad\qquad \delta_u'' = +\tfrac{1}{2}\cdot\Delta \mu_{dd}^0, \qquad \sigma_u'' = \tfrac{2}{3};$$

$$\delta_l = -1\cdot 1;$$

$$\delta_l' = +1\cdot\Delta \chi_{2d}^0;$$

$$\delta_o = -\tfrac{1}{4}, \qquad\qquad \sigma_o = \tfrac{2}{3};$$

$$\delta_o' = +1\cdot\Delta \chi_{2d}^0, \qquad \sigma_o' = \tfrac{1}{2}.$$

Damit erhält man nach Einsetzung der bezüglichen Werte aus den Grundfällen 10, 16 und 17 und entsprechender Vereinfachung:

$$\Delta M_d^{\mathrm{I}} = +\frac{[\tfrac{1}{2}(1 + \xi) + \Delta \mu_{c0}^0 + 2\Delta \mu_{d0}^0]\,\theta_2}{(\Delta \mu_{cd}^0 + 2\Delta \mu_{dd}^0)\,\theta_2 - 6\,\psi_2(1 - \Delta \chi_{2d}^0) - 1 + 3\,\Delta \chi_{2d}^0}\cdot\mathfrak{M}_x.$$

Berechnung von $\Delta \mu_{dc}^{\mathrm{I}}$. (Das System I unter der Belastung von $\Delta M_c = 1\cdot h_2$ in c und c'.)

Belastungen im Geschoß 1: $\quad -\Delta M_c^{\mathrm{I}} = -1\cdot h_2$.

$$-\Delta \mu_{dc}^{\mathrm{I}}\cdot h_2;$$

Belastungen im Geschoß 2: $\quad \Delta M_c^{\mathrm{I}} = 1\cdot h_2$,

$$\Delta \mu_{dc}^{\mathrm{I}}\cdot h_2.$$

Die an den Trennungsstellen der beiden Teilsysteme wirkenden Reaktionen:

im Rahmenfach 1: $\quad \Delta M_c = -\Delta \mu_{cc}^0\cdot h_2 - \Delta \mu_{cd}^0\cdot\Delta \mu_{dc}^{\mathrm{I}}\cdot h_2$,

$$\Delta M_d = -\Delta \mu_{dc}^0\cdot h_2 - \Delta \mu_{dd}^0\cdot\Delta \mu_{dc}^{\mathrm{I}}\cdot h_2;$$

im Rahmenfach 2: $\Delta\mu_{dc}^{\mathrm{I}}\cdot h_2$,

$$\Delta H_2 = \Delta\chi_{2c}^0\cdot h_2 + \Delta\chi_{2d}^0\cdot \Delta\mu_{dc}^{\mathrm{I}}\cdot h_2 \ .$$

Hieraus folgen die $\varkappa$-Werte:

$$\varkappa_u = +\tfrac{1}{2}\Delta\mu_{cc}^0, \quad \sigma_u = \tfrac{1}{3} ; \quad \varkappa_r = +1\cdot\Delta\chi_{2c}^0 ; \quad \varkappa_o = +1\cdot\Delta\chi_{2c}^0, \quad \sigma_o = \tfrac{1}{2} ;$$

$$\varkappa_u' = +\tfrac{1}{2}\cdot\Delta\mu_{dc}^0, \quad \sigma_u' = \tfrac{2}{3} \ .$$

Damit erhält man nach Einsetzung der bezüglichen Werte für $\Delta\mu_{cc}^0\ldots$ aus den Grundfällen 16 und 17 und nach entsprechender Vereinfachung:

$$\Delta\mu_{dc}^{\mathrm{I}} = -\ \frac{(\Delta\mu_{cc}^0 + 2\,\Delta\mu_{dc}^0)\,\theta_2 + 6\,\psi_2\cdot\Delta\chi_{2c}^0 + 3\,\Delta\chi_{2c}^0}{(\Delta\mu_{cd}^0 + 2\,\Delta\mu_{dd}^{0'})\,\theta_2 + 6\,\psi_2(1 - \Delta\chi_{2d}^0) - 1 + 3\,\Delta\chi_{2d}^0}\ .$$

Es ergeben sich dann die Gleichungen der Ständerfußreaktionen für das System I in der Form:

$$\Delta M_a = (\Delta\mu_{a0}^0 - \Delta\mu_{ad}^0\cdot\Delta\mu_{d0}^{\mathrm{I}})\cdot\mathfrak{M}_x - (\Delta\mu_{ac}^0 + \Delta\mu_{ad}^0\cdot\Delta\mu_{dc}^{\mathrm{I}})\cdot\Delta M_c^{\mathrm{II}}$$
$$= \Delta\mu_{a0}^{\mathrm{I}}\cdot\mathfrak{M}_x - \Delta\mu_{ac}^{\mathrm{I}}\cdot\Delta M_c^{\mathrm{II}} \ ,$$

$$\Delta M_b = (\Delta\mu_{b0}^0 - \Delta\mu_{bd}^0\cdot\Delta\mu_{d0}^{\mathrm{I}})\cdot\mathfrak{M}_x - (\Delta\mu_{bc}^0 + \Delta\mu_{bd}^0\cdot\Delta\mu_{dc}^{\mathrm{I}})\cdot\Delta M_c^{\mathrm{II}}$$
$$= \Delta\mu_{b0}^{\mathrm{I}}\cdot\mathfrak{M}_x - \Delta\mu_{bc}^{\mathrm{I}}\Delta M_c^{\mathrm{II}} \ ,$$

$$\Delta H_1 = (\Delta\chi_{10}^0 - \Delta\chi_{1d}^0\cdot\Delta\mu_{d0}^{\mathrm{I}})\cdot\frac{\mathfrak{M}_x}{h_1} - (\Delta\chi_{1c}^0 + \Delta\chi_{1d}^0\cdot\Delta\mu_{dc}^{\mathrm{I}})\cdot\frac{\Delta M_c^{\mathrm{II}}}{h_1}$$
$$= \Delta\chi_{10}^{\mathrm{I}}\cdot\frac{\mathfrak{M}_x}{h_1} - \Delta\chi_{1c}^{\mathrm{I}}\cdot\frac{\Delta M_c^{\mathrm{II}}}{h_1} \ .$$

$$\Delta M_d = \Delta\mu_{d0}^{\mathrm{I}}\cdot\mathfrak{M}_x + \Delta\mu_{dc}^{\mathrm{I}}\cdot\Delta M_c^{\mathrm{II}} \ ,$$

$$\Delta H_2 = \Delta\chi_{2d}^0\cdot\Delta\mu_{d0}^{\mathrm{I}}\cdot\frac{\mathfrak{M}_x}{h_2} + (\Delta\chi_{2c}^0 + \Delta\chi_{2d}^0\cdot\Delta\mu_{dc}^{\mathrm{I}})\cdot\frac{\Delta M_c^{\mathrm{II}}}{h_2}$$
$$= \Delta\chi_{20}^{\mathrm{I}}\cdot\frac{\mathfrak{M}_x}{h_2} + \Delta\chi_{2c}^{\mathrm{I}}\cdot\frac{\Delta M_c^{\mathrm{II}}}{h_2} \ .$$

Es sind dann die Eckmomente des Balkens $c\,d$:

$$\Delta M_{c(d)} = -\Delta M_c^{\mathrm{II}} + \Delta M_a + \Delta H_1\cdot h_1$$
$$= +(\Delta\mu_{a0}^{\mathrm{I}} + \Delta\chi_{10}^{\mathrm{I}})\,\mathfrak{M}_x - (1 + \Delta\mu_{ac}^{\mathrm{I}} + \Delta\chi_{1c}^{\mathrm{I}})\cdot\Delta M_c^{\mathrm{II}} \ ,$$

$$\Delta M_{d(c)} = +\tfrac{1}{2}\cdot\Delta M_d - \tfrac{1}{2}\Delta M_b + \Delta H_1\cdot h_1$$
$$= +\tfrac{1}{2}(\Delta\mu_{d0}^{\mathrm{I}} - \Delta\mu_{b0}^{\mathrm{I}} + 2\,\Delta\chi_{10}^{\mathrm{I}})\cdot\mathfrak{M}_x + \tfrac{1}{2}(\Delta\mu_{dc}^{\mathrm{I}} + \Delta\mu_{bc}^{\mathrm{I}} - 2\,\Delta\chi_{1c}^{\mathrm{I}})\cdot\Delta M_c^{\mathrm{II}} \ .$$

Berechnung von ΔM_c^{II}. (Rahmenbedingung in $2-c\,e$.)

Belastungen des Geschosses 1: $\tfrac{1}{2}\mathfrak{M}_x$, $-\Delta M_c^{\mathrm{II}}$, $-\Delta M_d^{\mathrm{I}}$,

Belastungen des Geschosses 2: ΔM_d^{I}, ΔM_c^{II} .

An den Trennungsstellen wirken die Reaktionen:

im Geschoß 1:

$$\tfrac{1}{2}\,\mathfrak{M}_x\,,$$

$$\varDelta M_{c(d)} = +(\varDelta\mu_{a0}^{\mathrm{I}} + \varDelta\chi_{10}^{\mathrm{I}})\cdot\mathfrak{M}_x - (1 + \varDelta\mu_{ac}^{\mathrm{I}} + \varDelta\chi_{1c}^{\mathrm{I}})\cdot\varDelta M_c^{\mathrm{II}}$$

$$\varDelta M_{d(c)} = +\tfrac{1}{2}\cdot(\varDelta\mu_{d0}^{\mathrm{I}} - \varDelta\mu_{b0}^{\mathrm{I}} + 2\cdot\varDelta\chi_{10}^{\mathrm{I}})\,\mathfrak{M}_x$$
$$+\tfrac{1}{2}(\varDelta\mu_{dc}^{\mathrm{I}} + \varDelta\mu_{bc} - 2\cdot\varDelta\chi_{1c}^{\mathrm{I}})\cdot\varDelta M_c^{\mathrm{II}}\,;$$

im Geschoß 2:

$$\varDelta M_d^{\mathrm{I}} = \varDelta\mu_{d0}^{\mathrm{I}}\cdot\mathfrak{M}_x + \varDelta\mu_{dc}^{\mathrm{I}}\cdot\varDelta M_c^{\mathrm{II}}\,,$$

$$\varDelta M_c^{\mathrm{II}}\,,$$

$$\varDelta H_2 = \varDelta\chi_{20}^{\mathrm{I}}\cdot\frac{\mathfrak{M}_x}{h_2} + \varDelta\chi_{2c}^{\mathrm{I}}\cdot\frac{\varDelta M_c^{\mathrm{II}}}{h_2}\,.$$

Hieraus folgt:

$$\varkappa_u = -\tfrac{1}{2}\cdot\tfrac{1}{2}\,,\quad \sigma_u = \tfrac{1}{3}(2-\xi)\,,$$

$$\varkappa_u' = -\tfrac{1}{2}(\varDelta\mu_{a0}^{\mathrm{I}} + 2\varDelta\chi_{10}^{\mathrm{I}})\,,\quad \sigma_u' = \tfrac{2}{3}\,;\qquad \delta_u' = +\tfrac{1}{2}\cdot(1 + \varDelta\mu_{ac}^{\mathrm{I}} + \varDelta\chi_{1c}^{\mathrm{I}})\,,\ \sigma_u' = \tfrac{2}{3}\,;$$

$$\varkappa_u'' = -\tfrac{1}{2}\cdot\tfrac{1}{2}\cdot(\varDelta\mu_{d0}^{\mathrm{I}} - \varDelta\mu_{b0}^{\mathrm{I}} + 2\varDelta\chi_{10}^{\mathrm{I}})\,,\quad \delta_u'' = -\tfrac{1}{2}\cdot\tfrac{1}{2}\cdot(\varDelta\mu_{dc}^{\mathrm{I}} + \varDelta\mu_{bc}^{\mathrm{I}} - 2\varDelta\chi_{1c}^{\mathrm{I}})\,,$$
$$\sigma_u'' = \tfrac{1}{3}\,;\qquad\qquad\qquad\qquad \sigma_u'' = \tfrac{1}{3}\,;$$

$$\varkappa_l = +\tfrac{1}{3}\cdot\varDelta\chi_{20}^{\mathrm{I}}\,;\qquad\qquad \delta_l = +\varDelta\chi_{2c}^{\mathrm{I}}\,;$$
$$\delta_l' = +1\,;$$

$$\varkappa_o = +1\cdot\varDelta\chi_{20}^{\mathrm{I}}\,,\quad \sigma_o = \tfrac{1}{2}\,;\qquad \delta_o = +1\cdot\varDelta\chi_{2c}^{\mathrm{I}}\,,\quad \sigma_o = \tfrac{1}{2}\,;$$
$$\delta_o' = +\tfrac{1}{2}\cdot1\,,\qquad \sigma_o' = \tfrac{2}{3}\,;$$

$$\varkappa_o'' = -\tfrac{1}{4}\cdot\varDelta\mu_{d0}^{\mathrm{I}}\,,\quad \sigma_o'' = \tfrac{1}{3}\,;\qquad \delta_o'' = -\tfrac{1}{4}\cdot\varDelta\mu_{dc}^{\mathrm{I}}\,,\quad \sigma_o'' = \tfrac{1}{3}\,.$$

und damit erhält man durch Bildung der Rahmenformel $\varDelta M_c^{\mathrm{II}}$ in der Form:

$$\varDelta M_c^{\mathrm{II}} = \varDelta\mu_{c0}^{\mathrm{II}}\cdot\mathfrak{M}_x\,.$$

Die Berechnung von $\varDelta M_c^{\mathrm{II}}$, ebenso wie die von $\varDelta M_d^{\mathrm{I}}$ und $\varDelta\mu_{dc}^{\mathrm{I}}$ erfolgt am einfachsten ziffernmäßig durch Einsetzen der den tatsächlichen Abmessungen entsprechenden $\varkappa$- und δ-Werte in die Rahmenformeln.

III. Mehrteilige geschlossene Rahmen.
(Rahmenbalkenträger.)
§ 29. Einleitende Bemerkungen.

Der als Rahmenträger, Pfostenträger oder Vierendeelträger bezeichnete gegliederte Träger, welcher im Gegensatz zu den Fachwerksträgern bloß aus Gurtungen und steif an diesen angeschlossenen Ständern besteht, stellt ein Rahmenwerk dar, das bei n Feldern $3n$fach innerlich

statisch unbestimmt ist. Seitdem dieses Tragsystem von Vierendeel
für den Brückenbau in Vorschlag gebracht wurde, hat es seit mehr als
einem Jahrzehnt den Gegenstand eingehender Untersuchungen und
Erörterungen gebildet. Hat es einerseits zu Bedenken und ablehnender
Beurteilung Anlaß gegeben, u. a. bei Mohr[1]) und Mörsch[2]), so hat
es andererseits auch vielfach Anklang und Anhänger gefunden. Wie
andere bedeutsamere Neuerungen im Bauwesen hat auch der Vierendeelträger seine Vorläufer und seine Weiterbildungen. Engesser[3]) führt
eine Reihe von Tragwerken in Holz, Gußeisen, Schmiedeeisen und Eisenbeton aus älterer und neuerer Zeit an, in welchen der Rahmenträger als
Haupt-, Quer- oder Längsträger von Brücken zur Ausführung gelangt
ist und weist damit nach, daß derselbe eine altbekannte und vielver-
wendete und nicht erst von Vierendeel erfundene, berechnete und in
den Brückenbau eingeführte Bauweise darstellt. Es dürfte zu weit
gegangen sein, alle dort erwähnten Tragsysteme, wie z. B. die durch
eine eiserne Bewehrung verstärkten Holzbalken bei biegungsfestem
Anschluß der Pfosten an den Balken, als Rahmenträger zu bezeichnen,
und nur in dem oberwähnten Sinne werden die gußeisernen Brücken
aus dem ersten und zweiten Drittel des 19. Jahrhunderts mit ihren
rahmenartig ausgebildeten Bogenträgern aufzufassen sein. Von einem
eigentlichen Rahmenträger wird man aber wohl nur in jenen Fällen
sprechen können, wo derselbe in bewußtem Gegensatz zu einem Fachwerkträger als biegungsfestes Tragwerk durchgebildet erscheint und
dessen statisches Verhalten in diesem Sinne zumindest in Erwägung
gezogen wurde.

In dem von Vierendeel vorgeschlagenen Träger handelt es sich
um ein äußerlich statisch bestimmtes System eines frei aufliegenden
Balkenträgers; zur Unterscheidung von den Rahmenträgern, wie
solche als Dachbinder oder Brückenbögen vielfach Verwendung gefunden haben, soll für denselben die Bezeichnung „Rahmenbalkenträger"
gewählt werden.

Die erste Theorie der Rahmenbalkenträger mit parallelen Gurtungen
wurde von Engesser[4]) im Jahre 1893 aufgestellt. Vierendeel gebührt
aber jedenfalls das Verdienst, für die Bedeutung, Verwendung und konstruktive Durchbildung derselben als Hauptträger von Brücken in
nachdrücklicher Weise an Stelle der Fachwerkträger eingetreten zu sein,

---

[1]) O. Mohr, Die Berechnung des Pfostenträgers (Vierendeelträgers). Der
Eisenbau 1912, H. 3.

[2]) Mörsch, Das System Vierendeel im Eisenbetonbau. Der Brückenbau 1913,
S. 49.

[3]) F. Engesser, Über Rahmenträger und ihre Beziehungen zu den Fachwerk-
trägern. Zeitschrift für Architektur- und Ingenieurwesen 1913, S. 78—81.

[4]) F. Engesser, Die Nebenspannungen und Zusatzkräfte eiserner Fachwerk-
brücken. Berlin 1893, J. Springer.

nachdem ihm ihre Berechnung in allgemeiner Weise gelungen ist. Maßgebend erscheint ihm insbesondere die Tatsache, daß die übliche Berechnung der Fachwerkträger unter der Annahme gelenkiger Knotenanschlüsse
dem jetzigen Stande der Wissenschaft nicht mehr entspricht und die
einwandfreie Berechnung nur unter Berücksichtigung der steifen Stab-
verbindungen zu erfolgen hätte, da auf Grund seiner zahlreichen an
ausgeführten Brücken gemachten Erfahrungen die Nebenspannungen
eine bedeutende Höhe erreichen, so daß die tatsächlichen Spannungen
das Doppelte, unter Umständen sogar das Dreifache der nach der üblichen Methode berechneten Werte betragen. Die Ermittlung der
Nebenspannungen ist aber äußerst umständlich, so daß sich der ge-
nauen Berechnung der Fachwerkträger selbst bei einfachster Anordnung infolge der vielen Stäbe erhebliche Schwierigkeiten entgegen-
stellen. Demgegenüber ist der strebenlose, bloß aus Gurtungen und
Pfosten bestehende Träger ein statisch weitaus einfacheres Gebilde,
dessen Berechnung als Rahmen ohne jede Annahme genau zutrifft, so
daß hier die Ermittlung der Haupt- und Nebenspannungen unter einem
erfolgt. Es kann daher die zulässige Grenze der Inanspruchnahme höher
angesetzt und eine bessere Ausnützung des Materials erzielt werden
als bei einem Fachwerkträger[1]). Ob und wie weit alle die behaupteten
Vorteile statischer und wirtschaftlicher Natur zutreffen, wird wohl
noch späteren Erfahrungen vorbehalten bleiben. Immerhin beweisen
die vielfachen in der letzten Zeit immer wieder aufgetauchten Entwürfe
und Ausführungen von Rahmenbalken- und -bogenträgern und ihr
zum Teil gefälliges Aussehen ihre Entwicklungsmöglichkeit.

Als entschiedener Nachteil der Rahmenbalkenträger, welcher der
Verwendung derselben hemmend entgegenwirkt, wird fast durchwegs
die Schwierigkeit und Umständlichkeit ihrer Berechnung empfunden,
auch dort, wo die Vorzüge derselben gewürdigt werden. Sofern aber
ein Tragwerk mit parallelen Gurten vorliegt, das außer der vertikalen
auch eine wagrechte Symmetrieachse besitzt, also in gegenüberliegenden
Querschnitten des Ober- und Untergurtes gleiches Trägheitsmoment
aufweist, gestaltet sich die Untersuchung nach dem im vorhergehenden
entwickelten Verfahren verhältnismäßig sehr einfach. In diesem Falle
leistet das Verfahren der Belastungsumordnung, wie es von W. L. Andreé
in allgemeinster Form angegeben wurde, sehr wertvolle Dienste. Die
Berechnung ist dann auf diese Art auch für beliebigen Lastangriff
jedenfalls bedeutend weniger umständlich als die Ermittlung der
Nebenspannungen eines Fachwerkträgers. In statischer Hinsicht ist
der Rahmenbalken eine dem Stockwerksrahmen verwandte Trägerart.
Die Untersuchung und Berechnung desselben ergibt sich damit

• [1]) S. Der Eisenbau 1912, S. 242—244.

in ungezwungener Weise aus denselben einfachen Grundlagen, aus
denen im vorigen Abschnitt die Berechnung der mehrstöckigen
Rahmen entwickelt wurde.

§ 30. Der Weg zur Berechnung der Rahmenbalkenträger mit parallelen Gurten.

Das Tragwerk habe entsprechend der Änderung der Maximalmomente
und der Querkräfte in den aufeinanderfolgenden Feldern des Ober-
und Untergurtes und den Ständern verschiedenes Trägheitsmoment;

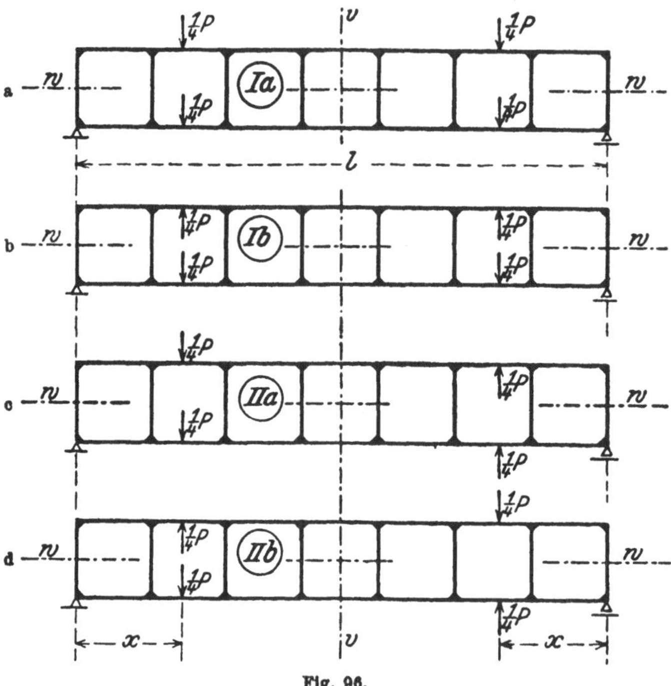

Fig. 96.

im übrigen weise aber der Träger eine doppelte Symmetrie in bezug auf
die Achsen v — v und w — w auf (Fig. 96), so daß symmetrisch liegende
Glieder des Tragwerks gleiches Trägheitsmoment haben. Die Untersuchung für einen ganz beliebigen Lastangriff erfolgt nun in folgender
Weise:

Wir ordnen die im beliebigen Abstande x vom linken Auflager wirkende Einzellast P in der üblichen Weise in eine symmetrische und
polarsymmetrische Belastungsgruppe um, zerlegen aber noch jede der
so entstandenen Teilbelastungen I und II in die weiteren Teilbelastungen
I a und I b sowie II a und II b (Fig. 96 a bis d). In bezug auf die vertikale

Symmetrieachse v—v sind die Belastungen Ia und IIa polarsymmetrisch, hingegen Ib und IIb symmetrisch. Letztere rufen demnach in A und B keine Auflagerkräfte hervor. Der Rahmenbalken verhält sich hier wie ein zweistieliger Stockwerksrahmen, der eine symmetrische wagrechte Belastung trägt, welcher Fall in § 27, 2 behandelt wurde. Ist die Felderzahl gerade, dann entspricht die vertikale Symmetrieachse der Lage der Erdscheibe; die mittleren Knotenpunkte des Ober- und Untergurtes stellen dann die festen Einspannstellen dar; bei ungerader Felderzahl sind diese Knotenpunkte als nachgiebige (elastisch drehbare) Einspannstellen eines Stockwerksrahmens zu betrachten, oder, was dasselbe ist, als Gelenke, an denen Momente wirken, die aus der Rahmenbedingung des an das mittlere Fach anschließende Rahmenfach zu berechnen sind. Im übrigen sollen uns späterhin die Teilbelastungen Ib und IIb nicht weiter beschäftigen. **Es genüge nur, darauf hinzuweisen, daß die Berechnung der Rahmenbalkenträger bei gleichem Trägheitsmoment gegenüberliegender Gurtfelder auch bei ganz beliebigem Lastangriff keinerlei Schwierigkeiten bietet,** und wir beschränken uns im folgenden auf die **allgemein übliche Annahme, daß die Lasten in den Knotenpunkten wirken,** d. i. also auf die beiden Teilbelastungen Ia und IIa.

1. Teilbelastung Ia.

Die Formänderung erfolgt symmetrisch in bezug auf die Achse v—v und polarsymmetrisch in bezug auf w—w. Es müssen daher die Wendepunkte der elastischen Linien in den Mitten der einzelnen Pfosten liegen. Da entsprechend unserer Annahme der Vernachlässigung des Einflusses der Längskräfte die Längen der einzelnen Rahmenstäbe ungeändert bleiben, können sich die Knotenpunkte des Ober- und Untergurtes nur in vertikaler Richtung verschieben. In Fig. 97 ist das Rahmenfach 3 ($d\,c\,c'\,d'$) unmittelbar belastet. Wir denken uns an Stelle der festen Anschlüsse in c, c', d und d' Gelenke gesetzt, so daß aus dem Tragwerk der Zweigelenkrahmen $d\,c\,c'\,d'$ herausgeschnitten wird, und bringen an den Trennungsstellen als Ersatz für die beseitigte steife Verbindung die entsprechenden in bezug auf die Achse w—w polarsymmetrischen Momente $-\varDelta M_c$ und $\varDelta M_d$ als äußere Belastungen an um den ursprünglichen Zustand wieder herzustellen. Das Tragwerk wird auf diese Art aufgelöst in die Grundsysteme des unmittelbar belasteten Zweigelenkrahmens A und in die beiden anschließenden Teilsysteme B und C. Das Teilsystem B, um 90° gedreht, verhält sich wie ein gelenkig gelagerter Stockwerksrahmen; da die beiden Fußgelenke desselben keine gegenseitige Verschiebung erleiden, kann die Auflagerreaktion $A = \frac{1}{2}\,P$ als äußere Belastung des Rahmenteiles B betrachtet werden. Infolge der Belastung $\frac{1}{2}\,P$ entstehen im Teilsystem B in den Gelenkpunkten c und c' die beiden gleich großen Gegenkräfte $\frac{1}{4}\,P$. An den mittleren Rahmenteil A (Fig. 97d) ist demnach in der Richtung der Trennungsstellen $c - c'$ die äußere den an den Fußgelenken des Systems B wirkenden Gegenkräften entgegengesetzt gerichtete Belastung $\frac{1}{2} P$ anzubringen; diese bildet mit den gegebenen Lasten ein Kräftepaar von der Größe

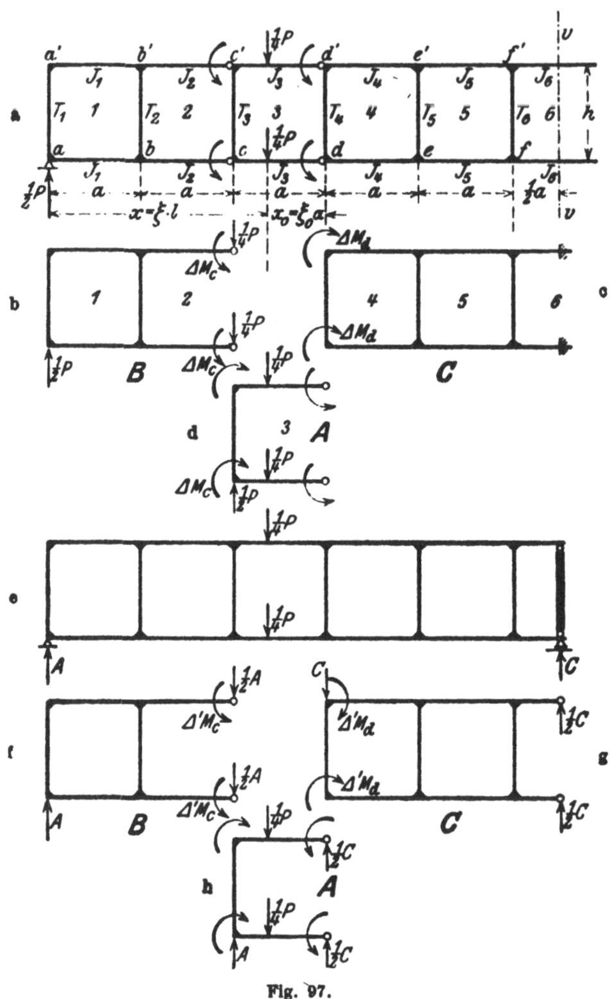

Fig. 97.

$(1 - \xi_0) \cdot Pa$, welches also im Falle eines Lastangriffes an den Knotenpunkten c und c' gleich Null wird. Im mittleren Teilsystem C erreicht das Moment der äußeren Belastung den Größtwert, d. i. das konstante Maß $M = \frac{1}{2} P \cdot x$; die Querkraft Q wird gleich Null. Das Teilsystem C ist ein geschlossener Rahmen, welcher sich infolge der Teilbelastung I a so verformt, daß die Tangente an die elastische Linie der Gurtungen

in den in der Symmetrieachse v—v gelegenen Punkten zur ursprünglichen Gurtachse parallel bleibt. Da diese Schnittpunkte ihre gegenseitige Lage nicht ändern, liegt im Teilsystem C, um 90° gedreht und
in der Richtung von v—v' durchschnitten gedacht, der Fall eines an
den Fußpunkten fest eingespannten Stockwerksrahmens vor, welcher
an den Balkenköpfen d und d' seines obersten Geschosses durch die
beiden polarsymmetrischen Momente $-\varDelta M_e$ belastet ist.

2. Teilbelastung IIa.

Die Belastung ist polarsymmetrisch in bezug auf beide Symmetrieachsen; dementsprechend vollzieht sich auch die Formänderung sowohl
in vertikalem als auch in horizontalem Sinne polarsymmetrisch. An
den Auflagern entstehen die beiden gleich großen, entgegengesetzt ge-
richteten Reaktionen $A = \tfrac{1}{2}(1 - 2\,\xi)\,P$. In der Mitte des Tragwerkes
wird das Moment der äußeren Kräfte gleich Null; in den Gurtmitten
findet demnach ein Wechsel des Vorzeichens der Momente statt, welcher in dem Falle einer geraden Felderzahl infolge der Übertragung der
Momente des mit der vertikalen Symmetrieachse zusammenfallenden
Pfostens sprungweise erfolgt. Ebenso müssen auch die Durchbiegungen
des Ober- und Untergurtes in der Mitte des Tragwerkes gleich Null
sein. Man kann demnach, ohne das Gleichgewicht zu stören, die beiden
Gurte in ihren Mitten durchschneiden, die so entstandenen Stabenden
durch einen gelenkig angeschlossenen starren Stab verbunden denken
und unten ein Auflager anordnen (Fig. 97e). Nur in dem Falle einer
geraden Felderzahl, also eines Pfostens in Tragwerksmitte, müssen
noch an den Schnittstellen zur Wiederherstellung des ursprünglichen
Zustandes Momente angebracht werden, die aus der Rahmenbedingung
des an die Symmetrieachse v—v anliegenden Faches zu berechnen sind.
Die Knotenpunkte des Obergurtes werden wagrechte Verschiebungen
erleiden, die infolge der hier vernachlässigten Formänderungen durch
die Längskräfte untereinander gleich groß sein müssen.

Wird das so herausgeschnittene und belastete Tragwerk von der
halben Stützweite $\tfrac{1}{2}\,l$ um 90° gedreht, so liegt wieder der Fall eines
polarsymmetrisch belasteten Stockwerksrahmens vor, der aber im
Gegensatz zur Teilbelastung Ia gelenkig gelagert ist und wobei das rechte
Auflager in der Gurtrichtung verschieblich ist. Die Auflösung in die
Teilsysteme A, B und C erfolgt in derselben Weise wie bei der Teilbelastung Ia. Diese drei Teilsysteme sind hier verschieblich gelagert.
Wie in § 9 erörtert, hat beim Zweigelenkrahmen eine vertikale Ver-
schiebung der Stützpunkte keinen Einfluß auf die Spannungen des
Tragwerks; beim eingespannten Rahmen ist dieselbe gleichbedeutend
einer polarsymmetrischen Formänderung, hervorgerufen durch polar-
symmetrische Ständerfußmomente, die am gelenkig gelagert gedachten
Rahmen angreifen. Die Behandlung der drei Teilsysteme kann demnach

ohne Rücksicht auf diese gegenseitigen Verschiebungen der Stützpunkte
erfolgen. In Fig. 97 f—h sind die Belastungen und die daraus sich ergebenden Reaktionen eingetragen.

In beiden Teilbelastungen handelt es sich wie beim Stockwerks-
rahmen um die Berechnung der Momente $\Delta M_k (\Delta M_d)$ und $\Delta M_{k-1} (\Delta M_c)$,
die an den Ständerköpfen bzw. an den Fußgelenken des unmittelbar
belasteten Rahmenfaches (k) anzubringen sind.

§ 31. Der einfache geschlossene Rahmen.

Als Grundlage für die Berechnung des Rahmenbalkenträgers bei
ganz beliebigem, nicht nur in den Knotenpunkten wirkendem
Lastangriff kommen die folgenden Belastungsfälle in Betracht, die
hier zur Vermeidung von unnötigen Wiederholungen zusammengestellt
seien.

Als positiv sind, wie in § 5 angegeben, diejenigen Momente anzu-
schen, welche die Stäbe des Rahmens nach einwärts zu verbiegen
suchen; aber entsprechend den vorhergehenden Entwicklungen, denen

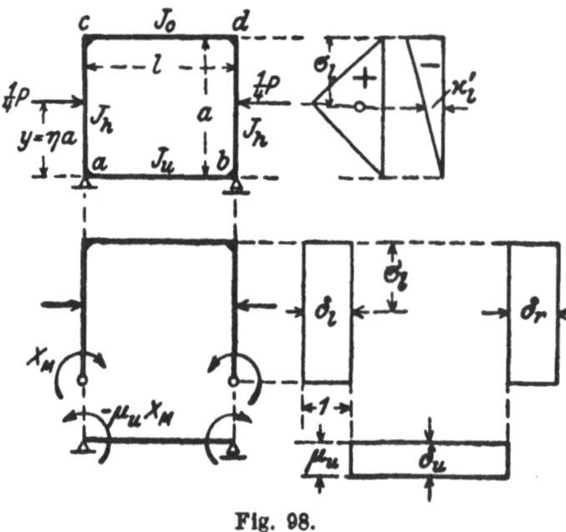

Fig. 98.

zufolge sich die Berechnung
der Rahmenbalkenträger aus
einer Aneinanderreihung von
Zweigelenkrahmen ergibt,
werden die am unteren Stab
(Balken) ($a\,b$, Fig. 98—101)
als dem darunterliegenden
Teilsystem angehörigen mit
dem für das letztere geltende
Vorzeichen versehen. Als ein
um 90° gedreht gedachtes
Teilsystem des Rahmenbal-
kens ist abweichend von den
früheren Bezeichnungen in
diesem Paragraphen für wagrechte Einzellasten das Zeichen P gebraucht; im übrigen sind die Bezeichnungen bezüglich der Reduktions-
werte ψ und θ wie im II. Abschnitt.

Grundfall 1. Zwei wagrechte symmetrische Einzellasten $\tfrac{1}{4}\,P$.

Aus Fig. 98 folgt für das Teilsystem des Zweigelenkrahmens zufolge
der Grundfälle 4 und 10 (§ 27):

$$H_0 = -\tfrac{1}{2} \cdot \tfrac{1}{2} \cdot \psi\,\omega_1 \cdot (1+\eta) \cdot \frac{\mathfrak{M}_y^0}{a} - 3\,(1+\psi) \cdot \omega_1 \cdot \frac{X_M}{a}.$$

Aus der Belastung des Rahmens ($\tfrac{1}{4}\,P$) folgen die Momente:

am Rahmen: $\tfrac{1}{4}\,\mathfrak{M}_y^0$, $H_0\,a$, X_M;

am Balken: $-\mu_u\,X_M$,

und hieraus ergibt sich:

$$\varkappa_l = \varkappa_r = +\tfrac{1}{2}\cdot\tfrac{1}{4}, \quad \sigma_l = \sigma_r = \tfrac{1}{3}(2-\eta); \qquad \delta_l = \delta_r = +1, \quad \sigma_l = \sigma_r = \tfrac{1}{3};$$

$$\varkappa_l' = \varkappa_r' = -\tfrac{1}{2}\cdot\tfrac{1}{4}\cdot\psi\,\omega_1(1+\eta), \qquad\qquad \delta_l' = \delta_r' = -\tfrac{1}{3}\cdot 3\,(1+\psi)\,\omega_1,$$

$$\sigma_l' = \sigma_r'' = \tfrac{1}{3}; \qquad\qquad\qquad \sigma_l' = \sigma_r' = \tfrac{1}{3};$$

$$\delta_u = +1\,\mu_u,$$

und man erhält nach entsprechender Vereinfachung:

$$X_M = M_{ac} = -\frac{1}{12}\cdot\frac{\psi}{\theta\mu_u + \psi\,(2+\psi)\,\omega_1}\cdot[2-\eta+\psi\,\omega_1\cdot(1+\eta)]\cdot\mathfrak{M}_y^0,$$

mittels welchen Wertes die Momente in c und d berechnet werden können.

Grundfall 2. Zwei wagrechte polarsymmetrische Einzellasten $\tfrac{1}{4}\,P$.

Aus Fig. 99 folgen die Momente:

am Rahmen:$\qquad\qquad \tfrac{1}{4}\,\eta\,Pa, \quad \varDelta X_M$;

am Balken:$\qquad\qquad -\mu_u\cdot\varDelta X_M$.

Aus denselben ergibt sich:

$$\varkappa_l = +\tfrac{1}{4}\cdot\eta\,(1-\tfrac{1}{2}\,\eta) = +\tfrac{1}{8}\,\eta\,(2-\eta),$$

$$\varkappa_o\,\sigma_o = +\tfrac{1}{8}\cdot\tfrac{1}{2}\cdot\eta,$$

$$\delta_l = +1,$$

$$\delta_o\cdot\sigma_o = +\tfrac{1}{4},$$

$$\delta_u\,\sigma_u = +\tfrac{1}{4}\cdot\mu_u,$$

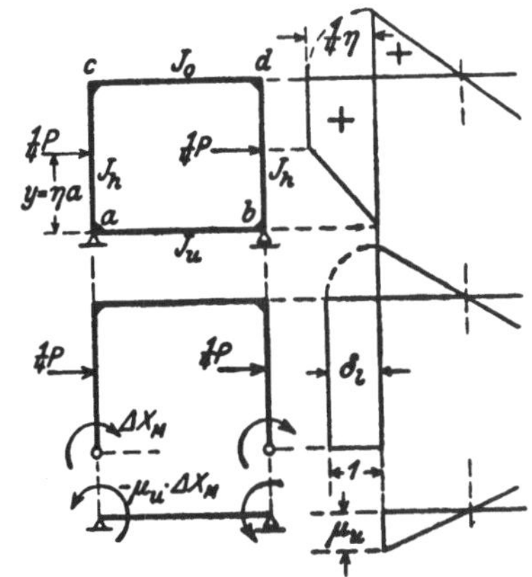

Fig. 99.

und man erhält nach entsprechender Vereinfachung:

$$\varDelta X_M = \varDelta M_{ac} = -\frac{1}{4}\cdot\frac{3\,\psi\,(2-\eta)+1}{1+6\,\psi+\theta\,\mu_u}\cdot\eta\cdot Pa,$$

$$\varDelta M_{ca} = +\tfrac{1}{4}\cdot\eta\,Pa - \frac{1}{4}\cdot\frac{1+3\,\psi\,(2-\eta)}{1+6\,\psi+\theta\,\mu_u}\cdot\eta\cdot Pa$$

$$= +\frac{1}{4}\cdot\frac{3\,\psi\,\eta+\theta\,\mu_u}{1+6\,\psi+\theta\,\mu_u}\cdot\eta\cdot Pa.$$

Es folgt für den Sonderfall $\eta = 1$:

$$\varDelta M_{ac} = -\frac{1}{4}\cdot\frac{1+3\,\psi}{1+6\,\psi+\theta\,\mu_u}\cdot Pa, \qquad \text{für } \theta = 1: \varDelta M_{ac} = -\tfrac{1}{8}\,Pa,$$

$$\varDelta M_{ca} = +\frac{1}{4}\cdot\frac{3\,\psi+\theta\,\mu_u}{1+6\,\psi+\theta\,\mu_u}\cdot Pa, \qquad\qquad \varDelta M_{ca} = +\tfrac{1}{8}\,Pa.$$

Grundfall 3. Ein wagrechtes Kräftepaar $\frac{1}{2}(1-\eta)\cdot P\cdot h$.
Aus Fig. 100 folgen die Eckmomente:

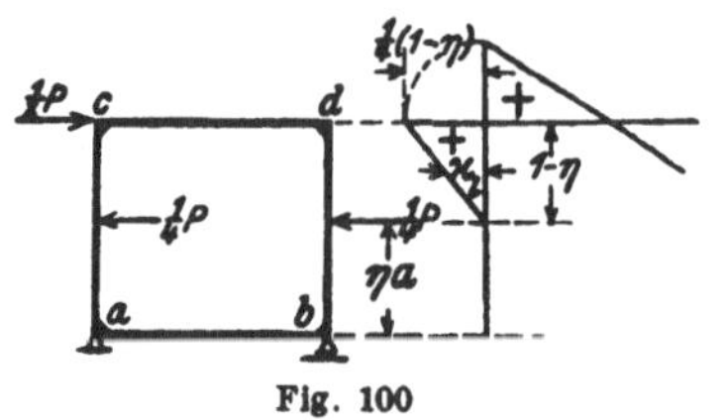

Fig. 100

am Rahmen:
$$\Delta M_{ac}=+\Delta X_M,$$
$$\Delta M_{ca}=\Delta M_{cb}$$
$$=+\tfrac{1}{4}(1-\eta)\cdot Pa+\Delta X_M,$$
am Balken:
$$\Delta M_{ab}=-\mu_u\cdot\Delta X_M.$$

Es ergibt sich hieraus:
$$x_l=+\tfrac{1}{2}\cdot\tfrac{1}{4}\cdot(1-\eta)^2,\qquad x_o\sigma_o=+\tfrac{1}{8}\cdot\tfrac{1}{2}\cdot(1-\eta),$$
mithin nach entsprechender Vereinfachung:
$$\Delta X_M=\Delta M_{ac}=-\frac{1}{4}\cdot\frac{(1-\eta)+3\,\psi\,(1-\eta)^2}{1+6\,\psi+\theta\,\mu_u}\cdot Pa,$$
$$\Delta M_{ab}=+\tfrac{1}{4}\cdot\mu_u\cdot\frac{1+3\,\psi\,(1-\eta)}{1+6\,\psi+\theta\,\mu_u}\cdot(1-\eta)\cdot Pa,$$
$$\Delta M_{ca}=+\frac{1}{4}\cdot\frac{3\,\psi\,(1+\eta)+\theta\,\mu_u}{1+6\,\psi+\theta\,\mu_u}\cdot(1-\eta)\cdot Pa.$$

Grundfall 4. Zwei symmetrische Momente M an den oberen Knotenpunkten.

Zufolge § 27 (Grundfälle 8 und 10) ist für den Zweigelenkrahmen:
$$H=-3\,\omega_1\cdot\frac{M}{a}-3\,(1+\psi)\,\omega_1\cdot\frac{X_M}{a}.$$

Es wirken demnach infolge der Belastung M die Eckmomente:
am Rahmen: $M_{ac}=X_M$,
$$M_{ca}=M_a+Ha=-3\,\omega_1\cdot M;$$
am Balken: $M_{ab}=-\mu_u\cdot X_M.$
Hieraus:

$$x_l=x_r=-\tfrac{1}{2}\cdot 3\,\omega_1,\quad \sigma_l=\sigma_r=\tfrac{1}{3};\quad \delta_l=\delta_r=+1,\qquad\qquad \sigma_l=\sigma_r=\tfrac{1}{2};$$
$$\delta_l'=\delta_r'=-\tfrac{1}{2}\cdot 3\,(1+\psi)\cdot\omega_1,\ \ \sigma_l'=\sigma_r'=\tfrac{1}{3};$$
$$\delta_u=+1\,\mu_u;$$

und man erhält nach entsprechender Vereinfachung:
$$X_M=M_{ac}=+\frac{\psi\cdot\omega_1}{(2+\psi)\,\psi\cdot\omega_1+\theta\,\mu_u}\cdot M,$$
$$M_{ca}=M_a+Ha=-\omega_1\cdot\frac{3\,(\psi+\theta\,\mu_u)-\psi}{\psi\,(2+\psi)\,\omega_1+\theta\,\mu_u}\cdot M,$$
$$M_{cd}=M+M_{ca}=+\left(1-\omega_1\cdot\frac{3\,(\psi+\theta\,\mu_u)-\psi}{\psi\,(2+\psi)\,\omega_1+\theta\,\mu_u}\right)\cdot M.$$

Grundfall 5. Zwei polarsymmetrische Momente ΔM an den oberen Knotenpunkten. Wir setzen:

$$\Delta M = \gamma_0 \cdot P a \pm \mu_0 \cdot \Delta X_M \,.$$

Es wirken die Eckmomente:

am Rahmen: $\qquad M_{ac} = \Delta X_M \,,$

$\qquad\qquad\qquad M_{ca} = \Delta X_M \,,$

$\qquad\qquad\qquad M_{cd} = \Delta X_M + \gamma_0 P a + \mu_0 \cdot \Delta X_M \,;$

am Balken: $\qquad M_{ab} = -\mu_u \cdot \Delta X_M \,.$

Aus denselben folgt:

$$\varkappa_0 \sigma_0 = +\tfrac{1}{8}\gamma_0 \,, \qquad \delta_0 \sigma_0 = +\tfrac{1}{8} \,, \qquad \delta_l = 1 \,, \qquad \delta_u \sigma_u = +\tfrac{1}{8}\mu_u \,;$$

$$\delta_0' \sigma_0' = +\tfrac{1}{8} \cdot \mu_0 \,,$$

und man erhält:

$$\Delta X_M = M_{ac} = M_{ca} = -\frac{\gamma_0}{1 + 6\psi + \Theta\mu_u \pm \mu_0} \cdot P a \,,$$

$$M_{cd} = +\frac{(6\psi + \theta\mu_u)\gamma_0}{1 + 6\psi + \theta\mu_u \pm \mu_0} \cdot P a \,.$$

Grundfall 6. Zwei symmetrische Momente M an den unteren Rahmenecken.

Zufolge Grundfall 10 (§ 27) ist:

$$H = -3(1+\psi)\,\omega_1 \cdot \frac{M}{a} - 3(1+\psi) \cdot \omega_1 \cdot \frac{X_M}{a} \,.$$

Es wirken die Eckmomente:

am Rahmen: $M_{ac} = M + X_M \,,$

$\qquad\qquad M_{ca} = M - 3(1+\psi)\,\omega_1 \cdot M - 3(1+\psi) \cdot \omega_1 \cdot X_M + X_M \,;$

am Balken: $M_{ab} = -\mu_u X_M \,.$

Aus denselben folgt:

$$\varkappa_l = \varkappa_r = +1 \,, \qquad\qquad \sigma_l = \sigma_r = \tfrac{1}{2} \,;$$

$$\varkappa_l' = \varkappa_r' = -\tfrac{1}{2} \cdot 3(1+\psi) \cdot \omega_1 \,, \qquad \sigma_l' = \sigma_r' = \tfrac{1}{2} \,;$$

und man erhält:

$$X_M = -\frac{[2 \cdot \tfrac{1}{2} - 2 \cdot \tfrac{1}{2} \cdot (1+\psi)\,\omega_1]\,\psi}{\psi(2+\psi)\,\omega_1 + \theta\mu_u} \cdot M = -\frac{\psi(2+\psi)\,\omega_1}{\psi(2+\psi)\,\omega_1 + \theta\mu_u} \cdot M \,,$$

$$M_{ac} = +\frac{\theta\mu_u}{\psi(2+\psi)\,\omega_1 + \theta\mu_u} \cdot M \,,$$

$$M_{ca} = -\frac{\mu_u\,\theta \cdot \psi \cdot \omega_1}{\psi(2+\psi)\,\omega_1 + \theta\mu_u} \cdot M \,.$$

Grundfall 7. Zwei polarsymmetrische Momente ΔM an den unteren Rahmenecken. Wir setzen:

$$\Delta M = \gamma_h \cdot \mathfrak{M} = \gamma_h \, P a \,.$$

Eckmomente am Rahmen:

$$M_{ac} = +\Delta X_M + \Delta M \,,$$
$$M_{ca} = M_{cd} = +\Delta X_M + \Delta M \,;$$

Eckmoment am Balken:

$$M_{ab} = -\mu_u \cdot \Delta X_M \,.$$

Es folgen daraus die $\varkappa$-Werte:

$$\varkappa_l = +1 \,, \qquad \varkappa_0 \sigma_0 = +\tfrac{1}{6} \,,$$

und man erhält:

$$\Delta X_M = -\frac{1 + 6\,\psi}{1 + 6\,\psi + \Theta\mu_u} \cdot \gamma_h \cdot P a \,,$$

$$M_{ac} = M_{ca} = M_{cd} = +\frac{\theta\mu_u \cdot \gamma_h}{1 + 6\,\psi + \theta\mu_u} \cdot P a \,.$$

Grundfall 8. Zwei symmetrische Momente an den Balkenenden ($M = \gamma_u \cdot \mathfrak{M}$). Es ergeben sich die Eckmomente:

$$M_{ac} = -X_M \,,$$
$$M_{ca} = +X_M + H \cdot a = +X_M - 3(1 + \psi)\,\omega_1 X_M = -\psi_1\,\omega_1 X_M \,, \quad \text{(Grund-}$$
$$\text{fall 10, § 27.)}$$
$$M_{ab} = +\gamma_u \cdot \mathfrak{M} - \mu_u \cdot X_M \,.$$

Aus denselben folgt:

$$\varkappa_u = -\gamma_u \,.$$

Mithin erhält man:

$$X_M = M_{ac} = +\frac{\gamma_u}{\psi(2 + \psi)\,\omega_1 + \theta\mu_u} \cdot \mathfrak{M} \,,$$

$$M_{ab} = \gamma_u \cdot \left(1 - \frac{\mu_u}{\psi(2 + \psi)\,\omega_1 + \theta\mu_u}\right) \cdot \mathfrak{M} \,,$$

$$M_{ca} = -\frac{\gamma_u \cdot \psi \cdot \omega_1}{\psi(2 + \psi)\,\omega_1 + \theta\mu_u} \cdot \mathfrak{M} \,.$$

Grundfall 9. Zwei polarsymmetrische Momente ($\Delta M = \gamma_u \cdot P a$ an den Balkenenden. Es sind die Eckmomente:

$$M_{ac} = +\Delta X_M \,,$$
$$M_{ca} = +\Delta X_M \,,$$
$$M_{ab} = +\gamma_u \cdot P \cdot a - \mu_u \cdot \Delta X_M \,.$$

Aus denselben folgt:

$$x_u \cdot \sigma_u = -\tfrac{1}{8} \cdot \gamma_u ,$$

$$\Delta X_M = M_{ac} = M_{ca} = + \frac{\Theta \gamma_u}{1 + 6\,\psi + \Theta\,\mu_u} \cdot P a ,$$

$$M_{ab} = + \frac{(1 + 6\,\psi)\,\gamma_u}{1 + 6\,\psi + \theta\,\mu_u} \cdot P a .$$

Mit Hilfe dieser Grundfälle erfolgt die Bestimmung der Eckmomente für zusammengesetzte Belastung durch entsprechende Summierung aus den vorstehend ermittelten Ausdrücken. Es handelt sich beispielsweise um folgenden aus Fig. 101 ersichtlichen Belastungsfall. Die Belastungen seien gegeben durch die Ausdrücke:

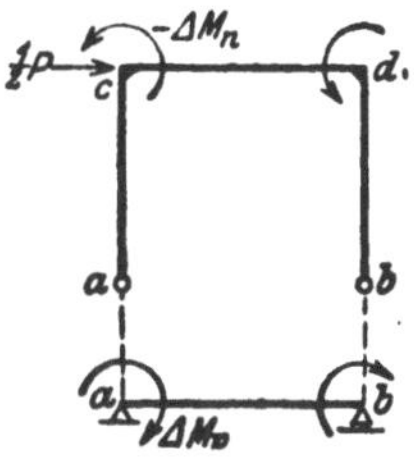

$$\tfrac{1}{2}P , \qquad -\Delta M_o = +\Delta\gamma \cdot P \cdot a - \Delta\beta \cdot \Delta X_M ,$$

$$\Delta M_u = +\tfrac{1}{4} \cdot P \cdot a .$$

Fig. 101.

Der Zähler von ΔX_M setzt sich demnach aus folgenden Gliedern zusammen:

zufolge Grundfall 2 (Belastung $\tfrac{1}{2}\,P$): $\quad \tfrac{1}{4}(1 + 3\,\psi) ,$

zufolge Grundfall 5 (Belastung ΔM_o): $\quad +\Delta\gamma ,$

zufolge Grundfall 9 (Belastung ΔM_u): $\quad -\theta \cdot \gamma_u = -\tfrac{1}{4}\,\theta$ [1].

Der Nenner entspricht zufolge der Belastung ΔM_0 demjenigen aus Grundfall 5; entsprechend den Beiwerten von ΔX_M ist:

$$\mu_o = -\Delta\beta , \qquad \mu_u = 1 .$$

Mithin ist anzuschreiben:

$$\Delta X_M = -\frac{1}{4} \cdot \frac{1 + 3\,\psi + 4 \cdot \Delta\gamma - \theta}{1 + 6\,\psi + \theta - \Delta\beta} \cdot P \cdot a .$$

§ 32. Berechnung eines dreifeldrigen Rahmenbalkenträgers.

Das in § 30 erläuterte Verfahren soll zunächst an einem ganz einfachen Fall, an dem in Fig. 102 dargestellten Rahmenbalkenträger mit drei Feldern durchgeführt werden und anschließend daran ein in der Literatur wiederholt behandeltes Zahlenbeispiel auch hier an der Hand der entwickelten Ableitungen nachgerechnet werden. Der Angriffspunkt der Last P liege, wie nunmehr stets angenommen werden soll, in einem oberen und unteren Knotenpunkt.

1. Vertikale Belastung:

a) Teilbelastung I a.

Vier gleichgerichtete Kräfte $\tfrac{1}{4}\,P$ in den vier mittleren Knotenpunkten. Entsprechend dem in § 30 angegebenen Rechnungsweg er-

---

[1] Das Vorzeichen der Zählerglieder ist entsprechend dem den Formeln für ΔX_M vorzusetzenden Minuszeichen zu beachten.

folgt die Untersuchung für den zweigeschossigen Stockwerksrahmen mit den beiden Teilsystemen des gelenkig gelagerten Rahmens 1 (A) und des eingespannten Rahmens 2 (B) (Fig. 102 b). Aus den Abmessungen des Rahmenbalkens folgen die Beiwerte:

$$\psi_1 = \frac{a}{h} \cdot \frac{T_1}{J_1}\,, \qquad \psi_2' = \frac{1}{2} \cdot \frac{a}{h} \cdot \frac{T_2}{J_2} = \tfrac{1}{2}\,\psi_2\,, \qquad \theta = \frac{T_1}{J_2}\,.$$

Zufolge Grundfall 13 (§ 27) ist dann für das Rahmenfach 2:

$$\varDelta M_{bd} = -\frac{6\,\psi_2'}{1 + 6\,\psi_2'} \cdot \varDelta X_M = -\frac{3\,\psi_2}{1 + 3\,\psi_2} \cdot \varDelta X_M = -3\,\psi_2 \cdot \omega_{13}^2 \cdot \varDelta X_M\,.$$

In Grundfall 2 ist daher zu setzen:

$$\mu_u = 3\,\psi_2\,\omega_{13}^2\,,$$

und es ist anzuschreiben:

$$\varDelta X_M = -\frac{1}{4} \cdot \frac{1 + 3\,\psi_1}{1 + 6\,\psi_1 + 3\,\theta \cdot \psi_2\,\omega_{13}^2} \cdot Pa = -\tfrac{1}{4}\,\Omega_P Pa\,.$$

Damit ergeben sich die Eckmomente für die Teilbelastung Ia:

$$\left.\begin{aligned}
\varDelta M_{ab} &= \varDelta M_{ac} = +\tfrac{1}{4}\,(1 - \Omega_P) \cdot Pa \\
\varDelta M_{ba} &= -\tfrac{1}{4} \cdot \Omega_P \cdot Pa \\
\varDelta M_{bd} &= +\tfrac{3}{4} \cdot \psi_2\,\omega_{13}^2 \cdot \Omega_P \cdot Pa \\
\varDelta M_{bb'} &= +\omega_{13}^2 \cdot \varDelta X_M = -\tfrac{1}{4} \cdot \omega_{13}^2 \cdot \Omega_P \cdot Pa
\end{aligned}\right\} \tag{1}$$

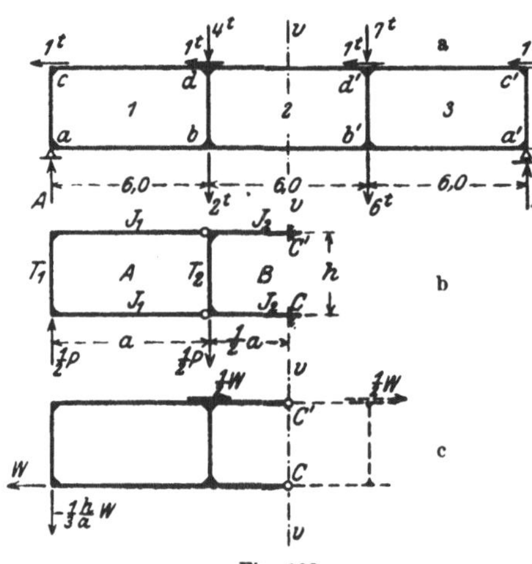

Fig. 102.

b) Teilbelastung IIa.

Polarsymmetrische Knotenlasten $\tfrac{1}{4}P$ in bezug auf die Achse v—v. Aus der Gleichgewichtsbedingung folgen die Auflagerkräfte:

$$A = -B = \tfrac{1}{8}P\,.$$

Die Untersuchung für die vorliegende Teilbelastung deckt sich, wie in § 30 begründet wurde, mit der Berechnung eines zweigeschossigen Stockwerksrahmens, der in den Fußpunkten (C und C') gelenkig gelagert ist (Fig. 102 c). Die beiden Lasten $\tfrac{1}{4}P$ seien in den oberen Ecken des um 90° gedrehten Rahmenfaches 2 angreifend gedacht. Es folgen dann zur Herstellung des

Gleichgewichts an den Trennungsstellen die Gegenkräfte $\tfrac{1}{12}P$; damit ergeben sich die Belastungen:

am Rahmenfach 1: $\qquad \tfrac{1}{6}P, \qquad \varDelta' X_M$;

am Rahmenfach 2: $\qquad -\tfrac{1}{6}P, \qquad -\varDelta' X_M$;

und hieraus die Eckmomente:

am Rahmenfach 1: $\quad \varDelta' M_{ac} = +\tfrac{1}{12}Pa + 1 \cdot \varDelta' X_M$,

$\qquad\qquad\qquad\qquad \varDelta' M_{ba} = +1 \cdot \varDelta' X_M$,

am Rahmenfach 2: $\quad \varDelta' M_{bd} = -\tfrac{1}{12}Pa - 1 \cdot \varDelta' X_M$.

Mithin:

$$\varDelta' X_M = -\frac{1}{12} \cdot \frac{1+3\psi_1+\theta}{1+6\psi_1+\theta} \cdot Pa = -\frac{1}{12}\left(1 - \frac{3\psi_1}{1+6\psi_1+\theta}\right)\cdot Pa$$

$$= -\tfrac{1}{12}(1 - 3\varDelta\Omega_P)\cdot Pa$$

und man erhält für die Eckmomente:

$$\left.\begin{aligned}
\varDelta' M_{ab} &= +\tfrac{1}{4} \cdot \varDelta\Omega_P \cdot Pa, \\
\varDelta' M_{ba} &= -\tfrac{1}{12}(1 - 3\varDelta\Omega_P)\cdot Pa \\
\varDelta' M_{bd} &= -\tfrac{1}{4} \cdot \varDelta\Omega_P \cdot Pa \\
\varDelta' M_{bb'} &= -\tfrac{1}{12}Pa
\end{aligned}\right\} \qquad (2)$$

Damit sind alle für die Berechnung des Tragwerkes bei vertikaler Belastung erforderlichen Bestimmungsstücke gegeben.

2. Wagrechte Belastung.

In irgendeinem Knotenpunkte, z. B. in d wirke eine wagrechte Last W. Diese kann zerlegt werden in zwei halbe symmetrische Lasten $\tfrac{1}{2}W$ in jedem der beiden Knotenpunkte d und d', welche nur Längskräfte im Rahmenstab $d\,d'$ verursachen, und in zwei halbe gleichgerichtete, d. i. polarsymmetrische Lasten $\tfrac{1}{4}W$. Letztere erzeugen im festen Auflager eine wagrechte Gegenkraft W und eine vertikale Auflagerkraft:

$$A = -B = -\frac{1}{3} \cdot \frac{h}{a} \cdot W.$$

Die Gleichgewichtsbedingung in bezug auf die Schnittpunkte der Achse $v-v$ mit den Achsen des Ober- und des Untergurtes erfordert, daß das Moment in den Gurtmitten gleich Null sein muß. Die gegebene Belastung ruft demnach polarsymmetrische Momente und eine polarsymmetrische Formänderung im Tragwerk in bezug auf beide Symmetrieachsen hervor; sie entspricht somit der Teilbelastung II a, also im vorliegenden Sonderfall der Untersuchung eines zweigeschossigen, gelenkig gelagerten Stockwerksrahmens, der in der Höhe seines oberen Riegels eine wagrechte Einzellast $A = -\dfrac{1}{3} \cdot \dfrac{h}{a} \cdot W$ trägt (Fig. 102c). Diese ergibt die in den beiden Teilsystemen anzubringenden Belastungen:

im Rahmenfach 1: $A = -\dfrac{1}{3} \cdot \dfrac{h}{a} \cdot W, \qquad \Delta X_M\,;$

im Rahmenfach 2: $A = -\dfrac{1}{3} \cdot \dfrac{h}{a} \cdot W, \qquad -\Delta X_M\,.$

Dieselben erzeugen die Eckmomente:

im Rahmenfach 1: $\Delta M_{ab} = \Delta M_{ac} = -\tfrac{1}{6} \cdot W \cdot h + 1 \cdot \Delta X_M\,,$

$$\Delta M_{ba} = +1 \cdot \Delta X_M\,,$$

im Rahmenfach 2: $\Delta M_{bd} = -\tfrac{1}{12} \cdot W \cdot h - 1 \cdot \Delta X_M\,.$

Hieraus folgen die $\varkappa$-Werte:

$$\varkappa_l = -\tfrac{1}{2} \cdot \tfrac{1}{3}\,, \qquad \varkappa_o \sigma_o = -\tfrac{1}{6} \cdot \tfrac{1}{3}\,, \qquad \varkappa_u \sigma_u = +\tfrac{1}{6} \cdot \tfrac{1}{12}\,,$$

und man erhält:

$$\Delta X_M = +\frac{1}{12} \cdot \frac{2 + 6\,\psi_1 - \theta}{1 + 6\,\psi_1 + \theta} \cdot W \cdot h = +\tfrac{1}{12} \cdot \Omega_W \cdot W\,h\,.$$

Es sind daher die Eckmomente:

$$\left.\begin{aligned}
\Delta M_{ab} &= -\tfrac{1}{12}\,(2 - \Omega_W) \cdot W\,h \\
\Delta M_{ba} &= +\tfrac{1}{12}\,\Omega_W \cdot W\,h \\
\Delta M_{bd} &= -\tfrac{1}{12} \cdot (1 + \Omega_W) \cdot W\,h \\
\Delta M_{bb'} &= -\tfrac{1}{12} \cdot W\,h
\end{aligned}\right\} \qquad (3)$$

3. Wirkung von Temperaturänderungen.

Der Obergurt erfahre gegenüber dem Untergurt eine Temperaturerhöhung Δt. Die auftretenden Spannungen und Formänderungen des Tragwerkes sind symmetrisch in bezug auf die Achse v—v. Es liegt wieder der in § 27, 2 behandelte Fall eines Stockwerkrahmens mit fester Einspannung vor, dessen eine Seite bei ungeänderter Länge aller übrigen Tragglieder um das Maß $\varepsilon \cdot \Delta t$ gegenüber der anderen Seite sich vergrößert. Die an den Trennungsstellen der beiden Teilsysteme 1 und 2 anzubringenden Ständerfußmomente ΔX_M ergeben sich durch sinngemäße Anwendung der Gleichung (22) (§ 27, 2) auf den vorliegenden Belastungsfall, wenn man ω_9^1 durch ω_{13}^2, ψ_1 durch $\tfrac{1}{2}\,\psi_2$, ψ_2 durch ψ_1, J_m^1 durch T_2, l durch h und h_1 durch $\tfrac{1}{2}\,a$ ersetzt. Das negative Vorzeichen des Beiwertes ist mit einem positiven zu vertauschen, da sich die in § 27 abgeleitete Gleichung auf eine Verlängerung des linken Ständers bezieht. Es ist also anzuschreiben:

$$\Delta X_M^i = + \frac{\theta \cdot (6 + 3\,\omega_{13}^2)}{1 + 6\,\psi_1 + 3\,\psi_2\,\omega_{13}^2 \cdot \theta} \cdot \frac{\varepsilon\,ET_2}{h^2} \cdot a \cdot \Delta t = + \Omega_t \cdot \frac{\varepsilon\,ET_2}{h^2} \cdot a \cdot \Delta t.$$

Damit folgen mit Rücksicht auf die Grundfälle 11, 13 und 17 (§ 27) aus der Belastung ΔX_M^i:

$$\left.\begin{aligned}
\Delta M_{ab} = \Delta M_{ba} &= + \Delta X_M^i = + \Omega_t \cdot \frac{\varepsilon\,ET_2}{h^2} \cdot a \cdot \Delta t \\[2mm]
\Delta M_{bd} &= + 3\,\omega_{13}^2 \cdot \frac{\varepsilon\,ET_2}{h^2} \cdot a \cdot \Delta t - 3\,\psi_2\,\omega_{13}^2 \cdot \Delta X_M^i \\[2mm]
&= + (3 - 3\,\psi_2\,\Omega_t)\,\omega_{13}^2 \cdot \frac{\varepsilon\,ET_2}{h^2} \cdot a \cdot \Delta t \\[2mm]
\Delta M_{bb'} &= + 3\,\omega_{13}^2 \cdot \frac{\varepsilon\,ET_2}{h^2} \cdot a \cdot \Delta t + \omega_{13} \cdot \Delta X_M^i \\[2mm]
&= + (3 + \Omega_t)\,\omega_{13}^2 \cdot \frac{\varepsilon\,ET_2}{h^2} \cdot a \cdot \Delta t
\end{aligned}\right\} \qquad (4)$$

4. Zahlenbeispiel.

Anschließend an die eben entwickelte Berechnung soll das von Mohr[1]) und daraufhin von Melan[2]) behandelte Beispiel eines dreifeldrigen Rahmenbalkenträgers nachgerechnet werden. Die Abmessungen und Belastungen des Tragwerkes sind aus Fig. 102a ersichtlich. Die Querschnittsträgheitsmomente seien gegeben durch:

$$J_1 = \frac{1}{4} \cdot \frac{a}{2E} \cdot 10^4, \quad J_2 = \frac{1}{2} \cdot \frac{a}{2E} \cdot 10^4, \quad T_1 = \frac{1}{10} \cdot \frac{a}{2E} \cdot 10^4, \quad T_2 = \frac{1}{12} \cdot \frac{a}{2E} \cdot 10^4.$$

Hierin ist $\frac{a}{E}$ ausgedrückt in $t^{-1}\,m^3$. Es ergeben sich damit die Verhältniswerte:

$$\theta = \frac{T_1}{T_2} = 1{,}2, \quad \psi_1 = \frac{a}{h} \cdot \frac{T_1}{J_1} = 0{,}8, \quad \psi_2 = \frac{a}{h} \cdot \frac{T_2}{J_2} = \tfrac{1}{3}, \quad \omega_{13}^2 = \frac{1}{1 + 3\,\psi_2} = 0{,}5.$$

Man erhält für die einzelnen Belastungsfälle:

a) Vertikale Belastung.

In den Gleichungen (1) ist für den vorliegenden Fall:

$$\Omega_P = \frac{1 + 3 \cdot 0{,}8}{1 + 6 \cdot 0{,}8 + 1{,}2 \cdot 0{,}5} = 0{,}5313 .$$

---

1) O. Mohr, a. a. O.
2) J. Melan, Der Brückenbau, 3. Band. 1. Hälfte, S. 308.

Die gesamte Belastung beträgt:

$$4 + 2 + 7 + 6 = 19\,\text{t}.$$

Man erhält daher für die Teilbelastung I a aus den Gleichungen (1):

$$\Delta M_{ab} = \Delta M_{ac} = +\tfrac{1}{4}(1 - 0{,}5313)\cdot 19{,}0\cdot 6{,}0 = +\tfrac{1}{4}\cdot 0{,}4687\cdot 114{,}0$$
$$= +13{,}36\,\text{tm}.$$

$$\Delta M_{ba} = -\tfrac{1}{4}\cdot 0{,}5313\cdot 19{,}0\cdot 6{,}0 = -0{,}1328\cdot 114{,}0 = -15{,}14\,\text{tm},$$

$$\Delta M_{bd} = +\tfrac{1}{4}\cdot\tfrac{1}{3}\cdot 0{,}5\cdot 0{,}5313\cdot 19{,}0\cdot 6{,}0 = +0{,}0664\cdot 114{,}0 = +7{,}57\,\text{tm},$$

$$\Delta M_{bb'} = -\tfrac{1}{4}\cdot 0{,}5\cdot 0{,}5313\cdot 19{,}0\cdot 6{,}0 = -0{,}0664\cdot 114{,}0 = -7{,}57\,\text{tm}.$$

Für die Teilbelastung II a ist:

$$\Delta\Omega_P = \frac{0{,}8}{1 + 6\cdot 0{,}8 + 1{,}2} = 0{,}1143\ .$$

Man erhält daher für die gegebenen Knotenlasten:

$$\Delta' M_{ab} = +\tfrac{1}{4}\cdot 0{,}1143\,(6{,}0 - 13{,}0)\cdot 6{,}0 = -0{,}0286\cdot 42{,}0 = -1{,}20\,\text{tm},$$

$$\Delta' M_{ba} = -\tfrac{1}{12}\cdot(1 - 3\cdot 0{,}1143)\,(6{,}0 - 13{,}0)\cdot 6{,}0 = +0{,}0548\cdot 42{,}0$$
$$= +2{,}30\,\text{tm},$$

$$\Delta' M_{bd} = -\tfrac{1}{4}\cdot 0{,}1143\cdot(6{,}0 - 13{,}0)\cdot 6{,}0 = +0{,}0286\cdot 42{,}0 = +1{,}20\,\text{tm},$$

$$\Delta' M_{bb'} = -\tfrac{1}{12}\cdot(6{,}0 - 13{,}0)\cdot 6{,}0 = +\tfrac{1}{12}\cdot 42{,}0 = +3{,}50\,\text{tm}.$$

Es sind mithin die tatsächlichen durch die gegebene vertikale Belastung hervorgerufenen Eckmomente:

$$M_{ab} = +13{,}36 - 1{,}20 = +12{,}16\,\text{tm}, \quad M_{a'b'} = +13{,}36 + 1{,}20 = +14{,}56\,\text{tm};$$

$$M_{ba} = -15{,}14 + 2{,}30 = -12{,}84\,\text{tm}, \quad M_{b'a'} = -15{,}14 - 2{,}30 = -17{,}44\,\text{tm};$$

$$M_{bd} = +7{,}57 + 1{,}20 = +8{,}77\,\text{tm}, \quad M_{b'd'} = +7{,}57 - 1{,}20 = +6{,}37\,\text{tm};$$

$$M_{bb'} = -7{,}57 + 3{,}50 = -4{,}07\,\text{tm}, \quad M_{b'b} = -7{,}57 - 3{,}50 = -11{,}07\,\text{tm};$$

Mit Hilfe der erhaltenen Werte für ΔX_M und $\Delta' X_M$ sind auch die Gurtkräfte bestimmt; sie folgen aus den Momentengleichungen für die Teilbelastungen I a und II a:

$$\tfrac{1}{2}\cdot 19{,}0\cdot 6{,}0 + 2\cdot 15{,}14 - \Delta H_1\cdot 3{,}0 = 0, \quad \text{hieraus:} \quad \Delta H_1 = +8{,}907\,\text{t},$$

$$2\cdot 15{,}14 - 2\cdot 7{,}57 - \Delta H_2\cdot 3{,}0 = 0, \quad \text{,,} \quad \Delta H_2 = +5{,}046\,\text{t},$$

$$\tfrac{1}{2}\cdot(6{,}0 - 13{,}0)\cdot 6{,}0 + 2\cdot 2{,}30 - \Delta' H_1\cdot 3{,}0 = 0, \quad \text{,,} \quad \Delta' H_1 = -0{,}800\,\text{t}.$$

Es sind daher die Gurtkräfte in den aufeinander folgenden Rahmenfachen:

$$H_1 = +8{,}907 - 0{,}800 = +8{,}107\,\text{t},$$
$$H_2 = +8{,}907 + 5{,}046 = +13{,}953\,\text{t},$$
$$H_3 = +8{,}907 + 0{,}800 = +9{,}707\,\text{t}.$$

Die Pfostenkräfte ergeben sich aus den statischen Gleichgewichtsbedingungen. In den Mittelpfosten entstehen sie nur infolge der symmetrischen Teilbelastung aus den an den betreffenden Knoten unmittelbar angreifenden Einzellasten; in den Endpfosten folgen sie aus den Auflagerreaktionen, also aus der polarsymmetrischen Teilbelastung. Man erhält daher im vorliegenden Fall:

$$V_1 = \tfrac{1}{2}A = \tfrac{1}{2}(\tfrac{2}{3}\cdot 6 + \tfrac{1}{3}\cdot 13) = 4{,}167\,\text{t},$$
$$V_2 = \tfrac{1}{2}\cdot(4 - 2) = 1{,}000\,\text{t},$$
$$V_3 = \tfrac{1}{2}\cdot(7 - 6) = 0{,}500\,\text{t},$$
$$V_4 = \tfrac{1}{2}B = \tfrac{1}{2}(\tfrac{1}{3}\cdot 6 + \tfrac{2}{3}\cdot 13) = 5{,}333\,\text{t}.$$

b) Wagrechte Belastung.

In den Gleichungen (3) ist:

$$\Omega_W = \frac{2 + 6\cdot 0{,}8 - 1{,}2}{1 + 6\cdot 0{,}8 + 1{,}2} = 0{,}800\,,$$

und man erhält für die gegebene wagrechte Belastung von vier Knotenlasten von der Größe von je $-1{,}0\,\text{t}$ die Eckmomente:

$$M_{ab} = +\tfrac{1}{12}\cdot(2 - 0{,}8)\cdot 4\cdot 1{,}0\cdot 3{,}0 = +1{,}20\,\text{tm}, \qquad M_{a'b'} = -1{,}20\,\text{tm};$$
$$M_{ba} = -\tfrac{1}{12}\cdot 0{,}8\cdot 4\cdot 1{,}0\cdot 3{,}0 = -0{,}80\,\text{tm}, \qquad M_{b'a'} = +0{,}80\,\text{tm};$$
$$M_{bd} = +\tfrac{1}{12}\cdot(1 + 0{,}8)\cdot 4\cdot 1{,}0\cdot 3{,}0 = +1{,}80\,\text{tm}, \qquad M_{b'd'} = -1{,}80\,\text{tm};$$
$$M_{bb'} = +\tfrac{1}{12}\cdot 4\cdot 1{,}0\cdot 3{,}0 = +1{,}00\,\text{tm}, \qquad M_{b'b} = -1{,}00\,\text{tm}.$$

Für die Gurtkräfte ergibt sich:

$$H_1 = H_3 = -1{,}0 + \frac{1}{3{,}0}\cdot \underbrace{(0{,}667\cdot 6{,}0 - 2\cdot 0{,}80)}_{A} = -0{,}20\,\text{t},$$
$$H_2 = 0\,.$$

In den Pfosten entstehen die Kräfte:

$$V_1 = +0{,}333\,\text{t}, \quad V_2 = 0 \quad V_3 = 0\,,\cdot \quad V_4 = -0{,}333\,\text{t}.$$

c) Temperaturkräfte.

Die Verlängerung des Obergurtes betrage:

$$\Delta_a = \varepsilon\cdot \Delta t\cdot a = \frac{1}{2\cdot 10^5}\cdot a\,.$$

Es ist dann:

$$\frac{\varepsilon\cdot E\cdot T_2}{h^2}\cdot a\cdot \Delta t = \frac{1}{2\cdot 10^5}\cdot \frac{a\cdot 10^4}{24}\cdot \frac{a}{h^2} = \frac{5}{24}\cdot\left(\frac{a}{h}\right)^2 = 0{,}833\,\text{tm}.$$

Es folgt aus Gleichung (4):

$$\Omega_t = \frac{3\cdot 1{,}2\cdot(2 + 0{,}5)}{1 + 6\cdot 0{,}8 + 0{,}5\cdot 1{,}2} = 1{,}405\,,$$

und man erhält:

$$M_{ab} = +1,405 \cdot 0,833 = +1,17 \text{ tm},$$
$$M_{ba} = +1,405 \cdot 0,833 = +1,17 \text{ tm},$$
$$M_{bd} = +0,5 \, (3 - 1,405) \cdot 0,833 = +0,66 \text{ tm},$$
$$M_{bb'} = +0,5 \, (3 + 1,405) \cdot 0,833 = +1,84 \text{ tm}.$$

In den Pfosten entstehen keine Längskräfte. Für die Gurtkräfte ergibt sich:

$$H_1 = + \frac{1}{3,0} \cdot 2 \cdot 1,17 = +0,78 \text{ t},$$

$$H_2 = + \frac{1}{3,0} \cdot 2 \cdot 1,84 = +1,22 \text{ t}.$$

Die Resultate stimmen mit denen der angegebenen Literaturquelle vollständig überein. Die einfache und unmittelbar sich ergebende Ableitung, die fast mühelos ermöglichte Durchführung der Berechnung, deren bequem zu erreichende Genauigkeit werden für die praktische Brauchbarkeit des angegebenen Verfahrens sprechen.

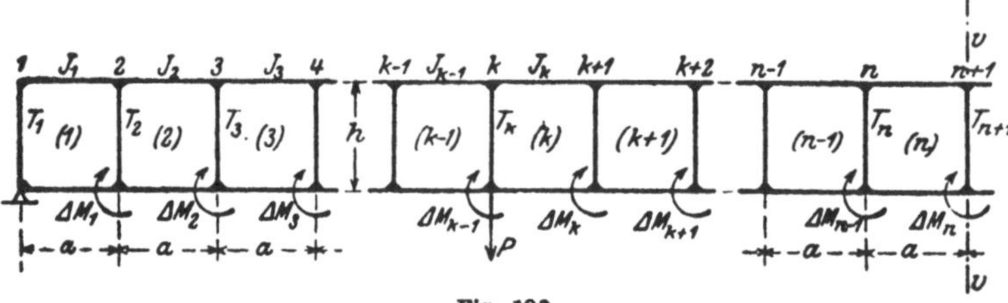

Fig. 103.

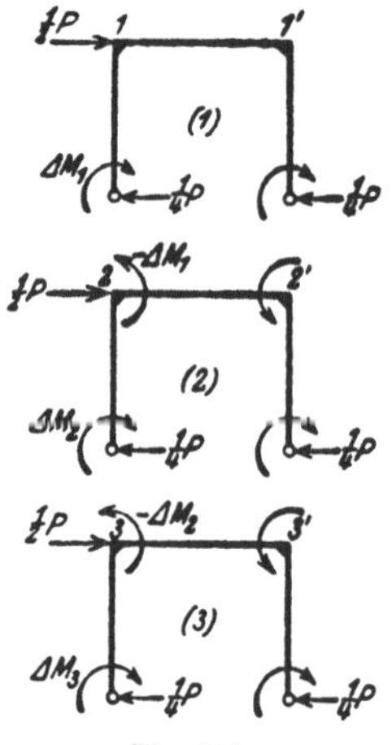

Fig. 104.

§ 33. Berechnung des Rahmenbalkenträgers mit beliebig vielen Feldern.

Als überzählige Größen sind, wie im vorhergehenden, die an den Rahmenecken wirkenden Momente ΔM_1, $\Delta M_2 \ldots$ der aufeinander folgenden Rahmenfache 1, 2 ... zu ermitteln (Fig. 103.)

1. Vertikale Belastung.

Am oberen oder unteren Knotenpunkte des $k$ten Rahmenfaches, also in der Richtung des Pfostens k wirke eine Einzellast P.

a) Teilbelastung I a.

α) Beziehungen zwischen den Momenten ΔM_1, $\Delta M_2 \ldots$ der äußeren unbelasteten Rahmenfache (Fig. 104).

Die Belastungen der beiden ersten Rahmenfache 1 und 2 sind:

am Fach 1: $\tfrac{1}{2} P$,   am Fach 2: $\tfrac{1}{2} P$, ΔM_2 .

Zufolge der Grundfälle 2 und 9 ist anzuschreiben:

$$\left.\begin{aligned}
\varDelta M_1 &= -\frac{1}{4}\cdot\frac{1+3\,\psi_1-\theta_1}{1+6\,\psi_1+\theta_1}\cdot Pa + \frac{\theta_1}{1+6\,\psi_1+\theta_1}\cdot \varDelta M_2\\
&= -\varDelta\gamma_1\cdot Pa + \varDelta\beta_1\cdot \varDelta M_2
\end{aligned}\right\} \quad (1)$$

Die Belastungen der Rahmenfache 2 und 3 sind:

am Fach 2: $\tfrac{1}{2}P$, $-\varDelta M_1 = +\varDelta\gamma_1\cdot Pa - \varDelta\beta_1\cdot \varDelta M_2$;

am Fach 3: $\tfrac{1}{2}P$, $\varDelta M_3$.

Man erhält hier und in den folgenden Rahmenfachen infolge der gleichen Belastungen zufolge der Grundfälle 2, 5 und 9:

$$\left.\begin{aligned}
\varDelta M_2 &= -\frac{1}{4}\cdot\frac{1+3\,\psi_2-\theta_2+4\varDelta\gamma_1}{1+6\,\psi_2+\theta_2-\varDelta\beta_1}\cdot Pa + \frac{\theta_2}{1+6\,\psi_2+\theta_2-\varDelta\beta_1}\cdot \varDelta M_3\\
&= -\varDelta\gamma_2\cdot Pa + \varDelta\beta_2\cdot \varDelta M_3\\[4pt]
&\cdots\cdots\cdots\cdots\cdots\cdots\cdots\cdots\cdots\cdots\cdots\cdots\\[4pt]
\varDelta M_{k-2} &= -\frac{1}{4}\cdot\frac{1+3\,\psi_{k-2}-\theta_{k-2}+4\varDelta\gamma_{k-3}}{1+6\,\psi_{k-2}+\theta_{k-2}-\varDelta\beta_{k-3}}\cdot Pa\\
&\quad + \frac{\theta_{k-2}}{1+6\,\psi_{k-2}+\theta_{k-2}-\varDelta\beta_{k-3}}\cdot \varDelta M_{k-1}\\
&= -\varDelta\gamma_{k-2}\cdot Pa + \varDelta\beta_{k-2}\cdot \varDelta M_{k-1}
\end{aligned}\right\} \quad (1')$$

Aus den Gleichungen folgt durch Vereinigung der beiden ersten, der dritten und vierten usw :

$$\varDelta M_1 = -(\varDelta\gamma_1 + \varDelta\beta_1\cdot \varDelta\gamma_2)\cdot Pa + \varDelta\beta_1\cdot \varDelta\beta_2\cdot \varDelta M_3 ,$$

$$\varDelta M_3 = -(\varDelta\gamma_3 + \varDelta\beta_3\cdot \varDelta\gamma_4)\cdot Pa + \varDelta\beta_3\cdot \varDelta\beta_4\cdot \varDelta M_5 ,$$

$$\varDelta M_5 = -(\varDelta\gamma_5 + \varDelta\beta_5\cdot \varDelta\gamma_6)\cdot Pa + \varDelta\beta_5\cdot \varDelta\beta_6\cdot \varDelta M_7 .$$

$$\cdots\cdots\cdots\cdots\cdots\cdots\cdots\cdots\cdots$$
$$\cdots\cdots\cdots\cdots\cdots\cdots\cdots\cdots\cdots$$

Durch Zusammenziehung je zweier unmittelbar aufeinander folgender Gleichungen der neu erhaltenen Ausdrücke erhält man die weiteren Formen:

$$\varDelta M_1 = -\left(\varDelta\gamma_1 + \varDelta\gamma_2\cdot \varDelta\beta_1 + \varDelta\gamma_3\cdot \prod_1^2 \varDelta\beta + \varDelta\gamma_4\cdot \prod_1^3 \varDelta\beta\right)Pa$$

$$\quad + \left(\prod_1^4 \varDelta\beta\right)\cdot \varDelta M_5 ,$$

$$\varDelta M_5 = -\left(\varDelta\gamma_5 + \varDelta\gamma_6\cdot \varDelta\beta_5 + \varDelta\gamma_7\cdot \prod_5^6 \varDelta\beta + \varDelta\gamma_8\cdot \prod_5^7 \varDelta\beta\right)\cdot Pa$$

$$\quad + \left(\prod_5^8 \varDelta\beta\right)\cdot \varDelta M_9 .$$

$$\cdots\cdots\cdots\cdots\cdots\cdots\cdots\cdots\cdots\cdots\cdots$$
$$\cdots\cdots\cdots\cdots\cdots\cdots\cdots\cdots\cdots\cdots\cdots$$

Man erkennt hieraus als allgemeine Form der Ausdrücke für zwei beliebig entfernte Rahmenfachmomente:

$$\Delta M_c = -\sum_c^{k-1}\left[\Delta\gamma_p\cdot\left(\prod_c^{p-1}\Delta\beta\right)\right]\cdot P\,a + \left(\prod_c^{k-1}\Delta\beta\right)\cdot\Delta M_k\,. \tag{2}$$

Ist die Zahl der Felder keine allzu große, dann kann man die Beiwerte der aufeinander folgenden Rahmenfache am bequemsten der Reihe nach berechnen. Bei einer sehr großen Felderzahl kann es vielfach erwünscht sein, verschiedene beliebige Werte $\Delta\gamma_p$ und $\Delta\beta_p$ unmittelbar aus den Abmessungen und Beiwerten der einzelnen Rahmenfache zu berechnen. Setzt man in dem Ausdruck für $\Delta\gamma_p$:

$$\zeta_p = \tfrac{1}{4}(1 + 3\psi_p - \theta_p + 4\Delta\gamma_{p-1})\,, \qquad \nu_p = \frac{1}{1 + 6\psi_p + \theta_p - \Delta\beta_{p-1}}\,,$$

dann kann man die aufeinander folgenden Werte von ζ_p in der Form schreiben:

$$\zeta_1 = \tfrac{1}{4}(1 + 3\psi_1 - \theta_1)\,,$$
$$\zeta_2 = \tfrac{1}{4}(1 + 3\psi_2 - \theta_2 + 4\Delta\gamma_1) = \tfrac{1}{4}[(1 + 3\psi_2 - \theta_2) + (1 + 3\psi_1 - \theta_1)\cdot\nu_1]\,;$$
$$\zeta_3 = \tfrac{1}{4}[(1 + 3\psi_3 - \theta_3) + (1 + 3\psi_2 - \theta_2)\nu_2 + (1 + 3\psi_1 - \theta_1)\cdot\nu_1\nu_2]\,,$$
$$\cdot\;\cdot$$
$$\cdot\;\cdot$$
$$\zeta_p = \tfrac{1}{4}[(1 + 3\psi_p - \theta_p) + (1 + 3\psi_{p-1} - \theta_{p-1})\nu_{p-1}$$
$$+ (1 + 3\psi_{p-2} - \theta_{p-2})\nu_{p-2}\cdot\nu_{p-1} + \ldots]$$
$$= \frac{1}{4}\sum_1^p\left[(1 + 3\psi_c - \theta_c)\cdot\prod_c^{p-1}\nu\right] = \frac{1}{4}\sum_1^p\left(\zeta_c^0\cdot\prod_c^{p-1}\nu\right)\,.$$

Zur Berechnung der Werte $\Delta\beta$ setzen wir ferner:

$$\Delta\beta_p = \frac{\theta_p}{1 + 6\psi_p - \theta_p - \Delta\beta_{p-1}} = \frac{\theta_p}{\nu_p^0 - \Delta\beta_{p-1}} = \cfrac{\theta_p}{\nu_p^0 - \cfrac{\theta_{p-1}}{\nu_{p-1}^0 - \cfrac{\theta_{p-2}}{\nu_{p-2}^0 - \ldots}}}$$

Die aufeinanderfolgenden Näherungswerte $\dfrac{z_p}{n_p}$, $\dfrac{z_{p-1}}{n_{p-1}}\ldots$, d. h. die beim $p$ten, $(p-1)$ten ... Partialnenner abgeschnittenen Kettenbrüche sind:

$$\frac{z_p}{n_p} = \frac{\theta_p}{\nu_p^0}\,,$$
$$\frac{z_{p-1}}{n_{p-1}} = \frac{\nu_{p-1}^0\cdot z_p - \varnothing}{\nu_{p-1}^0\cdot n_p - \theta_{p-1}}\,,$$
$$\frac{z_{p-2}}{n_{p-2}} = \frac{\nu_{p-2}^0\cdot z_{p-1} - \theta_{p-2}z_p}{\nu_{p-2}^0\cdot n_{p-1} - \theta_{p-2}n_p}\,,$$
$$\cdot\;\cdot\;\cdot\;\cdot\;\cdot\;\cdot\;\cdot\;\cdot\;\cdot\;\cdot\;\cdot\;\cdot$$
$$\cdot\;\cdot\;\cdot\;\cdot\;\cdot\;\cdot\;\cdot\;\cdot\;\cdot\;\cdot\;\cdot\;\cdot$$
$$\frac{z_{p-k}}{n_{p-k}} = \frac{\nu_{p-k}^0\cdot z_{p-k+1} - \theta_{p-k}\cdot z_{p-k+2}}{\nu_{p-k}^0\cdot n_{p-k+1} - \theta_{p-k}\cdot n_{p-k+2}}\,,$$

Aus den so erhaltenen Näherungswerten ergibt sich für $\Delta\beta_p$ die Reihe:

$$\Delta\beta_p = \frac{\theta_p}{n_p} + \frac{\theta_p \cdot \theta_{p-1}}{n_p \cdot n_{p-1}} + \frac{\theta_p \cdot \theta_{p-1} \cdot \theta_{p-2}}{n_{p-1} \cdot n_{p-2}} + \cdots$$

mittels welcher bei einer sehr großen Felderzahl die Brüche $\Delta\beta_p$ aus den den einzelnen Rahmenfachen entsprechenden Beiwerten ν^0 nach dem erforderlichen Grade der Genauigkeit berechnet werden können.

β) Beziehungen zwischen den Momenten ΔM_n, ΔM_{n-1}, $\Delta M_{n-2} \ldots \Delta M_{k+1}$ der inneren unbelasteten Rahmenfache.

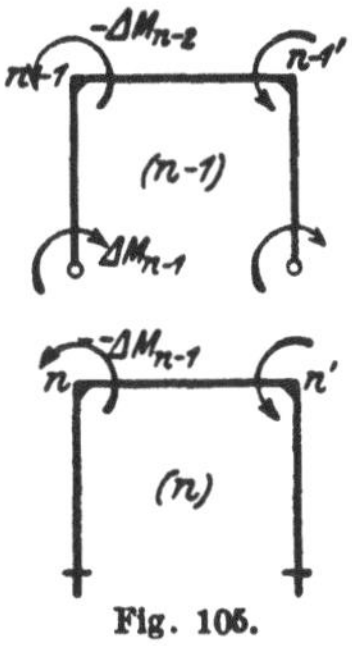

Im Falle einer geraden Felderzahl ist zufolge Grundfall 13, § 27:

$$\Delta M_n = +\omega_9^n \cdot \Delta M_{n-1}.$$

Bestimmung von ΔM_{n-1} (Fig. 105). Zufolge Grundfall 5 ist für den Fall einer geraden Felderzahl anzuschreiben:

Fig. 105.

$$\Delta M_{n-1} = + \frac{1}{1 + 6\psi_{n-1} + 6\psi'_n\omega_9^n \cdot \theta_{n-1}} \cdot \Delta M_{n-2} = +\Delta\beta'_{n-1} \cdot \Delta M_{n-2} \qquad (3)$$

und im Falle einer ungeraden Felderzahl:

$$\Delta M_{n-1} = + \frac{1}{1 + 6\psi_{n-1} + 3\psi_n\omega_{13}^n \cdot \theta_{n-1}} \cdot \Delta M_{n-2} = +\Delta\beta'_{n-1} \cdot \Delta M_{n-2}. \qquad (3')$$

Bestimmung von ΔM_{n-2}. Auf den Pfosten des Rahmenfaches $n-1$ wird infolge des Momentes $\Delta M_{n-1} = +\Delta\beta'_{n-1} \cdot \Delta M_{n-2}$ das Eckmoment $-(1 - \Delta\beta'_{n-1}) \cdot \Delta M_{n-2}$ übertragen. In Grundfall 5 ist daher $\mu_u = 1 - \Delta\beta'_{n-1}$ zu setzen, und es ist hier wie für alle weiteren Momente innerhalb der beiden symmetrisch belasteten Rahmenfache anzuschreiben:

$$\left.\begin{aligned}
\Delta M_{n-2} &= + \frac{1}{1 + 6\psi_{n-2} + \theta_{n-2}(1 - \Delta\beta'_{n-1})} \cdot \Delta M_{n-3} \\
&= +\Delta\beta'_{n-2} \cdot \Delta M_{n-3} \cdot \\
&\;\cdot\;\cdot\;\cdot\;\cdot\;\cdot\;\cdot\;\cdot\;\cdot\;\cdot\;\cdot\;\cdot\;\cdot\;\cdot\;\cdot\;\cdot\;\cdot\;\cdot\;\cdot \\
&\;\cdot\;\cdot\;\cdot\;\cdot\;\cdot\;\cdot\;\cdot\;\cdot\;\cdot\;\cdot\;\cdot\;\cdot\;\cdot\;\cdot\;\cdot\;\cdot\;\cdot\;\cdot \\
\Delta M_{k+1} &= + \frac{1}{1 + 6\psi_{k+1} + \theta_{k+1} \cdot (1 - \Delta\beta'_{k+2})} \cdot \Delta M_k \\
&= +\Delta\beta'_{k+1} \cdot \Delta M_k
\end{aligned}\right\} \qquad (3'')$$

Zwischen zwei Rahmenmomenten in beliebiger Entfernung ergibt sich daraus die Beziehung:

$$\Delta M_{k+p} = +\Delta\beta'_{k+p} \cdot \Delta\beta'_{k+p-1} \cdots \Delta\beta'_{k+1} \cdot \Delta M_k = +\left(\prod_{k+p}^{k+1} \Delta\beta'\right) \cdot \Delta M_k. \qquad (4)$$

γ) Berechnung von ΔM_{k-1} unter der vorläufigen Annahme, daß ΔM_k bekannt ist. Die Belastungen sind (Fig. 106):

am Rahmenfach $k-1$: $\quad -\Delta M_{k-2} = +\Delta\gamma_{k-2}\cdot Pa - \Delta\beta_{k-2}\cdot\Delta M_{k-1}$,

$$\tfrac{1}{2}P,$$

am Rahmenfach k: $\quad \Delta M_k$.

Zufolge der Grundfälle 2, 5 und 9 ist daher anzuschreiben:

$$\left.\begin{aligned}
\Delta M_{k-1} &= -\frac{1}{4}\cdot\frac{1+3\psi_{k-1}+4\Delta\gamma_{k-2}}{1+6\psi_{k-1}+\theta_{k-1}-\Delta\beta_{k-2}}\cdot Pa\\
&\quad + \frac{\theta_{k-1}}{1+6\psi_{k-1}+\theta_{k-1}-\Delta\beta_{k-2}}\cdot\Delta M_k\\
&= -\tfrac{1}{4}(\Delta\beta_{k-1}+4\cdot\Delta\gamma_{k-1})\cdot Pa+\Delta\beta_{k-1}\cdot\Delta M_k
\end{aligned}\right\} \quad (5)$$

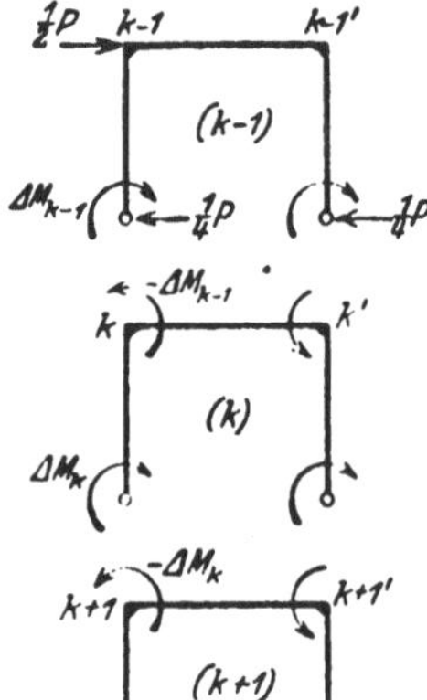

Fig. 106.

δ) Berechnung von ΔM_k. (Rahmenbedingung im Fach k). Als Belastung wirkt am Rahmenfach k (Fig. 106):

$$-\Delta M_{k-1}$$
$$= +\tfrac{1}{4}\cdot(\Delta\beta_{k-1}+4\Delta\gamma_{k-1})\cdot Pa - \Delta\beta_{k-1}\cdot\Delta M_k .$$

Auf den Pfosten des Rahmens $k+1$ wird das Moment:

$$\Delta M_{k+1} = +\Delta\beta'_{k+1}\cdot\Delta M_k$$

übertragen; folglich ist:

$$\mu_u = 1 - \Delta\beta'_{k+1} ,$$

und man erhält zufolge Grundfall 5:

$$\left.\begin{aligned}
\Delta M_k &= -\frac{\tfrac{1}{4}(\Delta\beta_{k-1}+4\Delta\gamma_{k-1})}{1+6\psi_k+\theta_k(1-\Delta\beta'_{k+1})-\Delta\beta_{k-1}}\cdot Pa\\
&= -\tfrac{1}{4}(\Delta\beta_{k-1}+4\cdot\Delta\gamma_{k-1})\cdot\Delta\beta_k^0\cdot Pa = -\Delta\gamma_k^0\cdot Pa
\end{aligned}\right\} \quad (6)$$

und durch Einsetzen dieses Wertes in den unter γ ermittelten Ausdruck für ΔM_{k-1}:

$$\Delta M_{k-1} = -\tfrac{1}{4}(\Delta\beta_{k-1}+4\cdot\Delta\gamma_{k-1})\cdot(1+\Delta\beta_{k-1}\cdot\Delta\beta_k^0)\cdot Pa . \quad (7)$$

In den Gleichungen ist:

$$\Delta\beta_k^0 = \frac{1}{1+6\psi_k+\theta_k\cdot(1-\Delta\beta'_{k+1})-\Delta\beta_{k-1}}$$

Grenzfall 1. $k = n$ Auf den Pfosten des Teilrahmens n wirkt das Eckmoment.

$$-(1 - \omega_9^n) \cdot \Delta M_{n-1},$$

mithin:

$$\Delta M_{n-1} = -\frac{1}{4} \cdot \frac{1 + 3\,\psi_{n-1} + 4\,\Delta\gamma_{n-2}}{1 + 6\,\psi_{n-1} - \Delta\beta_{n-2} + \theta_{n-1}(1 - \omega_9^n)} \cdot P a, \qquad (6')$$

$$\Delta M_n = +\omega_9^n \cdot \Delta M_{n-1}.$$

Im Falle ungerader Federzahl ist ω_9^n durch ω_{13}^n zu ersetzen.

Grenzfall 2. Last P am Mittelpfosten $n + 1$. Das auf den Pfosten n übertragene Eckmoment (§ 27, Grundfälle 7 und 13) ist:

$$+\tfrac{3}{4}\,\psi_n\,\omega_9^n \cdot P a - (1 - \omega_9^n)\,\Delta M_{n-1},$$

daher:

$$\Delta M_{n-1} = -\frac{1}{4} \cdot \frac{1 + 3\,\psi_{n-1} + 4\,\Delta\gamma_{n-2} - 3\,\theta_{n-1}\,\psi_n\,\omega_9^n}{1 + 6\,\psi_{n-1} - \Delta\beta_{n-2} + \theta_{n-1}(1 - \omega_9^n)} \cdot P a. \qquad (6'')$$

b) Teilbelastung II a.

An den beiden Auflagern entstehen die beiden entgegengesetzt gleichen Reaktionen:

$$A = \tfrac{1}{2}(1 - 2\,\xi)\,P = \tfrac{1}{2}[1 - 2\,(k - 1)\,\alpha] \cdot P.$$

Hierin ist:

$$\alpha = \frac{a}{l}.$$

α) Beziehungen zwischen den Momenten $\Delta' M_1$, $\Delta' M_2 \ldots$ der äußeren unbelasteten Rahmenfache.

Die entsprechenden Ausdrücke in der Teilbelastung I a werden hier lauten:

$$\left.\begin{aligned}
\Delta' M_1 &= -[1 - 2\,(k - 1)\,\alpha] \cdot \Delta\gamma_1 \cdot P a + \Delta\beta_1 \cdot \Delta' M_2 \\
\Delta' M_2 &= -[1 - 2\,(k - 1)\,\alpha] \cdot \Delta\gamma_2 \cdot P a + \Delta\beta_2 \cdot \Delta' M_3 \\
&\cdots\cdots\cdots\cdots\cdots\cdots\cdots\cdots\cdots\cdots\cdots \\
&\cdots\cdots\cdots\cdots\cdots\cdots\cdots\cdots\cdots\cdots\cdots \\
\Delta' M_{k-2} &= -[1 - 2\,(k - 1)\,\alpha] \cdot \Delta\gamma_{k-2} \cdot P a + \Delta\beta_{k-2} \cdot \Delta' M_{k-1}
\end{aligned}\right\} \qquad (8)$$

β) Beziehungen zwischen den aufeinander folgenden Momenten $\Delta' M_n$, $\Delta' M_{n-1} \ldots \Delta' M_{k+1}$ der inneren unbelasteten Rahmenfache.

Die Querkraft rechts des Lastangriffes von $\tfrac{1}{2} P$ ist:

$$Q = C = \tfrac{1}{2}P - \tfrac{1}{2}(1 - 2\,\xi)\,P = \xi P = (k - 1)\,\alpha\,P.$$

Bestimmung von $\Delta' M_n$ (für den Fall einer geraden Felderzahl). Die Belastungen am Rahmenfach n sind:

$$-\xi \cdot P, \qquad -\Delta M_{n-1}.$$

Auf den in der Richtung der vertikalen Symmetrieachse v—v liegenden mittleren Pfosten wirkt das Moment $-2 \cdot \Delta' M_n$; es ist also $\mu_u = 2$. Mithin ist zufolge der Grundfälle 2 und 5 anzuschreiben:

$$\left. \begin{aligned} \Delta'M_n &= +\frac{1}{2}\cdot\frac{1+3\,\psi_n}{1+6\,\psi_n+2\,\theta_n}\cdot\xi\cdot Pa + \frac{1}{1+6\,\psi_n+2\,\theta_n}\cdot\Delta'M_{n-1} \\ &= +\Delta'\gamma_n\cdot\xi Pa + \Delta'\beta_n\,\Delta'M_{n-1} \end{aligned} \right\} \quad (9)$$

Bestimmung von $\Delta'M_{n-1}$. Es wirken als Belastungen am Rahmen $n-1$: $-\xi P$ und $-\Delta M_{n-2}$. Auf den Pfosten des Rahmens n werden die Momente $\Delta'M_n - \frac{1}{2}\xi Pa$ übertragen; es entsteht daher an demselben das Eckmoment:

$$\Delta'M_n - \Delta'M_{n-1} - \tfrac{1}{2}\xi Pa = -\tfrac{1}{2}(1 - 2\,\Delta'\gamma_n)\cdot\xi Pa - (1 - \Delta'\beta_n)\cdot\Delta'M_{n-1}.$$

Es ist also zufolge der Grundfälle 2, 5 und 9 für den Fall einer geraden Felderzahl anzuschreiben:

$$\left. \begin{aligned} \Delta'M_{n-1} &= +\frac{1}{2}\cdot\frac{1+3\,\psi_{n-1} - \theta_{n-1}(1 - 2\,\Delta'\gamma_n)}{1+6\,\psi_{n-1}+\theta_{n-1}\cdot(1 - \Delta'\beta_n)}\cdot\xi Pa \\ &\quad + \frac{1}{1+6\,\psi_{n-1}+\theta_{n-1}\cdot(1 - \Delta'\beta_n)}\cdot\Delta'M_{n-2} \\ &= +\Delta'\gamma_{n-1}\cdot\xi\cdot Pa + \Delta'\beta_{n-1}\cdot\Delta'M_{n-2} \end{aligned} \right\} \quad (9')$$

Im Falle ungerader Felderzahl wird auf den Pfosten des Rahmens n das Moment $-\frac{1}{4}\xi Pa$ übertragen; das Eckmoment am Pfosten hat daher die Größe:

$$-\Delta''M_{n-1} - \tfrac{1}{4}\xi Pa,$$

also:

$$\mu_u = 1, \qquad \gamma_u = -\tfrac{1}{4};$$

mithin:

$$\left. \begin{aligned} \Delta''M_{n-1} &= +\frac{1}{4}\cdot\frac{2+6\,\psi_{n-1}-\theta_{n-1}}{1+6\,\psi_{n-1}+\theta_{n-1}}\cdot\xi Pa + \frac{1}{1+6\,\psi_{n-1}+\theta_{n-1}}\cdot\Delta'M_{n-2} \\ &= +\Delta''\gamma_{n-1}\cdot\xi Pa + \Delta''\beta_{n-1}\cdot\Delta'M_{n-2} \end{aligned} \right\} (9'')$$

Die weiteren Momente haben die gleiche Form wie $\Delta'M_{n-1}$; es ist daher:

$$\left. \begin{aligned} \Delta'M_{n-2} &= +\frac{1}{2}\cdot\frac{1+3\,\psi_{n-2} - \theta_{n-2}(1 - 2\,\Delta'\gamma_{n-1})}{1+6\,\psi_{n-2}+\theta_{n-2}\cdot(1 - \Delta'\beta_{n-1})}\cdot\xi\cdot Pa \\ &\quad + \frac{1}{1+6\,\psi_{n-2}+\theta_{n-2}\cdot(1 - \Delta'\beta_{n-1})}\cdot\Delta'M_{n-3} \\ &= +\Delta'\gamma_{n-2}\cdot\xi Pa + \Delta'\beta_{n-2}\cdot\Delta'M_{n-3} \\ &\quad\cdots\cdots\cdots\cdots\cdots\cdots\cdots\cdots\cdots\cdots \\ \Delta'M_{k+1} &= +\frac{1}{2}\cdot\frac{1+3\,\psi_{k+1} - \theta_{k+1}\cdot(1 - 2\,\Delta'\gamma_{k+2})}{1+6\,\psi_{k+1}+\theta_{k+1}\cdot(1 - \Delta'\beta_{k+2})}\cdot\xi Pa \\ &\quad + \frac{1}{1+6\,\psi_{k+1}+\theta_{k+1}\cdot(1 - \Delta'\beta_{k+2})}\cdot\Delta'M_k \\ &= +\Delta'\gamma_{k+1}\cdot\xi Pa + \Delta'\beta_{k+1}\cdot\Delta'M_k \end{aligned} \right\} (9''')$$

Wie unter a, α gezeigt wurde, erhält man wieder für zwei beliebig entfernte Rahmenmomente $n - k_1$ und $n - k_2$:

$$\Delta' M_{n-k_1} = +\sum_{n-k_1}^{n-k_2-1}\left[\Delta'\gamma_p\cdot\left(\prod_{n-k_1}^{p-1}\Delta'\beta\right)\right]\cdot\xi\,Pa + \left(\prod_{n-k_1}^{n-k_2-1}\Delta'\beta\right)\cdot\Delta' M_{n-k_2}. \tag{10}$$

γ) Ermittlung von $\Delta' M_{k-1}$ unter der vorläufigen Annahme, daß $\Delta' M_k$ bekannt ist. Als Belastungen wirken:

am Rahmenfach $k - 1$:

$$(\tfrac{1}{2} - \xi)\cdot P,$$
$$-\Delta' M_{k-2} = +2(\tfrac{1}{2} - \xi)\cdot\Delta\gamma_{k-2}\cdot Pa - \Delta\beta_{k-2}\cdot\Delta' M_{k-1};$$

am Rahmenfach k:

$$+\Delta' M_k, \quad -\xi P.$$

Es ist daher zufolge der Grundfälle 2, 5 und 9 und zufolge der Gleichung (1):

$$\left.\begin{aligned}
\Delta' M_{k-1} &= -\frac{1}{2}\cdot\frac{(1 + 3\psi_{k-1} + 4\Delta\gamma_{k-2})(\tfrac{1}{2} - \xi) + \theta_{k-1}\cdot\xi}{1 + 6\psi_{k-1} + \theta_{k-1} - \Delta\beta_{k-2}}\cdot Pa \\
&\quad + \frac{\theta_{k-1}}{1 + 6\psi_{k-1} + \theta_{k-1} - \Delta\beta_{k-2}}\cdot\Delta' M_k \\
&= -\tfrac{1}{2}[(\Delta\beta_{k-1} + 4\Delta\gamma_{k-1})(\tfrac{1}{2} - \xi) + \Delta\beta_{k-1}\cdot\xi]\cdot Pa \\
&\quad + \Delta\beta_{k-1}\cdot\Delta' M_k
\end{aligned}\right\} \tag{11}$$

Grenzfall 1: $k = 2$. Die Einzellast P wirkt in der Richtung des Pfostens 2. Zufolge der Grundfälle 2 und 9 ergibt sich aus den Belastungen der Rahmenfache 1 und 2:

$$\left.\begin{aligned}
\Delta' M_1 &= -\frac{1}{2}\cdot\frac{(1 + 3\psi_1)(\tfrac{1}{2} - \xi) + \theta_1\cdot\xi}{1 + 6\psi_1 + \theta_1}\cdot Pa + \frac{\theta_1}{1 + 6\psi_1 + \theta_1}\Delta' M_2 \\
&= -\tfrac{1}{2}\cdot[(\Delta\beta_1 + 4\Delta\gamma_1)(\tfrac{1}{2} - \xi) + \Delta\beta_1\,\xi]\cdot Pa + \Delta\beta_1\cdot\Delta' M_2
\end{aligned}\right\} \tag{11$'$}$$

Grenzfall 2: $k = n$. Für den Fall einer geraden Felderzahl ist:

$$\left.\begin{aligned}
\Delta' M_{n-1} &= -\frac{1}{2}\cdot\frac{(1 + 3\psi_{n-1} + 4\Delta\gamma_{n-2})(\tfrac{1}{2} - \xi) + \theta_{n-1}\cdot\xi}{1 + 6\psi_{n-1} + \theta_{n-1} - \Delta\beta_{n-2}}\cdot Pa \\
&\quad + \frac{\theta_{n-1}}{1 + 6\psi_{n-1} + \theta_{n-1} - \Delta\beta_{n-2}}\cdot\Delta' M_n \\
&= -\tfrac{1}{2}\cdot[(\Delta\beta_{n-1} + 4\cdot\Delta\gamma_{n-1})(\tfrac{1}{2} - \xi) + \Delta\beta_{n-1}\cdot\xi]\cdot Pa \\
&\quad + \Delta\beta_{n-1}\cdot\Delta' M_n
\end{aligned}\right\} \tag{11$''$}$$

Im Falle einer ungeraden Felderzahl wirkt auf den Pfosten des Rahmens n bloß das Moment:

$$-\tfrac{1}{2}\xi\cdot P\cdot\tfrac{1}{2}a = -\tfrac{1}{4}\xi Pa;$$

mithin ist:

$$\Delta'M_{n-1} = -\frac{1}{4}\cdot\frac{2(1+3\psi_{n-1}+4\Delta\gamma_{n-2})(\frac{1}{2}-\xi)+\theta_{n-1}\cdot\xi}{1+6\psi_{n-1}+\theta_{n-1}-\Delta\beta_{n-2}}\cdot Pa \left.\vphantom{\frac{1}{1}}\right\} (11''')$$
$$= -\tfrac{1}{2}\cdot[(\Delta\beta_{n-1}+4\cdot\Delta\gamma_{n-1})(\tfrac{1}{2}-\xi)+\Delta\beta_{n-1}]\cdot Pa$$

δ) Ermittlung von $\Delta'M_k$. Es wirken als Belastungen:

am Rahmenfach k:

$-\xi P$,

$-\Delta'M_{k-1} = +\tfrac{1}{2}\cdot[(\Delta\beta_{k-1}+4\Delta\gamma_{k-1})(\tfrac{1}{2}-\xi)+\Delta\beta_{k-1}\xi]\cdot Pa-\Delta\beta_{k-1}\cdot\Delta'M_k,$

am Rahmenfach $k+1$:

$+\Delta'M_{k+1} = +\Delta'\gamma_{k+1}\cdot\xi\cdot Pa + \Delta'\beta_{k+1}\cdot\Delta'M_k,$

$-\xi P$.

Auf den Pfosten des Rahmenfaches $k+1$ wird das Moment

$-\Delta'M_k + \Delta'M_{k+1} - \tfrac{1}{2}\xi Pa = -\tfrac{1}{2}(1-2\Delta'\gamma_{k+1})\cdot\xi\cdot Pa-(1-\Delta'\beta_{k+1})\cdot\Delta'M_k$

übertragen; zufolge der Grundfälle 2, 5 und 9 ist daher:

$$\Delta'M_k = +\frac{1}{2}\cdot\frac{[1+3\psi_k-\Delta\beta_{k-1}-\theta_k(1-2\Delta'\gamma_{k+1})]\xi-(\Delta\beta_{k-1}+4\Delta\gamma_{k-1})\left(\frac{1}{2}-\xi\right)}{1+6\psi_k+\theta_k(1-\Delta'\beta_{k+1})-\Delta\beta_{k-1}}Pa \left.\vphantom{\frac{1}{1}}\right\} (12)$$
$$= +\Delta'\gamma_k^0\cdot Pa$$

und durch Einsetzen dieses Wertes in den unter γ ermittelten Ausdruck:

$$\Delta'M_{k-1} = -\tfrac{1}{2}[(\Delta\beta_{k-1}+4\Delta\gamma_{k-1})(\tfrac{1}{2}-\xi)+(\xi-2\Delta'\gamma_k^0)\cdot\Delta\beta_{k-1}]\cdot\Delta'M_k \quad (13)$$

Grenzfall 1: $k=2$. Es ist:

$$\Delta'M_2 = +\frac{1}{2}\cdot\frac{[1+3\psi_2-\Delta\beta_1-\theta_2(1-2\Delta'\gamma_3)]\xi-(\Delta\beta_1+4\Delta\gamma_1)(\tfrac{1}{2}-\xi)}{1+6\psi_2+\theta_2(1-\Delta'\beta_3)-\Delta\beta_1}\cdot Pa \left.\vphantom{\frac{1}{1}}\right\} (12')$$
$$= +\Delta'\gamma_2^0 Pa$$

Grenzfall 2: $k=n$. Das Eckmoment in dem mit der Symmetrieachse zusammenfallenden Pfosten ist $-2\cdot\Delta'M_n$. Mithin:

$$\Delta'M_n = +\frac{1}{2}\cdot\frac{(1+3\psi_n-\Delta\beta_{n-1})\xi-(\Delta\beta_{n-1}+4\Delta\gamma_{n-1})\cdot(\tfrac{1}{2}-\xi)}{1+6\psi_n+2\theta_n-\Delta\beta_{n-1}}\cdot Pa \left.\vphantom{\frac{1}{1}}\right\} (12'')$$
$$= +\Delta'\gamma_n^0\cdot Pa$$

2. Wagrechte Belastung.

Wie bereits in § 32, 2 dargelegt wurde, ist für die Berechnung der Biegungsmomente infolge einer in einem Knotenpunkte der oberen Gurtung angreifenden wagrechten Einzellast W nur die Teilbelastung II a (§ 30) maßgebend. In den Auflagern entstehen die beiden entgegengesetzt gleichen Reaktionen:

$$A = -\frac{h}{l}\cdot W .$$

Die Untersuchung deckt sich mit derjenigen eines n-geschossigen, gelenkig gelagerten Stockwerksrahmens, dessen äußere Belastung in der in der Höhe des obersten Riegels wirkenden wagrechten Einzellast von der Größe der Auflagerreaktion $-\frac{h}{l}W$ besteht. Entsprechend der unter 1, a, α ermittelten Beziehungen ist hier anzuschreiben:

$$
\left.
\begin{aligned}
\Delta'M_1 &= +\frac{1}{2}\cdot\frac{1+3\psi_1-\theta_1}{1+6\psi_1-\theta_1}\cdot\frac{a}{l}\cdot Wh + \frac{\theta_1}{1+6\psi_1+\theta_1}\cdot\Delta'M_2 \\
&= +2\,\Delta\gamma_1\cdot\frac{a}{l}\cdot Wh + \Delta\beta_1\cdot\Delta'M_2 \\[2ex]
\Delta'M_2 &= +\frac{1}{2}\cdot\frac{1+3\psi_2-\theta_2+4\,\Delta\gamma_1}{1+6\psi_2+\theta_2-\Delta\beta_1}\cdot\frac{a}{l}\cdot Wh \\
&\quad + \frac{\theta_2}{1+6\psi_2+\theta_2-\Delta\beta_1}\cdot\Delta'M_3 \\
&= +2\cdot\Delta\gamma_2\cdot\frac{a}{l}Wh + \Delta\beta_2\cdot\Delta'M_3 \\[1ex]
&\quad\ \cdot\ \cdot\ \cdot\ \cdot\ \cdot\ \cdot\ \cdot\ \cdot\ \cdot\ \cdot\ \cdot\ \cdot\ \cdot\ \cdot \\
&\quad\ \cdot\ \cdot\ \cdot\ \cdot\ \cdot\ \cdot\ \cdot\ \cdot\ \cdot\ \cdot\ \cdot\ \cdot\ \cdot\ \cdot \\[1ex]
\Delta'M_{n-2} &= +\frac{1}{2}\cdot\frac{1+3\psi_{n-2}-\theta_{n-2}+4\,\Delta\gamma_{n-3}}{1+6\psi_{n-2}+\theta_{n-2}-\Delta\beta_{n-3}}\cdot\frac{a}{l}\cdot Wh \\
&\quad + \frac{\theta_{n-2}}{1+6\psi_{n-2}+\theta_{n-2}-\Delta\beta_{n-3}}\cdot\Delta'M_{n-1} \\
&= +2\,\Delta\gamma_{n-2}\cdot\frac{a}{l}Wh + \Delta\beta_{n-2}\cdot\Delta'M_{n-1}
\end{aligned}
\right\} \quad (14)
$$

Ermittlung von $\Delta'M_{n-1}$.

a) Gerade Felderzahl ($l = 2\,n\cdot a$). Es wirken als Belastungen:

am Rahmenfach $n-1$: $\quad -\frac{h}{l}\cdot Wa = -\frac{1}{2\,n}\cdot Wh$,

$$-\Delta'M_{n-2} = -\Delta\gamma_{n-2}\cdot\frac{1}{n}\cdot Wh - \Delta\beta_{n-2}\cdot\Delta'M_{n-1},$$

am Rahmenfach n: $\quad -\frac{1}{4}\cdot\frac{1}{n}Wh + \Delta'M_n$.

Auf den Pfosten des Rahmenfaches n wirkt das Moment:

$$-\frac{1}{4}\cdot\frac{1}{n}Wh + \Delta'M_n - \Delta'M_{n-1} .$$

Zufolge der Grundfälle 2, 5 und 9 ist:

$$\left.\begin{aligned}
\Delta' M_{n-1} &= + \frac{1}{4} \cdot \frac{1 + 3\,\psi_{n-1} + 4\,\Delta\gamma_{n-2} - \theta_{n-1}}{1 + 6\,\psi_{n-1} + \theta_{n-1} - \Delta\beta_{n-2}} \cdot \frac{1}{n}\, W h \\
&\quad + \frac{\theta_{n-1}}{1 + 6\,\psi_{n-1} + \theta_{n-1} - \Delta\beta_{n-2}} \cdot \Delta' M_n \\
&= + \Delta\gamma_{n-1} \cdot \frac{1}{n} \cdot W h + \Delta\beta_{n-1} \cdot \Delta' M_n
\end{aligned}\right\} \quad (14')$$

b) **Ungerade Felderzahl** ($l = (2\,n - 1)\,a$). Es wirken als Belastungen
am Rahmenfach $n - 1$:

$$- \frac{a}{l} \cdot W h = - \frac{1}{2\,n - 1} \cdot W h ,$$

$$- \Delta' M_{n-2} = - 2 \cdot \Delta\gamma_{n-2} \cdot \frac{1}{2\,n - 1} \cdot W h - \Delta\beta_{n-2} \cdot \Delta' M_{n-1} ,$$

am Rahmenfach n:

$$- \frac{1}{2} \cdot \frac{h}{l} \cdot W \cdot \tfrac{1}{2} a = - \frac{1}{4} \cdot \frac{1}{2\,n - 1} \cdot W h .$$

Es ist daher:

$$\Delta' M_{n-1} = + \frac{1}{4} \cdot \frac{2 + 6\,\psi_{n-1} - \theta_{n-1} + 8 \cdot \Delta\gamma_{n-2}}{1 + 6\,\psi_{n-1} + \theta_{n-1} - \Delta\beta_{n-2}} \cdot \frac{1}{2\,n - 1} \cdot W h . \quad (14'')$$

Ermittlung von $\Delta' M_n$. Die Felderzahl ist $2\,n$. Es wirken als
Belastungen:

am Rahmenfach n: $- \dfrac{a}{l}\, W h = - \dfrac{1}{2\,n}\, W h ,$

$$- \Delta' M_{n-1} = - \Delta\gamma_{n-1} \cdot \frac{1}{n} \cdot W h - \Delta\beta_{n-1} \cdot \Delta' M_n ;$$

am Balken: $- 2 \cdot \Delta' M_n .$

Es ist daher:

$$\Delta' M_n = + \frac{1}{4} \cdot \frac{1 + 3\,\psi_n - 4 \cdot \Delta\gamma_{n-1}}{1 + 6\,\psi_n + 2\,\theta_n - \Delta\beta_{n-1}} \cdot \frac{1}{n} \cdot W h . \quad (14''')$$

3. Einfluß von Temperaturschwankungen.

Bei Annahme einer gleichmäßigen Temperaturerhöhung (Δt) des
Obergurtes gegenüber dem Untergurt erfolgt die Formänderung des
Tragwerkes symmetrisch in bezug auf die Achse $v-v$. Wie bereits in
§ 31, 3 angegeben, deckt sich die vorliegende Untersuchung mit der in
§ 27, 3 durchgeführten Berechnung der Temperaturspannungen eines
zweistieligen Stockwerksrahmens. Es sind daher nur die dort entwickelten Formeln entsprechend den Bezeichnungen des Rahmenbalken-

trägers sinngemäß abzuändern; den das Temperaturmoment enthaltenden Gliedern ist das entgegengesetzte Vorzeichen vorzusetzen, da sich die Momente ΔM_1, $\Delta M_2 \ldots$ hier auf den unteren infolge der Temperaturänderung um das geringere Maß verlängerten Gurt beziehen.

Die entsprechenden Ausdrücke werden daher hier lauten:

$$\left.\begin{aligned}
\Delta M_1 &= +\Delta \beta_1 \cdot \Delta M_2 + \Delta \beta_1^t \cdot \frac{\varepsilon E T_1}{h^2} \cdot a \cdot \Delta t \\[2mm]
\Delta M_2 &= +\Delta \beta_2 \cdot \Delta M_3 + \Delta \beta_2^t \cdot \frac{\varepsilon E T_2}{h^2} \cdot a \cdot \Delta t \\[1mm]
&\quad \cdots\cdots\cdots\cdots\cdots\cdots\cdots\cdots \\
&\quad \cdots\cdots\cdots\cdots\cdots\cdots\cdots\cdots \\
\Delta M_{n-2} &= +\Delta \beta_{n-2} \cdot \Delta M_{n-1} + \Delta \beta_{n-2}^t \cdot \frac{\varepsilon E T_{n-2}}{h^2} \cdot a \cdot \Delta t \\[2mm]
\Delta M_{n-1} &= +\Delta \beta_{n-1}^t \cdot \frac{\varepsilon E T_{n-1}}{h^2} \cdot a \cdot \Delta t
\end{aligned}\right\} \tag{15}$$

Die allgemeine Form der Beiwerte in einem beliebigen Fache k ist:

$$\Delta \beta_k = \frac{\theta_k}{1 + 6\,\psi_k + \theta_k - \Delta \beta_{k-1}}, \qquad \Delta \beta_k^t = \frac{6 - \theta_{k-1} \cdot \Delta \beta_{k-1}^t}{1 + 6\,\psi_k + \theta_k - \Delta \beta_{k-1}},$$

Die Berechnung derselben erfolgt in der gleichen Weise wie dies unter 1 für vertikale Belastung näher angegeben wurde. Für den letzten Beiwert erhält man:

$$\Delta \beta_{n-1}^t = \frac{6\,\theta_{n-1}(1 + \omega_9^n) + \theta_{n-2} \cdot \theta_{n-1} \cdot \Delta \beta_{n-2}^t}{1 + 6\,\psi_{n-1} + 6\,\theta_{n-1} \cdot \psi_n \cdot \omega_9^n - \Delta \beta_{n-2}^t} \quad \text{bei gerader Felderzahl,}$$

$$\Delta \beta_{n-1}^t = \frac{3\,\theta_{n-1} \cdot (2 + \omega_{13}^n) + \theta_{n-2} \cdot \theta_{n-1} \cdot \Delta \beta_{n-2}^t}{1 + 6\,\psi_{n-1} + 3\,\theta_{n-1} \cdot \psi_n' \cdot \omega_{13}^n - \Delta \beta_{n-2}^t} \quad \text{bei ungerader Felderzahl.}$$

Bei gerader Felderzahl ist:

$$\Delta M_n = +\omega_9^n (6 + \Delta \beta_{n-1}^t) \cdot \frac{\varepsilon E T_n}{h^2} \cdot a \cdot \Delta t . \tag{15'}$$

Wie für den Fall einer vertikalen Belastung näher entwickelt wurde, besteht zwischen den Momenten ΔM_1 und ΔM_k zweier in beliebiger Entfernung liegender Rahmenfache die Beziehung:

$$\Delta M_1 = +\left(\prod_1^{k-1} \Delta \beta\right) \cdot \Delta M_k + \sum_1^{k-1}\left[\left(\prod_1^{c-1} \Delta \beta\right) \cdot \Delta \beta_c\right] \cdot \frac{\varepsilon E T_c}{h^2} \cdot a \cdot \Delta t . \tag{16}$$

4. Zahlenbeispiel.

Die Anwendung der vorstehenden Ableitungen sei auf die Berechnung der Einflußlinien eines 16feldrigen Trägers gezeigt.

Zuvor seien noch die entwickelten Beziehungen in der für den praktischen Gebrauch zur Berechnung der Einflußlinien zweckmäßigen Anordnung und Bezeichnungsweise zusammengestellt.

a) **Teilbelastung Ia.**

Zufolge Gleichung (6) ist für das unmittelbar belastete Rahmenfach (k):

$$\Delta M_k = -\Delta\gamma_k^0 \cdot P \cdot a \ . \tag{a}$$

Aus den Gleichungen (1) bis (5) ergibt sich für ein äußeres Rahmenfach:

$$\left.\begin{aligned}\Delta M_{k-p} = -&\left\{\frac{1}{4}\left(\prod_{k-1}^{k-p}\Delta\beta\right) + \sum_{k-1}^{k-p}\left[\Delta\gamma_{k-c}\cdot\left(\prod_{k-c-1}^{k-p}\Delta\beta\right)\right]\right\}\cdot Pa \\ + &\left(\prod_{k-1}^{k-p}\Delta\beta\right)\cdot\Delta M_k\end{aligned}\right\} \tag{b}$$

und zufolge Gleichung (4) für ein inneres Rahmenfach:

$$\Delta M_{k+p} = +\left(\prod_{k+1}^{k+p}\Delta\beta'\right)\cdot\Delta M_k \ . \tag{c}$$

Grenzfall 1: $k = n$.

$$\Delta M_n = -\frac{\theta_{n-1}}{\Delta\beta_{n-1}}\cdot\frac{\Delta\beta_{n-1}+4\Delta\gamma_{n-1}}{\Delta\beta_{n-2}+4\Delta\gamma_{n-2}}\cdot\Delta\beta_n'\cdot\Delta\gamma_{n-1}^0\cdot P\cdot a = -\Delta\gamma_n^0\cdot Pa, \tag{d}$$

$$\Delta M_{n-1} = -\frac{1}{\Delta\beta_n'}\cdot\Delta\gamma_n^0\cdot Pa \tag{e}$$

Grenzfall 2: Lastangriff am Mittelpfosten $n+1$.

$$\Delta M_{n-1} = -\Delta\gamma_{n-1}^0\cdot\frac{1+3\psi_{n-1}+4\Delta\gamma_{n-2}-3\theta_{n-1}\psi_n\omega_9^n}{\Delta\beta_{n-2}+4\Delta\gamma_{n-2}}\cdot Pa, \tag{f}$$

$$\Delta M_n = -\tfrac{1}{6}(1+\omega_9^n)Pa + \omega_9^n\cdot\Delta M_{n-1} \ . \tag{g}$$

Für ein äußeres Rahmenfach ist dann in den Grenzfällen 1 und 2:

$$\Delta M_{n-p} = -\sum_{n-2}^{n-p}\left[\Delta\gamma_{n-c}\cdot\left(\prod_{n-c-1}^{n-p}\Delta\beta\right)\right]\cdot Pa + \left(\prod_{n-2}^{n-p}\Delta\beta\right)\cdot\Delta M_{n-1}. \tag{h}$$

Für die Beiwerte in den Gleichungen (a) bis (h) ist zu setzen:

$$\Delta\gamma_k^0 = \frac{1}{4}\cdot\frac{\Delta\beta_{k-1}+4\Delta\gamma_{k-1}}{1+6\psi_k-\Delta\beta_{k-1}^*+\theta_k(1-\Delta\beta_{k+1}')} \ ,$$

$$\Delta\gamma_c = \frac{1}{4}\cdot\frac{1+3\psi_c-\theta_c+4\cdot\Delta\gamma_{c-1}}{1+6\psi_c+\theta_c-\Delta\beta_{c-1}} \ , \quad \Delta\beta_c = \frac{\theta_c}{1+6\psi_c+\theta_c-\Delta\beta_{c-1}} \ ;$$

$$\Delta\beta_c' = \frac{1}{1+6\psi_c+\theta_c(1-\Delta\beta_{c-1})} \ .$$

Die Grenzwerte von $\Delta\beta_c'$ für die innersten Felder:

bei gerader Felderzahl: bei ungerader Felderzahl:

$$\Delta\beta_{n-1}' = \frac{1}{1+6\,\psi_{n-1}+\theta_{n-1}(1-\Delta\beta_n')}\,,\quad \Delta\beta_{n-1}' = \frac{1}{1+6\,\psi_{n-1}+\theta_{n-1}(1-\omega_{13}^n)}\,,$$

$$\Delta\beta_n' = \frac{1}{1+6\,\psi_n} \doteq \omega_9^n\,.$$

In Gleichung (e) ist:

$$\Delta\beta_n' = \begin{cases} \omega_9^n & \text{bei gerader Felderzahl,} \\ \omega_{13}^n & \text{bei ungerader Felderzahl.} \end{cases}$$

b) Teilbelastung IIa.

Zufolge Gleichung (12) ist:

$$\Delta'M_k = +\Delta'\gamma_k^0 \cdot P \cdot a\,. \tag{i}$$

Aus den Gleichungen (8) und (11) folgt:

$$\left.\begin{aligned} \Delta'M_{k-p} = -&\left\{\frac{1}{4}\left(\prod_{k-1}^{k-p}\Delta\beta\right) + 2\left(\tfrac{1}{2}-\xi\right)\cdot\sum_{k-1}^{k-p}\left[\Delta\gamma_{k-c}\cdot\left(\prod_{k-c-1}^{k-p}\Delta\beta\right)\right]\right\}\cdot Pa \\ +&\left(\prod_{k-1}^{k-p}\Delta\beta\right)\cdot\Delta'M_k \end{aligned}\right\} \tag{k}$$

und zufolge Gleichung (10):

$$\Delta'M_{k+p} = +\sum_{k+1}^{k+p}\left[\Delta'\gamma_{k+c}\cdot\left(\prod_{k+c+1}^{k+p}\Delta'\beta\right)\right]\cdot\xi\cdot Pa + \left(\prod_{k+1}^{k+p}\Delta'\beta\right)\cdot\Delta'M_k\,. \tag{l}$$

In Gleichung (i) ist:

$$\Delta'\gamma_k^0 = \frac{1}{2}\cdot\frac{[1+3\,\psi_k+4\Delta\gamma_{k-1}-\theta_k(1-2\Delta'\gamma_{k+1})]\,\xi-\tfrac{1}{2}(\Delta\beta_{k-1}+4\Delta\gamma_{k-1})}{1+6\,\psi_k-\Delta\beta_{k-1}+\theta_k(1-\Delta'\beta_{k+1})}\,,$$

$$\Delta'\gamma_c = \frac{1}{2}\cdot\frac{1+3\,\psi_c-\theta_c(1-2\Delta'\gamma_{c+1})}{1+6\,\psi_c+\theta_c(1-\Delta'\beta_{c+1})}\,,\quad \Delta'\beta_c = \frac{1}{1+6\,\psi_c+\theta_c(1-\Delta'\beta_{c+1})}\,.$$

Die Grenzwerte bei gerader Felderzahl:

$$\Delta'\gamma_n = \frac{1}{2}\cdot\frac{1+3\,\psi_n}{1+6\,\psi_n+2\,\theta_n}\,,\quad \Delta'\beta_n = \frac{1}{1+6\,\psi_n+2\,\theta_n}$$

und bei ungerader Felderzahl:

$$\Delta'\gamma_{n-1} = \frac{1}{2}\cdot\frac{1+3\,\psi_{n-1}-\tfrac{1}{2}\theta_{n-1}}{1+6\,\psi_{n-1}+\theta_{n-1}}\,,\quad \Delta'\beta_{n-1} = \frac{1}{1+6\,\psi_{n-1}+\theta_{n-1}}\,.$$

Mit Hilfe der obigen Gleichungen können die Einflußlinien für ein Rahmenmoment M_k durch Übereinanderlegung der entsprechenden Einflußwerte der beiden Teilbelastungen unmittelbar berechnet werden;

wie sich weiterhin zeigen wird, ist zum Auftragen derselben nur ein
Teil der den jeweiligen Lastlagen entsprechenden Einflußwerte erforderlich, womit die Rechnung noch erheblich abgekürzt wird.

Die Gurtkraft H_k folgt dann aus den einfachen statischen Gleich-
gewichtsbedingungen an dem Teilrahmen k und ergibt sich daher deren
Einflußlinie aus jenen der Momente M_k und M_{k-1}. Es ist für einen
Lastangriff:

$$\left.\begin{aligned}
x \gtreqless (k-1)\cdot a: \quad H_k &= \frac{1}{h}\left[2\left(M_k - M_{k-1}\right) - \xi\cdot Pa\right] \\[2mm]
x \gtreqless k\cdot a: \quad H_k &= \frac{1}{h}\left[2\left(M_k - M_{k-1}\right) + (1-\xi)\cdot Pa\right]
\end{aligned}\right\} \quad\text{(m)}$$

Die Pfostenkräfte V entstehen bei einer wagrechten Symmetrie des
Rahmenbalkens, wie bereits in § 32 bemerkt, bloß infolge der symmetrischen Teilbelastungen, sind also für den Fall, daß die Lasten nur an den
Knotenpunkten wirken, gleich der halben Differenz der am Pfosten
angreifenden unteren und oberen Knotenlast.

Gegeben sei nun ein 16 feldriger Träger von der Höhe $h = 2{,}50\,\text{m}$
und der Feldlänge $a = 3{,}00\,\text{m}$. Das Trägheitsmoment sei in allen
Feldern des Ober- und Untergurtes gleich groß: $J_0 = J_u = J = 75\,000\,\text{cm}^4$.
In den Pfosten seien die Trägheitsmomente T_1 bis T_4 $100\,000\,\text{cm}^4$
und T_5 bis T_9 $50\,000\,\text{cm}^4$. Nachstehend sei die Berechnung der Einflußlinien der an den Teilrahmen 5 und 6 wirkenden Überzähligen, also
von M_4, M_5 und M_6, sowie der daraus folgenden Gurtkräfte H_5 und
H_6 durchgeführt.

Für die vorstehenden Abmessungen ergeben sich die Beiwerte:

	1	2	3	4	5	6	7	8
ψ	1,6	1,6	1,6	1,6	0,8	0,8	0,8	0,8
ϑ	1,0	1,0	1,0	2,0	1,0	1,0	1,0	1,0

$$\gamma_1 = \frac{1}{4}\cdot\frac{1+3\cdot 1{,}6 - 1{,}0}{1+6\cdot 1{,}6 + 1{,}0} = 0{,}1035\,,$$

$$\varDelta\beta_1 = \frac{1{,}0}{1+6\cdot 1{,}6 + 1{,}0} = 0{,}0862\,;$$

$$\gamma_2 = \frac{1}{4}\cdot\frac{1+3\cdot 1{,}6 - 1{,}0 + 4\cdot 0{,}1035}{1+6\cdot 1{,}6 + 1{,}0 - 0{,}0862} = 0{,}1131\,,$$

$$\varDelta\beta_2 = \frac{1{,}0}{1+6\cdot 1{,}6 + 1{,}0 - 0{,}0862} = 0{,}0867\,;$$

$$\gamma_3 = \frac{1}{4}\cdot\frac{1+3\cdot 1{,}6 - 1{,}0 + 4\cdot 0{,}1131}{1+6\cdot 1{,}6 + 1{,}0 - 0{,}0867} = 0{,}1140\,,$$

$$\varDelta\beta_3 = \frac{1{,}0}{1+6\cdot 1{,}6 + 1{,}0 - 0{,}0867} = 0{,}0867\,;$$

$$\varDelta\gamma_4 = \frac{1}{4} \cdot \frac{1 + 3 \cdot 1,6 - 2,0 + 4 \cdot 0,1140}{1 + 6 \cdot 1,6 + 2,0 - 0,0867} = 0,0850 \,,$$

$$\varDelta\beta_4 = \frac{2,0}{1 + 6 \cdot 1,6 + 2,0 - 0,0867} = 0,1598 \,;$$

$$\varDelta\gamma_5 = \frac{1}{4} \cdot \frac{1 + 3 \cdot 0,8 - 1,0 + 4 \cdot 0,0850}{1 + 6 \cdot 0,8 + 1,0 - 0,1598} = 0,1031 \,,$$

$$\varDelta\beta_5 = \frac{1,0}{1 + 6 \cdot 0,8 + 1,0 - 0,1598} = 0,1505 \,;$$

$$\varDelta\gamma_6 = \frac{1}{4} \cdot \frac{1 + 3 \cdot 0,8 - 1,0 + 4 \cdot 0,1031}{1 + 6 \cdot 0,8 + 1,0 - 0,1505} = 0,1055 \,,$$

$$\varDelta\beta_6 = \frac{1,0}{1 + 6 \cdot 0,8 + 1,0 - 0,1505} = 0,1505 \,;$$

$$\varDelta\gamma_7 = \frac{1}{4} \cdot \frac{1 + 3 \cdot 0,8 - 1,0 + 4 \cdot 0,1055}{1 + 6 \cdot 0,8 + 1,0 - 0,1505} = 0,1061 \,,$$

$$\varDelta\beta_7 = \frac{1,0}{1 + 6 \cdot 0,8 + 1,0 - 0,1505} = 0,1505 \,;$$

$$\varDelta\beta_8' = \frac{1}{1 + 6 \cdot 0,8} = 0,1725 \,,$$

$$\varDelta\beta_7' = \frac{1}{1 + 6 \cdot 0,8 + 1,0(1 - 0,1725)} = 0,1510 \,,$$

$$\varDelta\beta_6' = \frac{1}{1 + 6 \cdot 0,8 + 1,0(1 - 0,1510)} = 0,1505 \,,$$

$$\varDelta\beta_5' = \frac{1}{1 + 6 \cdot 0,8 + 1,0(1 - 0,1505)} = 0,1505 \,,$$

$$\varDelta\beta_4' = \frac{1}{1 + 6 \cdot 1,6 + 2,0(1 - 0,1505)} = 0,0815 \,,$$

$$\varDelta\beta_3' = \frac{1}{1 + 6 \cdot 1,6 + 1,0(1 - 0,0815)} = 0,0867 \,.$$

$$\varDelta'\gamma_8 = \frac{1}{2} \cdot \frac{1 + 3 \cdot 0,8}{1 + 6 \cdot 0,8 + 2 \cdot 1,0} = 0,218 \,,$$

$$\varDelta'\beta_8 = \frac{1}{1 + 6 \cdot 0,8 + 2 \cdot 1,0} = 0,128 \,;$$

$$\varDelta'\gamma_7 = \frac{1}{2} \cdot \frac{1 + 3 \cdot 0,8 - 1,0(1 - 2 \cdot 0,218)}{1 + 6 \cdot 0,8 + 1,0(1 - 0,128)} = 0,2125 \,,$$

$$\varDelta'\beta_7 = \frac{1}{1 + 6 \cdot 0,8 + 1,0(1 - 0,128)} = 0,150 \,;$$

$$\Delta'\gamma_6 = \frac{1}{2} \cdot \frac{1 + 3 \cdot 0,8 - 1,0(1 - 2 \cdot 0,2125)}{1 + 6 \cdot 0,8 + 1,0(1 - 0,150)} = 0,212 \, ,$$

$$\Delta'\beta_6 = \frac{1}{1 + 6 \cdot 0,8 + 1,0(1 - 0,150)} = 0,1505 \, ;$$

$$\Delta'\gamma_5 = \frac{1}{2} \cdot \frac{1 + 3 \cdot 0,8 - 1,0(1 - 2 \cdot 0,212)}{1 + 6 \cdot 0,8 + 1,0(1 - 0,1505)} = 0,212 \, ,$$

$$\Delta'\beta_5 = \frac{1}{1 + 6 \cdot 0,8 + 1,0(1 - 0,1505)} = 0,1505 \, ;$$

$$\Delta'\gamma_4 = \frac{1}{2} \cdot \frac{1 + 3 \cdot 1,6 - 2,0(1 - 2 \cdot 0,212)}{1 + 6 \cdot 1,6 + 2,0(1 - 0,1505)} = 0,1885 \, ,$$

$$\Delta'\beta_4 = \frac{1}{1 + 6 \cdot 1,6 + 2,0(1 - 0,1505)} = 0,0815 \, ,$$

$$\Delta'\gamma_3 = \frac{1}{2} \cdot \frac{1 + 3 \cdot 1,6 - 1,0(1 - 2 \cdot 0,1885)}{1 + 6 \cdot 1,6 + 1,0(1 - 0,0815)} = 0,225 \, ,$$

$$\Delta'\beta_3 = \frac{1}{1 + 6 \cdot 1,6 + 1,0(1 - 0,0815)} = 0,0867 \, .$$

Es ergeben sich dann die Beiwerte der Momente für das unmittelbar belastete Rahmenfach bei dem Lastangriffe $\xi = (k-1)\,\dfrac{a}{l}$ für die Teilbelastung Ia:

$$\xi = 0,0625\,(k = 2): \quad \Delta\gamma_2^0 = \frac{1}{4} \cdot \frac{0,0862 + 4 \cdot 0,1035}{1 + 6 \cdot 1,6 - 0,0862 + 1,0(1 - 0,087)}$$

$$= \frac{1}{4} \cdot \frac{0,500}{11,467} = 0,0109 \, ,$$

$$\xi = 0,125\,(k = 3): \quad \Delta\gamma_3^0 = \frac{1}{4} \cdot \frac{0,0867 + 4 \cdot 0,1131}{1 + 6 \cdot 1,6 - 0,0867 + 1,0(1 - 0,0815)}$$

$$= \frac{1}{4} \cdot \frac{0,539}{11,431} = 0,0118 \, ,$$

$$\xi = 0,1875\,(k = 4): \quad \Delta\gamma_4^0 = \frac{1}{4} \cdot \frac{0,0867 + 4 \cdot 0,1140}{1 + 6 \cdot 1,6 - 0,0867 + 2,0(1 - 0,1505)}$$

$$= \frac{1}{4} \cdot \frac{0,543}{12,212} = 0,0111 \, ,$$

$$\xi = 0,25\,(k = 5): \quad \Delta\gamma_5^0 = \frac{1}{4} \cdot \frac{0,1598 + 4 \cdot 0,0850}{1 + 6 \cdot 0,8 - 0,1598 + 1,0(1 - 0,1505)}$$

$$= \frac{1}{4} \cdot \frac{0,500}{6,490} = 0,0193 \, ,$$

$$\xi = 0{,}3125\,(k = 6)\colon \quad \varDelta\gamma_6^0 = \frac{1}{4} \cdot \frac{0{,}1505 + 4 \cdot 0{,}1031}{1 + 6 \cdot 0{,}8 - 0{,}1505 + 1{,}0(1 - 0{,}151)}$$

$$= \frac{1}{4} \cdot \frac{0{,}563}{6{,}498} = 0{,}0217\,,$$

$$\xi = 0{,}375\,(k = 7)\colon \quad \varDelta\gamma_7^0 = \frac{1}{4} \cdot \frac{0{,}1505 + 4 \cdot 0{,}1055}{1 + 6 \cdot 0{,}8 - 0{,}1505 + 1{,}0(1 - 0{,}1725)}$$

$$= \frac{1}{4} \cdot \frac{0{,}572}{6{,}477} = 0{,}0221\,,$$

$$\xi = 0{,}4375\,(k = 8)\colon \frac{1}{\varDelta\beta_8'} \cdot \varDelta\gamma_8^0 = \frac{1{,}0 \cdot 0{,}0221}{0{,}1505} \cdot \frac{0{,}572}{0{,}563} = 0{,}1468\,,$$

$$\varDelta\gamma_8^0 = 0{,}1725 \cdot 0{,}1468 = 0{,}0254\,,$$

$$\xi = 0{,}5\colon \quad 0{,}0221 \cdot \frac{1 + 3 \cdot 0{,}8 + 4 \cdot 0{,}1055 - 3 \cdot 1{,}0 \cdot 0{,}8 \cdot 0{,}1725}{0{,}572} = 0{,}1181\,,$$

Für die Teilbelastung IIa:

$$\xi = 0{,}0625\colon$$

$$\nu_2^0 = \frac{1}{2} \cdot \frac{[1 + 3 \cdot 1{,}6 + 4 \cdot 0{,}1035 - 1{,}0(1 - 2 \cdot 0{,}225)] \cdot 0{,}0625 - 0{,}5 \cdot 0{,}500}{1 + 6 \cdot 1{,}6 - 0{,}0862 + 1{,}0(1 - 0{,}0867)} = 0{,}0045_5\,,$$

$$\xi = 0{,}125\colon$$

$$\nu_3^0 = \frac{1}{2} \cdot \frac{[1 + 3 \cdot 1{,}6 + 4 \cdot 0{,}1131 - 1{,}0(1 - 2 \cdot 0{,}1885)] \cdot 0{,}125 - 0{,}5 \cdot 0{,}539}{1 + 6 \cdot 1{,}6 - 0{,}0867 + 1{,}0(1 - 0{,}0815)} = 0{,}0190\,,$$

$$\xi = 0{,}1875\colon$$

$$\nu_4^0 = \frac{1}{2} \cdot \frac{[1 + 3 \cdot 1{,}6 + 4 \cdot 0{,}1140 - 2{,}0(1 - 2 \cdot 0{,}212)] \cdot 0{,}1875 - 0{,}5 \cdot 0{,}543}{1 + 6 \cdot 1{,}6 - 0{,}0867 + 2{,}0(1 - 0{,}1505)} = 0{,}0280\,,$$

$$\xi = 0{,}25\colon$$

$$\nu_5^0 = \frac{1}{2} \cdot \frac{[1 + 3 \cdot 0{,}8 + 4 \cdot 0{,}0850 - 1{,}0(1 - 2 \cdot 0{,}212)] \cdot 0{,}25 - 0{,}5 \cdot 0{,}500}{1 + 6 \cdot 0{,}8 - 0{,}1598 + 1{,}0(1 - 0{,}1505)} = 0{,}0417\,,$$

$$\xi = 0{,}3125\colon$$

$$\nu_6^0 = \frac{1}{2} \cdot \frac{[1 + 3 \cdot 0{,}8 + 4 \cdot 0{,}1031 - 1{,}0(1 - 2 \cdot 0{,}2125)] \cdot 0{,}3125 - 0{,}5 \cdot 0{,}563}{1 + 6 \cdot 0{,}8 - 0{,}1505 + 1{,}0(1 - 0{,}150)} = 0{,}0562\,,$$

$$\xi = 0{,}375\colon$$

$$\nu_7^0 = \frac{1}{2} \cdot \frac{[1 + 3 \cdot 0{,}8 + 4 \cdot 0{,}1055 - 1{,}0(1 - 2 \cdot 0{,}218)] \cdot 0{,}375 - 0{,}5 \cdot 0{,}572}{1 + 6 \cdot 0{,}8 - 0{,}1505 + 1{,}0(1 - 0{,}128)} = 0{,}0718\,,$$

$$\xi = 0{,}4375\colon$$

$$\nu_8^0 = \frac{1}{2} \cdot \frac{(1 + 3 \cdot 0{,}8 + 4 \cdot 0{,}1061) \cdot 0{,}4375 - 0{,}5(0{,}1505 + 4 \cdot 0{,}1061)}{1 + 6 \cdot 0{,}8 - 0{,}1505 + 2 \cdot 1{,}0} = 0{,}0905\,,$$

Ordinaten der Einflußlinien:

$$\varDelta M_{42} = -0,0867 \cdot 0,0815 \cdot 0,0109 \cdot a = -0,0001\,a\,,$$

$$\varDelta M_{43} = -0,0815 \cdot 0,0118 \cdot a = -0,0010\,a\,,$$

$$\varDelta M_{44} = -0,0111\,a\,,$$

$$\varDelta M_{45} = -(0,25 \cdot 0,1598 + 0,0850 + 0,1598 \cdot 0,0193)\,a = -0,1281\,a\,,$$

$$\varDelta M_{46} = -(0,25 \cdot 0,1505 \cdot 0,1598 + 0,1031 \cdot 0,1598 + 0,0850$$
$$+ 0,1505 \cdot 0,1598 \cdot 0,0217) \cdot a = -0,1081\,a\,,$$

$$\varDelta M_{47} = -(0,25 \cdot 0,1505 \cdot 0,1505 \cdot 0,1598 + 0,1055 \cdot 0,1505 \cdot 0,1598$$
$$+ 0,1031 \cdot 0,1598 + 0,0850 + 0,1505 \cdot 0,1505 \cdot 0,1598 \cdot 0,0221) \cdot a$$
$$= -0,1050\,a\,,$$

$$\varDelta M_{48} = -(0,1055 \cdot 0,1505 \cdot 0,1598 + 0,1031 \cdot 0,1598 + 0,0850$$
$$+ 0,1505 \cdot 0,1505 \cdot 0,1598 \cdot 0,1468)\,a = -0,1045\,a\,,$$

$$\varDelta M_{49} = -(0,1055 \cdot 0,1505 \cdot 0,1598 + 0,1031 \cdot 0,1598 + 0,0850$$
$$+ 0,1505 \cdot 0,1505 \cdot 0,1598 \cdot 0,1281) \cdot a = -0,1045\,a\,.$$

$$\varDelta' M_{42} = +(0,225 \cdot 0,0815 + 0,1885) \cdot 0,0625\,a$$
$$+ 0,0867 \cdot 0,0815 \cdot 0,0046\,a = +0,0130\,a\,,$$

$$\varDelta' M_{43} = +0,1885 \cdot 0,125 \cdot a + 0,0815 \cdot 0,0190 \cdot a = +0,0251\,a\,,$$

$$\varDelta' M_{44} = +0,0280\,a\,,$$

$$\varDelta' M_{45} = -[0,25 \cdot 0,1598 + 2\,(0,50 - 0,25) \cdot 0,0850] \cdot 1 \cdot a$$
$$+ 0,1598 \cdot 0,0417 \cdot a = -0,0758\,a\,,$$

$$\varDelta' M_{46} = -[0,25 \cdot 0,1505 \cdot 0,1598 + 2 \cdot (0,5000 - 0,3125)\,(0,1031 \cdot 0,1598$$
$$+ 0,0850)]\,a + 0,1505 \cdot 0,1598 \cdot 0,0562 \cdot a = -0,0428\,a\,,$$

$$\varDelta' M_{47} = -[0,25 \cdot 0,1505 \cdot 0,1505 \cdot 0,1598$$
$$+ 2\,(0,500 - 0,375)\,(0,1055 \cdot 0,1505 \cdot 0,1598 + 0,1031 \cdot 0,1598$$
$$+ 0,0850)]\,a + 0,1505 \cdot 0,1505 \cdot 0,1598 \cdot 0,0718\,a = -0,0266\,a\,,$$

$$\varDelta' M_{48} = -[0,25 \cdot 0,1505 \cdot 0,1505 \cdot 0,1505 \cdot 0,1598$$
$$+ 2\,(0,5000 - 0,4375) \cdot (0,1061 \cdot 0,1505 \cdot 0,1505 \cdot 0,1598$$
$$+ 0,1055 \cdot 0,1505 \cdot 0,1598 + 0,1031 \cdot 0,1598 + 0,0850)]\,a$$
$$+ 0,1505 \cdot 0,1505 \cdot 0,1505 \cdot 0,1598 \cdot 0,0905\,a = -0,0131\,a\,.$$

$$\varDelta M_{52} = -0,0867 \cdot 0,0815 \cdot 0,1505 \cdot 0,0109\,a = -0,0000\,a\,,$$

$$\varDelta M_{53} = -0,0815 \cdot 0,1505 \cdot 0,0118\,a = -0,0001_5\,a\,,$$

$$\varDelta M_{54} = -0,1505 \cdot 0,0111\,a = -0,0017\,a\,,$$

$$\varDelta M_{55} = -0,0193\,a\,,$$

$$\varDelta M_{56} = -(0,25 \cdot 0,1505 + 0,1031)\,a - 0,1505 \cdot 0,0217\,a = -0,1440\,a\,,$$

$$\varDelta M_{57} = -(0,25 \cdot 0,1505 \cdot 0,1505 + 0,1055 \cdot 0,1505 + 0,1031)\,a$$
$$- 0,1505 \cdot 0,1505 \cdot 0,0221\,a = -0,1251\,a\,,$$

$$\Delta M_{58} = -(0,1055 \cdot 0,1505 + 0,1031)\,a - 0,1505 \cdot 0,1505 \cdot 0,1468\,a$$
$$= -0,1223\,a\,,$$

$$\Delta M_{59} = -(0,1055 \cdot 0,1505 + 0,1031)\,a - 0,1505 \cdot 0,1505 \cdot 0,1281\,a$$
$$= -0,1219\,a\,.$$

$$\Delta' M_{52} = +\,(0,225 \cdot 0,0815 \cdot 0,1505 + 0,1885 \cdot 0,1505 + 0,212) \cdot 0,0625\,a$$
$$+\,0,0867 \cdot 0,0815 \cdot 0,1505 \cdot 0,0046\,a = +\,0,0152\,a\,,$$

$$\Delta' M_{53} = +\,(0,1885 \cdot 0,1505 + 0,212) \cdot 0,125\,a + 0,0815 \cdot 0,1505 \cdot 0,0190\,a$$
$$= +\,0,0302\,a\,,$$

$$\Delta' M_{54} = +\,0,212 \cdot 0,1875\,a + 0,1505 \cdot 0,0280\,a = +\,0,0439\,a\,,$$

$$\Delta' M_{55} = +\,0,0417\,a\,,$$

$$\Delta' M_{56} = -[0,25 \cdot 0,1505 + 2\,(0,5000 - 0,3125) \cdot 0,1031]\,a$$
$$+\,0,1505 \cdot 0,0562\,a = -\,0,0678\,a\,,$$

$$\Delta' M_{57} = -[0,25 \cdot 0,1505 \cdot 0,1505 + 2\,(0,500 - 0,375)\,(0,1055 \cdot 0,1505$$
$$+\,0,1031)]\,a + 0,1505 \cdot 0,1505 \cdot 0,0718\,a = -\,0,0338\,a\,,$$

$$\Delta' M_{58} = -[0,25 \cdot 0,1505 \cdot 0,1505 \cdot 0,1505$$
$$+\,2\,(0,5000 - 0,4375)\,(0,1061 \cdot 0,1505 \cdot 0,1505 + 0,1055 \cdot 0,1505$$
$$+\,0,1031)] \cdot a + 0,1505 \cdot 0,1505 \cdot 0,1505 \cdot 0,0905\,a = -\,0,0157\,a\,.$$

$$\Delta M_{62} = -\,0,0867 \cdot 0,0815 \cdot 0,1505 \cdot 0,1505 \cdot 0,0109\,a = -\,0,0000\,a\,,$$

$$\Delta M_{63} = -\,0,0815 \cdot 0,1505 \cdot 0,1505 \cdot 0,0118\,a = -\,0,0000_5\,a\,,$$

$$\Delta M_{64} = -\,0,1505 \cdot 0,1505 \cdot 0,0111\,a = -\,0,0002_5\,a\,,$$

$$\Delta M_{65} = -\,0,1505 \cdot 0,0193\,a = -\,0,0029\,a\,,$$

$$\Delta M_{66} = -\,0,0217\,a\,,$$

$$\Delta M_{67} = -\,(0,25 \cdot 0,1505 + 0,1055) \cdot a - 0,1505 \cdot 0,0221\,a = -\,0,1464\,a\,,$$

$$\Delta M_{68} = -\,0,1055 \cdot a - 0,1505 \cdot 0,1468\,a = -\,0,1276\,a\,,$$

$$\Delta M_{69} = -\,0,1055\,a - 0,1505 \cdot 0,1281\,a = -\,0,1248\,a\,.$$

$$\Delta' M_{62} = +\,(0,225 \cdot 0,0815 \cdot 0,1505 \cdot 0,1505 + 0,1885 \cdot 0,1505 \cdot 0,1505$$
$$+\,0,212 \cdot 0,1505 + 0,212) \cdot 0,0625\,a$$
$$+\,0,0867 \cdot 0,0815 \cdot 0,1505 \cdot 0,1505 \cdot 0,0046 \cdot a = +\,0,0158\,a\,,$$

$$\Delta' M_{63} = +\,(0,1885 \cdot 0,1505 \cdot 0,1505 + 0,212 \cdot 0,1505 + 0,212) \cdot 0,125\,a$$
$$+\,0,0815 \cdot 0,1505 \cdot 0,1505 \cdot 0,0190\,a = +\,0,0316\,a\,,$$

$$\Delta' M_{64} = +\,(0,212 \cdot 0,1505 + 0,212) \cdot 0,1875\,a + 0,1505 \cdot 0,1505 \cdot 0,0280\,a$$
$$= +\,0,0463\,a\,,$$

$$\Delta' M_{65} = +\,0,212 \cdot 0,25\,a + 0,1505 \cdot 0,0417\,a = +\,0,0593\,a\,,$$

$$\Delta' M_{66} = +\,0,0562\,a\,,$$

$$\Delta' M_{67} = -\,(0,25 \cdot 0,1505 + 2 \cdot 0,125 \cdot 0,1055) \cdot a + 0,1505 \cdot 0,0718\,a$$
$$= -\,0,0534\,a\,,$$

$$\Delta' M_{68} = -[0,25 \cdot 0,1505 \cdot 0,1505 + 2 \cdot 0,0625\,(0,1061 \cdot 0,1505 + 0,1055)] \cdot a$$
$$+\,0,1505 \cdot 0,1505 \cdot 0,0905 \cdot a = -\,0,0188\,a\,.$$

Die Genauigkeit, welche die mit dem Rechenschieber durchgeführte Rechnung ermöglicht, ergibt sich aus der Untersuchung der Übereinstimmung der Rahmenbedingung, die hier auf Grund der berechneten Momente für das Fach 5 nachgeprüft sei. Nach den vorstehenden Werten ist bei einer Belastung des Knotens 5:

$$M_{45} = (-0,1281 - 0,0758)\,a = -0,2039\,a\ ,$$

$$M_{55} = (-0,0193 + 0,0417)\,a = +0,0224\,a\ ,$$

$$M_{65} = (-0,0029 + 0,0593)\,a = +0,0564\,a\ .$$

Es folgen dann die Eckmomente an den Teilrahmen 5 und 6:

$$M_5^S = M_{55} = +0,0224\,a\ ,$$

$$M_5^O = M_{55} - \tfrac{1}{2}\cdot\xi\cdot 1\cdot a = (+0,0024 - 0,5\cdot 0,2500)\,a = -0,1026\,a\ ,$$

$$M_5^R = M_{55} - M_{45} - \tfrac{1}{2}\cdot\xi\cdot 1\cdot a = (-0,1026 + 0,2039)\,a = +0,1013\,a\ ,$$

$$M_6^R = M_{65} - M_{55} - \tfrac{1}{2}\cdot\xi\cdot 1\cdot a = (+0,0564 - 0,0224 - 0,5\cdot 0,2500)\,a$$

$$= -0,0910\,a\ .$$

Die Rahmengleichung liefert dann:

$$+ \tfrac{1}{2}(0,0224 - 0,1026)\cdot 0,8 + \tfrac{1}{4}\cdot 0,1013 + \tfrac{1}{6}\cdot 0,0910$$

$$= -0,0321 + 0,0169 + 0,0152 = 0,0000\ .$$

Es soll noch die Übereinstimmung der Rahmengleichung für den Fall nachgeprüft werden, daß die ganze linke Trägerhälfte einschließlich des in Trägermitte liegenden Knotens gleiche Knotenlasten trägt. Aus obigen Einflußwerten ergibt sich dann:

$$M_4 = \sum_1^9 \varDelta M_4 + \sum_1^8 \varDelta' M_4 = -0,6546\,Pa\ ,$$

$$M_5 = \sum_1^9 \varDelta M_5 + \sum_1^8 \varDelta' M_5 = -0,5208\cdot Pa\ ,$$

$$M_6 = \sum_1^9 \varDelta M_6 + \sum_1^8 \varDelta' M_6 = -0,2865\cdot Pa\ .$$

Der linke Auflagerdruck ist:

$$A = [(1 - \tfrac{1}{16}) + (1 - \tfrac{2}{16}) + \cdots + (1 - \tfrac{8}{16})]\,P$$

$$= (8 - \tfrac{1}{2}\cdot 8\cdot 9\cdot \tfrac{1}{16})\,P = 5,75\,P\ .$$

Daher die Querkraft am Teilrahmen 5:

$$(5,75 - 4)\,P = 1,75\,P$$

und am Teilrahmen 6:

$$(5,75 - 5)\,P = 0,75\,P\ .$$

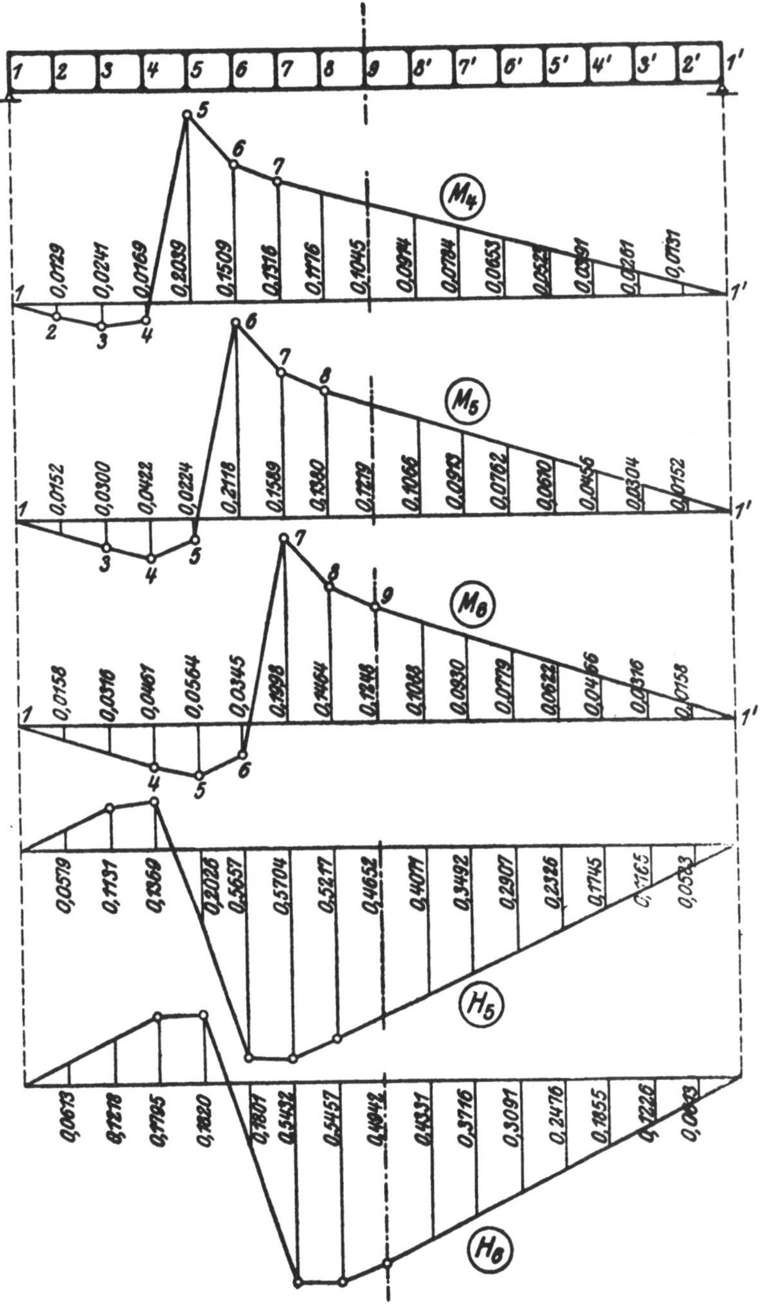

Fig. 107.

Damit erhält man:

$$M_5^S = -0,5208 \cdot Pa\,,$$

$$M_5^0 = (-0,5208 + \tfrac{1}{2} \cdot 1,75) \cdot Pa = +0,3542\,Pa\,,$$

$$M_5^R = (+0,3542 + 0,6546) \cdot Pa = +1,0088\,Pa\,,$$

$$M_6^R = (-0,2865 + 0,5208 + 0,5 \cdot 0,7500) \cdot Pa = +0,6093\,Pa\,;$$

und es ergibt die Anwendung der Rahmengleichung für das Fach 5:

$$+\tfrac{1}{2}\,(0,3542 - 0,5208) \cdot 0,8 + \tfrac{1}{2} \cdot 1,0088 - \tfrac{1}{8} \cdot 0,6093$$

$$= -0,0666 + 0,1681 - 0,1015_5 \backsim 0,0000\,.$$

Der Grad der Genauigkeit ist also ohne umständliche Ziffernrechnungen trotz der vielfachen statischen Unbestimmtheit vollkommen ausreichend.

In Fig. 107 sind aus den oben ermittelten $\varDelta M$- und $\varDelta' M$-Werten die Einflußlinien der Momente M_4, M_5 und M_6 und die daraus sich ergebenden Einflußlinien der Gurtkräfte H_5 und H_6 aufgetragen. Aus den Figuren ist auch das Eigentümliche der Einflußlinien des Rahmenbalkenträgers ersichtlich. Dieselben weisen im ganzen nur sechs ausgesprochene Knickpunkte auf, die beiderseits des Gurtstabes der Überzähligen in den unmittelbar aufeinanderfolgenden Knotenpunktvertikalen liegen, und zwar je zwei stärkere und je einen schwächeren. Damit können die Einflußlinien in einfacher Weise berechnet und aufgetragen werden. Es ist dann nur nötig, die Ordinaten in diesen besonderen Punkten zu bestimmen. Hierbei sind von der Teilbelastung IIa zur Aufzeichnung sämtlicher Einflußlinien nur die Ordinaten für eine Lastlage in den Knotenpunkten n und $n-1$ erforderlich und bei gerader Felderzahl, wie im vorliegenden Falle (infolge $\varDelta' M_{k(n+1)} = 0$), nur zur Bestimmung der Einflußlinien für die beiden innersten Rahmenmomente M_n und M_{n+1}; im übrigen genügen bloß die Einflußlinienwerte der Teilbelastung Ia. Es vermindert sich also zwecks Aufzeichnung der Einflußlinien die Berechnung der Beiwerte der $\varDelta' M$-Glieder bloß auf die Werte $\varDelta' \gamma_n$, $\varDelta' \beta_n$, $\varDelta' \gamma_{n-1}^0$ und $\varDelta' \gamma_n^0$. Um beispielsweise die M_6-Linie aufzutragen, sind bloß die Werte $\varDelta M_{69}$ bis $\varDelta M_{65}$ erforderlich; der Endpunkt 9 der Ordinate $\varDelta M_{69}$ wird dann mit dem Punkt 1' verbunden und die Unterschiede zwischen den so erhaltenen Ordinatenlängen und den entsprechenden berechneten Längen $\varDelta M_{68}$ bis $\varDelta M_{65}$ zu diesen letzteren auf der linken Seite des Trägers in entgegengesetztem Sinne abgetragen bis einschließlich der Ordinate M_4, die infolge der Kleinheit von $\varDelta M_{64}$ der Länge der rechten M_4, gleich ist; der so erhaltene Punkt 4 wird wieder mit dem linken Endpunkt 1 durch eine Gerade verbunden. Soll die M_7-Linie gezeichnet werden, dann bilde man zunächst die durch die Werte $\Delta\gamma_7^0$ und $\Delta'\gamma_7^0$ gegebenen Ordinaten ΔM_{77} und $\Delta'M_{77}$ und erhält die Punkte 7 und 7'; die Verlängerung der Geraden 1' 7' liefert den Punkt 8'. Aus den nur noch zu berechnenden Werten ΔM_{76}, ΔM_{78} (Gleichung d) und ΔM_{79} (Gleichung f) ergeben sich wie vorhin die weiteren Punkte der Einflußlinie. Die Einfachheit dieser Berechnungsart bei beliebig großer Felderzahl wird wohl nichts zu wünschen übrig lassen.